L'écologie est une science

Dépôt légal: septembre 2025

170 *bis*, boulevard du Montparnasse, 75680 Paris cedex 14

ISBN 978-2-410-03026-6

Sébastien Barot

L'écologie est une science

Belin

Sommaire

À tous les humains et non-humains qui m'ont rendu plus humain.
À tous les systèmes écologiques incroyables que j'ai étudiés.

Avant-propos

À 10 ans, quand on me demandait quel métier je souhaitais faire plus tard, je répondais « un -logue quelconque ». Je disais par-là que je voulais devenir archéologue ou paléontologue. J'ai mal tourné, je suis devenu écologue, chercheur en écologie, et j'ai commencé à écrire ce livre parce que personne ne sait ce que ça veut dire. Si tout le monde a une idée, juste ou non, de ce qu'est un chercheur, quasiment personne ne sait en France, en dehors du cadre académique, que l'écologie est une science. Même aujourd'hui, en pleine crise environnementale, je dois expliquer les études que j'ai faites (un master et une thèse en écologie) et on me le fait répéter au moins trois fois car ça ne paraît pas possible. Les gens pensent souvent que j'ai étudié la biologie. Cela paraît beaucoup plus sérieux, mais ce n'est pas le cas. D'autres personnes imaginent que la seule préoccupation d'un écologue est de protéger les petits oiseaux ou que je développe de nouveaux moyens pour recycler les déchets. Ce sont deux thématiques importantes, cependant l'écologie scientifique n'a pas uniquement pour but la protection de la nature et seul le recyclage des déchets organiques entre, en fait, dans le champ des compétences de l'écologie puisqu'il fait intervenir des organismes décomposeurs comme des bactéries ou des vers de terre.

Un seul terme pour de nombreuses réalités

La méconnaissance de l'écologie scientifique vient de trois facteurs complémentaires.

Tout d'abord, l'écologie est une science relativement jeune. Le mot a été inventé par Ernst Eckel en 1866, mais les sciences écologiques ne se sont vraiment développées dans le monde académique qu'après la seconde guerre mondiale, pour les Anglo-saxons, et durant les années 1970 en France[1]. C'est donc un développement très récent, ce qui signifie que les bases de cette science doivent encore être consolidées et sa structure affinée. Le système académique étant très conservateur, l'écologie scientifique a parfois du mal à trouver sa place parmi les disciplines plus anciennes. Malgré la gravité des problèmes environnementaux actuels, et contrairement à ce qu'on pourrait penser, il est souvent difficile d'augmenter le volume des enseignements d'écologie du primaire à l'université et la recherche en écologie n'est pas particulièrement bien financée.

De plus, en France, le terme « écologie » est utilisé aussi bien pour désigner une science que des mouvements politiques environnementalistes ou verts entraînant de fait une confusion entre le travail de recherche et l'action politique, ou même le militantisme. Il est important de souligner que, la plupart du temps, lorsque quelqu'un intervient dans les médias pour parler de protection de la nature, il s'agit d'un militant ou d'une militante (ou parfois même d'un chercheur d'une autre discipline !). Si ces derniers utilisent souvent les connaissances développées par l'écologie scientifique, ils ne sont pas chercheurs en écologie pour autant. On pense facilement à de grandes figures, comme

Hubert Reeves, qui ont joué et jouent un rôle important et utile dans la dissémination des savoirs et idées écologiques. Ces grandes figures médiatiques mêlent toujours dans leurs discours des messages environnementalistes et d'autres plus fondamentaux et proches des sciences écologiques. Tout cela entraîne des conséquences globalement positives mais contribue à invisibiliser la science écologique et le travail des chercheuses et chercheurs qui la pratique. D'autant que dans les autres sciences (biologie, physique, chimie…), quand les médias ont besoin d'éclairages, c'est bien à un spécialiste du domaine que l'on fait appel en général.

Enfin, l'écologie est une science intégrative. C'est-à-dire qu'elle utilise les autres sciences (biologie, géologie, climatologie, chimie…) et qu'il est donc difficile de l'identifier en elle-même. Ce fonctionnement fait sa force, mais il rend son positionnement plus difficile. En effet, les systèmes académique et médiatique fonctionnent beaucoup « par boîtes » et la mauvaise identification d'une science et de ses spécialistes complique la prise en compte des connaissances qu'elle développe. Cela explique en partie que les sociétés humaines soient si lentes à prendre des mesures pour atténuer la crise de la biodiversité (voir chapitre 10) et qu'elle reste moins bien prise en compte que la crise climatique par les pouvoirs publics (même si de ce côté-là cela avance, bien que beaucoup trop lentement).

Mais alors l'écologie, c'est quoi ?

Ma définition préférée de l'écologie est la suivante : c'est la science qui étudie les interactions entre les êtres vivants (par exemple entre les espèces de plantes d'une prairie), entre les êtres vivants et leur environnement physico-chimique (par exemple entre les plantes de cette prairie et les caractéristiques du sol comme son pH ou sa teneur en azote) et les conséquences de ces interactions à toutes les échelles temporelles (de la seconde à des millions d'années) et spatiales (de l'agrégat de sol d'un millimètre à la biosphère) possibles. Cette définition peut paraître un peu abstraite mais elle prendra tout son sens au cours du livre.

Il est important de retenir que l'écologie traite bien d'organismes vivants, tout en étant distincte de la biologie. Cette dernière a tendance à étudier le fonctionnement interne des êtres vivants. Historiquement, à l'aide de moyens techniques de plus en plus sophistiqués, la biologie les a découpés en parties de plus en plus petites (l'organe, la cellule, la molécule, le gène) pour analyser la manière dont le fonctionnement interne d'un organisme et de nombreux mécanismes de régulation permet aux organismes de grandir, de survivre et de se reproduire. C'est aussi grâce à la biologie que l'on comprend les mécanismes de développement d'un organisme à partir de ses gènes. À l'inverse, les sciences de l'univers (géochimie, climatologie, hydrologie…) s'intéressent essentiellement au fonctionnement physico-chimique, aux éléments abiotiques, de l'environnement et de la planète Terre. Par exemple, ces sciences permettent de quantifier les flux d'eau (évaporation, précipitation, ruissellement…) à des échelles variées depuis le mètre carré jusqu'à la planète entière ou encore les flux d'azote, composante chimique essentielle de toute la matière vivante (voir chapitre 9).

L'écologie se trouve exactement à mi-chemin entre la biologie et les sciences de l'univers : elle traite à la fois des organismes vivants et de leur environnement physico-chimique. Elle fait le lien entre les deux et étudie leurs interactions qui sont bidirectionnelles. Les organismes dépendent de leur environnement (température, humidité...) et des ressources qu'ils y puisent. Si les conditions physico-chimiques sont bonnes (ni trop chaud, ni trop froid, suffisamment humide...), ils pourront grandir et se reproduire ; si les conditions sont un peu moins bonnes, cela devient plus difficile ; si elles empirent, les organismes ont de grandes chances de mourir. D'une manière peut-être moins évidente, mais tout aussi importante, les organismes modifient leur environnement physico-chimique en y puisant des ressources (CO_2, eau et nutriments minéraux pour une plante), par des activités variées (galeries des vers de terre) ou simplement par leur présence (un arbre fait de l'ombre).

L'écologie est une science à part entière qui a développé son propre cadre conceptuel, ses écoles de pensée et ses outils. Elle fonctionne au quotidien comme les autres sciences : il y a des formations (masters, écoles doctorales), des chercheuses et des chercheurs, des laboratoires et des journaux internationaux en anglais spécialisés. Elle s'appuie cependant, nous l'avons vu, sur de nombreuses sciences, de la biologie à la climatologie en passant par la physique ou la chimie. Les résultats de ces différents domaines servent d'éléments de contexte et leurs méthodes et outils sont utilisés comme des couteaux suisses modulables pour répondre à des questions propres à l'écologie. Par exemple, l'étude des interactions entre un ver de terre et le sol (voir chapitre 6) peut nécessiter de connaître le fonctionnement interne du ver de terre, tel son mode de digestion (biologie), mais aussi l'impact de l'espèce sur la chimie du sol (chimie). L'écologie peut aussi étudier comment le climat influence la croissance des plantes en prenant en compte la quantité d'énergie apportée par la lumière solaire et utilisable pour la photosynthèse ou la température et l'humidité de l'air qui influencent la quantité d'eau transpirée par les plantes. Ou encore la manière dont les plantes influencent le climat en fixant plus ou moins de carbone par la photosynthèse ou en renvoyant plus ou moins de vapeur d'eau dans l'atmosphère. Ces résultats peuvent alors servir aux climatologues pour améliorer les prédictions climatiques.

Par ailleurs, l'écologie est indissociable de l'évolution des organismes vivants au sens darwinien car ils présentent tous une histoire évolutive : ils ont été façonnés par une succession de pressions de sélection et de processus évolutifs qui ont conduit aux caractéristiques actuelles des organismes et ont contribué à leur diversité. De ce fait, les interactions écologiques entre eux ou avec leur milieu physico-chimique ont été façonnées par l'évolution. Il est important de le prendre en compte pour mieux comprendre et interpréter les fonctionnements écologiques actuels. Ainsi, les plantes ont construit au cours de l'évolution des mutualismes avec leurs pollinisateurs. Étudier cette évolution peut aider à comprendre la pollinisation et ses conséquences. À l'inverse, les interactions écologiques, elles-mêmes, constituent un des principaux moteurs de l'évolution : la sélection naturelle est basée sur le fait que les organismes les mieux adaptés à une situation écologique donnée (caractéristiques de l'environnement, existence d'un prédateur…) ont plus de descendants si bien que leurs caractéristiques deviennent dominantes au sein de l'espèce du fait de leur transmission génétique. Dans ce contexte, les mécanismes conférant à certains individus un avantage sont liés à des interactions écologiques : certaines caractéristiques leur permettent de mieux interagir avec les autres organismes ou leur environnement physico-chimique, acquérant ainsi plus de ressources, augmentant leur survie ou leur fécondité. Tous ces mécanismes sont étudiés en écologie. On sait maintenant que l'évolution peut être suffisamment rapide pour interférer avec les processus écologiques à des échelles de temps communes. Cela signifie qu'il ne s'agit pas simplement d'un phénomène ancien qu'il faut étudier pour comprendre les organismes ayant disparu depuis longtemps mais que les organismes continuent actuellement à évoluer.

De domaines en sous-domaines

Plus généralement, l'écologie aborde des sujets si variés qu'il est nécessaire de la diviser en sous-domaines (fig. 1). Bien sûr, on peut en classer les différents champs selon le milieu étudié (écologie forestière, écologie aquatique, écologie des sols...) mais il est important de différencier également certaines approches. En effet, une partie importante de l'écologie, l'écologie des populations, se focalise sur les groupes d'individus d'une même espèce qui interagissent entre eux au sein d'un milieu donné (ce qu'on appelle une «population»). Elle se concentre donc sur les individus, sur ce qu'ils font et sur leur démographie (comme on le ferait pour des populations humaines), s'appuyant notamment pour cela sur leur recensement (on peut par exemple compter le nombre d'arbres dans une forêt). L'écologie des populations est fortement liée à l'écologie évolutive, qui étudie l'évolution darwinienne des organismes, puisque l'individu est l'unité de base dans tous les processus évolutifs (voir chapitre 3).

Proche de l'écologie des populations, on trouve aussi celle du comportement qui cherche à analyser le comportement des individus au sein d'une population en fonction de leur environnement, avec souvent des interprétations liées à l'évolution darwinienne des organismes. On distingue ensuite l'écologie des communautés qui étudie les interactions entre populations (d'espèces différentes) dans un même milieu. Cela permet d'aborder par exemple les relations proie-prédateur, les symbioses ou de décrire des communautés d'organismes (le nombre d'espèces, leur abondance relative, leurs caractéristiques, et les facteurs qui déterminent tout ça). On arrive alors à l'écologie fonctionnelle qui étudie la manière dont les organismes arrivent à puiser des ressources dans leur milieu et à les transformer en biomasse, ainsi que la quantité de matière et d'énergie qu'ils échangent avec leur milieu...

Enfin, l'écologie des écosystèmes est proche de l'écologie fonctionnelle puisqu'elle étudie la manière dont ils fonctionnent. Un écosystème comprend à la fois l'ensemble des populations en interaction dans un lieu donné et leur milieu physico-chimique (sol, climat...). Il s'agit donc d'intégrer tous les types d'interactions écologiques entre populations ainsi qu'entre elles et leur milieu physico-chimique, et de comprendre comment cela détermine les propriétés émergentes des écosystèmes telle que leur production primaire. Là où l'écologie des populations est focalisée sur les individus, l'écologie fonctionnelle et celle des écosystèmes étudient plutôt les flux de matière (carbone, azote, eau...) et d'énergie entre les organismes et avec leur milieu. Ce type d'approche permet souvent d'aller vers des échelles spatiales de plus en plus grandes. On peut, par exemple, mesurer la biomasse de la végétation ou la quantité de carbone dans la matière organique du sol à l'échelle du mètre carré, mais aussi d'une prairie, d'une région, d'un continent...

De l'écologie des populations à l'écologie des écosystèmes, on a progressé au sein d'échelles d'organisation emboîtées : les écosystèmes contiennent des communautés, qui contiennent des populations, qui contiennent des individus. C'est la marque de la capacité de l'écologie à intégrer des phénomènes extrêmement variés au sein du même cadre conceptuel. En prenant un peu de recul, on voit aussi apparaître deux pôles : l'écologie des populations, focalisée sur les organismes vivants, qui constitue le pôle « biotique » de l'écologie et celle des écosystèmes qui prend en compte de nombreux processus physico-chimiques, constitue son pôle « abiotique » (fig. 1).

Quelles applications pratiques ?

À travers toutes ces approches, l'écologie est amenée à poser de nombreuses questions, qui semblent parfois très théoriques :

- Comment autant d'espèces d'arbres (jusqu'à plus d'une centaine) peuvent-elles coexister dans un hectare de forêt équatoriale ?
- La croissance des plantes d'un écosystème est-elle limitée par l'azote ou le phosphore qu'elles puisent dans le sol avec leurs racines ?
- Le nombre d'espèces de plantes poussant dans une prairie influence-t-il la production de biomasse de cette prairie ?
- Les vers de terre augmentent-ils la croissance des plantes ?
- Quelles caractéristiques des réseaux trophiques augmentent leur stabilité ?
- Pourquoi telle espèce de mésange pond-elle en moyenne dix œufs et pas quatre ?

- Quels facteurs déterminent l'aire de répartition géographique d'une espèce végétale ou animale ?
- Quels sont les facteurs déterminant la quantité de matière organique d'un sol ?
- Pourquoi les espèces vivant dans les îles sont-elles souvent plus petites ou plus grandes que les espèces apparentées vivant sur les continents ?

Cependant, rassembler ces connaissances théoriques permet non seulement une meilleure compréhension des systèmes écologiques, mais peut aussi nous conduire à mieux comprendre l'impact de nos sociétés sur la biodiversité et les écosystèmes et, ainsi, nous aider à résoudre les problèmes associés.

En effet, l'écologie permet de décrire les systèmes écologiques et d'effectuer un diagnostic sur leur fonctionnement : de très nombreux résultats montrent l'impact négatif et catastrophique des sociétés humaines sur la biosphère. On sait que les êtres humains ont transformé 75 % des surfaces continentales[2] en artificialisant à des degrés divers leurs écosystèmes naturels. Cette dynamique est notamment liée au développement de l'agriculture et de l'élevage qui permettent entre autres aux humains de se nourrir (voir chapitre 7). L'urbanisation croissante à l'échelle de la planète a également un impact environnemental de plus en plus important (voir chapitre 8). On sait que la biodiversité est menacée mondialement du fait des activités humaines (exploitation directe des organismes et de leur biomasse, pollutions par les pesticides, les plastiques, les métaux lourds, espèces invasives…) sur les continents et dans les océans et que cela conduit à la fois à des extinctions d'espèces, survenant à des taux sans précédents à l'échelle des temps géologiques[3], et à des diminutions radicales de leurs abondances (exemple d'une baisse de plus de 75 % des effectifs d'insectes en Allemagne en un peu moins de 30 ans)[4]. On sait aussi à quel point le fonctionnement des écosystèmes est perturbé à l'échelle de la planète[5]. Les êtres humains accaparent plus de 50 % des ressources en eau. Ils ont radicalement perturbé le cycle de l'azote à l'échelle de la biosphère. L'utilisation des combustibles fossiles conduit à l'augmentation du CO_2 atmosphérique (environ de 30 % depuis le début du xxe siècle) changeant les conditions de croissance de toutes les plantes et conduisant à l'acidification des océans et aux changements climatiques. Ce diagnostic nécessite un suivi mondial de la biodiversité et du fonctionnement des écosystèmes qui constitue en soi une tache scientifique immense basée sur de nombreux développements conceptuels et méthodologiques, ainsi que sur des ressources financières et humaines non-négligeables qui restent toutefois insuffisantes.

L'écologie scientifique permet également d'appuyer très largement les craintes et les discours des mouvements environnementalistes en démontrant que les sociétés humaines doivent radicalement changer leur fonctionnement pour préserver la biosphère, mais également pour se préserver elles-mêmes tant les êtres humains dépendent d'elle, ainsi que de son fonctionnement et de la biodiversité qui en est à l'origine. Cet appui entretient cependant la confusion entre la science et les mouvements politiques. Ce n'est pas un problème qu'un mouvement politique se fonde sur les connaissances scientifiques (au contraire, je rêve que cela soit plus souvent le cas) mais ça peut décrédibiliser la parole scientifique écologique. À partir du moment où le discours écologique politique est perçu comme purement idéologique (et cela est d'autant plus vrai que de nombreux groupes sociaux n'ont pas intérêt à appliquer les transformations souhaitables pour l'environnement), le discours des scientifiques écologues est lui aussi perçu comme idéologique. Réciproquement, à partir du moment où l'écologie n'est pas considérée comme une science, les discours politiques s'appuyant sur cette science sont perçus comme idéologiques. Si une science n'est jamais neutre (c'est une production sociale comme les autres), l'écologie n'échappe pas à la règle, la méthode scientifique nous donne la capacité de produire des résultats aussi objectifs que possible[6].

L'écologie et ses sous-disciplines apportent bien plus qu'un simple diagnostic. Elles peuvent aussi proposer des solutions et des actions à mettre en œuvre. Typiquement, les processus écologiques sont à l'origine de nombreux services, dits « écosystémiques », qui bénéficient aux humains. Cette notion a été popularisée par le Millennium Ecosystem Assesment[7] qui préfigurait les activités de synthèse de l'IPBES. Les écosystèmes naturels (pêche) ou anthropisés (agriculture) fournissent notre nourriture, tandis que nos maisons (bois) et nos vêtements (laine, coton) sont fabriqués grâce à leur fonctionnement. Ils participent aussi à la régulation du climat. D'une manière plus diffuse, la nature et la biodiversité ont probablement une influence positive sur le bien-être psychique des êtres humains[8]. De ce fait, les sciences écologiques ont un rôle important à jouer pour mesurer ces services et aider à assurer la durabilité de leur production. Les êtres humains ont toujours manipulé les systèmes écologiques. Cela a commencé par la chasse et la pêche (prélever des individus dans une population animale impacte cette population mais aussi l'ensemble de l'écosystème), puis l'agriculture (notamment la domestication et la sélection de nombreuses espèces cultivées et élevées) et cela se poursuit avec la création d'écosystèmes entiers (champs, parcs, toitures végétalisées...). En introduisant une espèce localement (on sème la plante que l'on veut cultiver), en prélevant des individus d'une espèce (pêche, chasse, pesticides visant à éliminer les espèces non désirées), en changeant les conditions de vie physico-chimiques des organismes (par exemple par le labour et les engrais en agriculture), on modifie, volontairement ou non, de nombreuses interactions écologiques. Les sciences écologiques peuvent nous aider à comprendre les conséquences de toutes ces manipulations et à les optimiser pour qu'elles conduisent à une production accrue de services écosystémiques (pour le bien-être des êtres humains), pour augmenter la durabilité de la production de ses services, ou pour diminuer les impacts négatifs de ces manipulations sur la biodiversité et d'autres écosystèmes. Cette approche caractérise ce qu'on appelle « l'ingénierie écologique » (chapitre 8) qui permet, par exemple, d'optimiser la conception d'une toiture végétalisée pour augmenter sa capacité à stocker du carbone (contribuant ainsi à freiner les changements climatiques), à réguler les eaux de pluie (pour limiter l'engorgement des collecteurs d'eau et les crues) ou à favoriser certains organismes (par exemple, les pollinisateurs). Dans le cadre de l'agroécologie, ce type d'approche favorise de nouvelles méthodes plus durables que les pratiques agricoles intensives néfastes dans la durée et non durables (chapitre 7). On peut ainsi mieux conserver la fertilité et le stock de carbone des sols sur le long terme ou encore utiliser moins d'intrants dont la production n'est pas viable (les engrais phosphorés puisés dans des mines s'épuiseront à moyen terme). On peut aussi diminuer l'usage de pesticides et éviter des impacts négatifs sur la biodiversité et la santé humaine.

Outre la démonstration rigoureuse que les sociétés humaines doivent changer radicalement leur relation avec la biosphère (et tous ses habitants non-humains), les sciences écologiques développent et portent des messages plus généraux. L'écologie est une science intégrative, peut-être la science intégrative par excellence : elle intègre des processus et mécanismes très différents (depuis les processus physico-chimiques jusqu'à l'évolution darwinienne), agissant à des échelles spatiales et temporelles très diverses. Afin d'intégrer ces dispositifs et de prédire leurs conséquences, l'écologie a dû développer une approche expérimentale et statistique très poussée pour évaluer l'influence relative de nombreux mécanismes agissant simultanément et en interaction. Cette science du complexe prend en compte de nombreuses sources de variabilité régissant le fonctionnement des systèmes qu'elle étudie (par exemple, une communauté d'espèces, un réseau trophique ou un écosystème) pour comprendre et, si possible, prédire des dynamiques (par exemple, les variations au cours d'années successives de la production primaire d'un lac ou de la densité d'une population d'oiseaux) souvent complexes (d'un équilibre plus ou moins stable à des dynamiques chaotiques).

Toutes ces approches développées par l'écologie peuvent inspirer notre façon d'étudier et de comprendre d'autres systèmes complexes, tels que les sociétés humaines et les systèmes économiques. Les discours publics (et souvent politiques) manquent cruellement d'une approche systémique de cet acabit. Au fil des pages, je décrirai ma façon de comprendre les relations entre la biodiversité non-humaine et nos sociétés humaines. Cette vision est, bien sûr, fortement influencée par ce que je sais, grâce à l'écologie, de la biosphère et de son fonctionnement. Mais cela ne suffit pas, il s'agit aussi d'éthique, de philosophie, de ma sensibilité concernant la vie et le vivant. Une de mes conclusions est qu'individuellement et collectivement nous devons faire des choix, nous positionner vis-à-vis de notre relation à la biodiversité et transformer nos sociétés pour les rendre plus durables. J'espère que ce livre aidera à se positionner et à aller sur ce chemin avec un pas plus assuré.

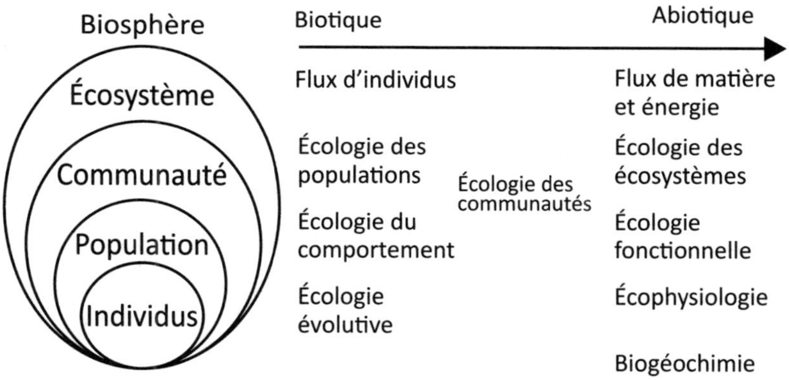

Fig. 1 : À gauche, les échelles d'organisation emboitées étudiées en écologie. À droite, les différents sous-domaines de la discipline, allant des approches les plus centrées sur les organismes vivants et le suivi des individus à celles intégrant le plus l'environnement physico-chimiques, les flux de matière et d'énergie.

1

Qu'est-ce qu'une savane ?

Tout a commencé quand je suis arrivé en 1994 dans la savane de Lamto, en Côte d'Ivoire, pour effectuer mon stage de deuxième année de master. J'avais 24 ans et c'était la première fois que je mettais les pieds en Afrique subsaharienne. Je me souviens encore de l'arrivée à l'aéroport d'Abidjan, des portes de l'avion qui s'ouvrent laissant entrer une odeur chaude de végétaux en décomposition, de sol mouillé et, peut-être, de mangue pourrie. Une odeur que l'on retrouve dans les pays chauds et humides que j'ai appris à aimer. Je me souviens aussi de mes premiers pas dans la ville embouteillée, fatigante, pleine d'activités humaines que je ne comprenais pas. Il fallut deux ou trois heures de route pour arriver à Ahiérémou 2, un petit village avec des maisons en dur couvertes de tôle et d'autres en torchis, souvent couvert de feuilles de palmiers. Après un virage à gauche, on pénétrait enfin dans la savane, découvrant une végétation abondante et un mélange d'arbres de quelques mètres de haut et d'herbes (des graminées) pouvant atteindre jusqu'à deux mètres en pleine saison humide. Mais ce qui me frappait le plus alors, c'était la surabondance de vie : quelques antilopes et des buffles, mais surtout une grande diversité d'oiseaux (des calaos, des rolliers, des hérons gardes-bœufs), de petits mammifères (écureuils) et une foule omniprésente d'insectes, araignées et autres arthropodes.

La station de Lamto

Ce lieu est très important pour l'histoire de l'écologie française, notamment parce qu'une station d'écologie et une station de géophysique y ont été fondées en 1962, par Maxime Lamotte et Jean-Luc Tournier respectivement (d'où le nom de Lamto : **Lam**otte et **To**urnier). Les deux stations sont au centre d'une petite réserve de 2600 hectares de savane, bordée par le fleuve Bandama. La station d'écologie était d'abord liée au laboratoire de zoologie de l'École Normale Supérieure de Paris, dirigé par M. Lamotte, qui deviendra par la suite l'un des premiers laboratoires d'écologie en France.

Les chercheurs, essentiellement français, ont d'abord décrit toute la biodiversité de la réserve (arbres, graminées, insectes, mammifères, oiseaux, poissons du fleuve Bandama, organismes du sol...), les interactions entre ces organismes et le fonctionnement de la savane. Durant cette période, de nombreux travaux ont été menés par des chercheurs qui ont joué un rôle très important pour le développement de l'écologie en France : Robert Barbault, qui travaillait alors sur les lézards, a fondé le laboratoire d'écologie associant l'ENS, l'université Pierre et Marie Curie (devenue Sorbonne Université) et le CNRS, il a écrit de nombreux livres de vulgarisation sur l'écologie et a été essentiel dans le développement de l'écologie scientifique en France ; Patrick Lavelle était le pionnier de l'écologie des sols et des vers de terre, en particulier sous les tropiques ; Jean-Claude Menaut, mon directeur de thèse, a largement contribué au développement de l'écologie des écosystèmes à l'interface avec la climatologie et la géochimie ; et enfin, Luc Abbadie, qui travaillait sur le cycle de l'azote, a permis le développement d'une science écologique diversifiée en lien avec les besoins de la société.

Logiquement, la station d'écologie, au départ très française, est devenue ivoirienne au cours du temps. Lorsque j'y étais en thèse (de 1995 à 1999), son directeur, Roger Vuattoux, était français mais professeur à l'université d'Abidjan. À cette époque, les premiers doctorants ivoiriens de la station, Souleymane Konaté et Jérôme Tondho, faisaient leurs armes sur le terrain en même temps que moi. Souleymane a ensuite pris en 2000 la direction de la station de Lamto, directement gérée par l'université Nanguy Abrogoua à Abidjan. Il était voué à un destin particulièrement prestigieux puisqu'il est devenu directeur du laboratoire d'écologie de l'université et directeur général de l'ensemble de la recherche de Côte d'Ivoire, avant de devenir secrétaire général du Cames (organisme promouvant les enseignants-chercheurs d'un grand nombre d'universités d'Afrique de l'Ouest et de Madagascar). Depuis, de nombreux chercheurs et étudiants de master ivoiriens se relaient chaque année sur le terrain pour mener des recherches très variées. La communauté ivoirienne des chercheurs en écologie est probablement devenue une des plus importantes d'Afrique de l'Ouest et joue aujourd'hui un rôle primordial pour le développement de la discipline en Afrique. C'est ainsi que nous avons organisé en 2024 avec nos collègues ivoiriens (en particulier Kolo Yéo maintenant décédé) le premier congrès international d'écologie d'Afrique de l'Ouest.

Une station de terrain comme celle de Lamto permet aux chercheurs de vivre au milieu des écosystèmes et des organismes qu'ils étudient. Cette intimité physique est fondamentale. Elle permet de très nombreuses observations, par exemple la description des communautés de termites et de vers de terre. Mais l'observation n'est qu'une des différentes approches méthodologiques utilisées en écologie. Il est aussi important d'expérimenter et de manipuler les systèmes écologiques pour mettre en place des traitements contrastés et contrôlés afin d'observer les conséquences de ces manipulations et d'inférer les mécanismes écologiques responsables. Par exemple, le «feu de brousse» (qui brûle la végétation mais ne tue normalement ni les arbres ni les graminées) est un facteur primordial du fonctionnement des savanes. Les feux – leur présence ou absence, la date de déclenchement – ont donc été manipulés. Du fait de sa pérennité, la station de Lamto a rendu possible de très nombreuses expérimentations, y compris sur le long terme, qui sont impossibles à mener sans station de terrain. D'une manière encore plus générale, elle a permis une accumulation extraordinaire de données sur le même écosystème. Cela a conduit à l'écriture de plusieurs centaines de thèses, de plus de 1200 articles scientifiques et d'un livre de synthèse[1]. Cette accumulation de résultats fait de la savane de Lamto un des écosystèmes les mieux connus au monde. Paradoxalement, elle justifie aussi que l'on continue à travailler sur cet écosystème dans la mesure où les connaissances déjà acquises permettent de mener des études plus poussées et de mieux interpréter les nouveaux résultats. Ces derniers ont également servi à la construction de nombreux modèles mathématiques (par exemple des équations différentielles pouvant prédire l'évolution de la teneur du sol en azote) ou informatiques (un programme informatique qui simule un système écologique) permettant de décrire et d'analyser quantitativement des aspects variés du fonctionnement de la savane de Lamto (cycle de l'azote, démographie des arbres…) et de faire de nouvelles prédictions. Avec l'observation et l'expérimentation, la modélisation est une des trois approches complémentaires et essentielles de l'écologie.

La station constitue également un creuset dans lequel les chercheurs de différents horizons se côtoient et échangent des idées et des informations sur leurs sujets de recherche de prédilection. C'est ce que font tous les chercheurs lors des congrès, mais cela est particulièrement important pour l'écologie qui se doit d'être une science intégrative prenant en compte une diversité d'organismes et de mécanismes extrêmement élevée qui sont étudiés par des chercheurs différents. Ce type d'échanges est encore plus intéressant lorsqu'ils se déroulent sur le terrain et qu'on peut voir directement les organismes concernés, les sols et les écosystèmes. Je me souviens ainsi avec délectation de discussions passionnées avec des entomologistes, de lavages de touffes d'herbe dans la boue sous la pluie ou de récoltes de termites en train d'essaimer, au début de la nuit, seul en pleine savane devant un drap blanc éclairée par une lampe (les termites sont alors attirés par la lumière).

Toutes les savanes n'abritent pas un *Roi Lion*

Il faut maintenant revenir à nos moutons, c'est-à-dire aux savanes et à ce qu'elles sont réellement. Outre les grandes étendues herbeuses d'Afrique australe, parcourues par des éléphants, des zèbres, des girafes et, avec un peu de chance, quelques grands carnivores, que l'on imagine facilement, il existe également des savanes en Amérique du Sud (le cerrado brésilien, et les llanos colombiens et vénézuéliens), en Amérique du Nord (savanes californiennes), en Australie et en Inde. Mais alors quelle est la définition d'une savane ?

La savane est un type d'écosystème tropical où coexistent des arbres et des graminées en C_4. Les graminées sont une famille de plantes herbacées très diversifiées (environ 12000 espèces à l'échelle du globe) à laquelle appartiennent les céréales. Leurs fleurs ne sont pas très voyantes (pas de pétales colorés). Chaque individu est composé d'une ou plusieurs tiges généralement peu ramifiées partant de la même base au niveau du sol. Les graminées dites « en C_4 » ont un type de photosynthèse particulier adapté aux climats tropicaux. Les arbres de savane, eux, n'ont a priori rien de particulier mais ils ont tendance à être un peu rabougris et n'atteignent jamais les diamètres et hauteurs des arbres de forêt tempérée ou de forêt équatoriale. Cette coexistence entre arbres et graminées est très originale. En effet, de manière générale, si le climat permet la croissance des arbres parce qu'il pleut assez et qu'il fait suffisamment chaud pendant une période assez longue de l'année, on trouve de la forêt. Ainsi, en France, sauf au-dessus d'une certaine altitude (environ 2000 mètres), si on laisse une végétation naturelle se développer, on obtiendra presque toujours de la forêt. C'est aussi le cas autour de l'équateur. Dans de telles forêts, les arbres laissent peu de place aux plantes herbacées car ils absorbent presque toute la lumière disponible : l'ombre au sol est presque complète. À l'inverse dans les régions où le climat ne permet pas la croissance des arbres, climat tropical sec ou climat continental (froid en hiver, sec en été), on trouve des steppes n'ayant pour végétation que des plantes herbacées dont beaucoup de graminées ou des petits buissons.

De nombreux travaux ont été menés pour expliquer l'existence des savanes et cette coexistence. Ils touchent à deux domaines importants de l'écologie : la répartition des types d'écosystème (biomes) et des espèces à la surface de la terre, et la coexistence entre les espèces.

Le premier point est assez intuitif. La répartition des organismes à la surface des continents est déterminée par leur capacité à vivre dans les différents environnements disponibles définis par le climat, qui dépend de la position géographique et de l'altitude, et par la topographie et la géologie. Les biomes sont alors définis par la végétation dominante. Le climat, tout comme les mouvements de masses d'air qui influencent en partie la pluviométrie, dépend fortement de la latitude, car la température est maximale dans la zone intertropicale et décroît jusqu'aux pôles. Ainsi, les vents se retrouvent dans la zone de convergence intertropicale autour de l'équateur, conduisant à une pluviométrie abondante, et aux forêts équatoriales alors que le climat devient de plus en plus sec en s'approchant des tropiques (d'où de nombreux déserts). Près des pôles, le climat est de plus en plus froid et la période de végétation de plus en plus courte (période durant laquelle les températures sont assez élevées pour que les plantes poussent) si bien qu'on ne trouve plus que de la forêt de conifères (taïga). Encore plus près des pôles, les conifères ne peuvent plus pousser et on trouve une végétation rase (mousses, graminées) et des buissons qui caractérisent la toundra.

Le deuxième point est probablement moins intuitif. La coexistence des organismes, le fait que différentes espèces d'un même groupe (oiseaux, arbres…) vivent conjointement et durablement dans le même écosystème, n'est pas une évidence, particulièrement dans le cas des plantes. Comprendre la coexistence entre organismes est pourtant crucial pour expliquer l'incroyable richesse de la biodiversité terrestre. On estime ainsi qu'il y a sur Terre plus de huit millions d'espèces d'eucaryote (dont la ou les cellules ont un noyau et dont seulement un quart a été décrites) parmi lesquels 300 000 espèces de plantes (dont seulement deux tiers ont été décrits)[2]. Comprendre cette coexistence est également indispensable pour expliquer l'effet généralement positif de la biodiversité sur le fonctionnement des écosystèmes (ce point est développé chapitre 5). L'idée est que si des espèces utilisent exactement les mêmes ressources elles ne peuvent pas coexister. Cela a en particulier été montré par des modèles mathématiques : l'une des espèces est nécessairement plus efficace que les autres pour exploiter ces ressources, elle aura donc un plus grand succès (survie, fécondité) que ses « concurrentes » et les éliminera. Si on pense aux différentes espèces d'oiseaux coexistant dans une forêt, on comprend assez facilement qu'ils ont différents régimes alimentaires, et ne se nourrissent pas des mêmes espèces d'insectes et de graines. Ils utilisent ces ressources comme source de matière organique, notamment pour fabriquer l'énergie dont ils ont besoin (par exemple, pour faire fonctionner leurs muscles). Puisqu'il y a beaucoup d'espèces d'insectes et de plantes constituant autant de ressources différentes pour les oiseaux, on comprend que de nombreuses espèces d'oiseaux peuvent coexister.

Dans le cas des plantes, les producteurs primaires, la situation est plus compliquée parce que toutes les espèces de plantes basent leur croissance sur les mêmes ressources : elles utilisent la lumière solaire comme source d'énergie pour fabriquer leur biomasse à partir des nutriments minéraux et de l'eau puisés dans le sol et du CO_2 de l'atmosphère. Comme toutes les plantes utilisent les mêmes ressources et qu'un très grand nombre d'espèces peuvent coexister dans la même prairie ou la même forêt, il a fallu identifier d'autres mécanismes de coexistence (fig. 2)[3]. Le premier est basé sur des « perturbations » qui empêchent les espèces exploitant le plus efficacement les ressources d'éliminer celles qui les exploitent moins efficacement. Par exemple, dans les forêts primaires, certaines espèces d'arbres tendent à éliminer les autres quand la forêt vieillit mais lorsqu'une tempête crée une petite clairière en renversant des arbres, elle permet à d'autres espèces d'arbres, plus adaptées à une croissance rapide dans un milieu éclairé de pousser. Ces événements peuvent ainsi participer au maintien de la diversité des arbres. Un second mécanisme de coexistence possible est celui du partage d'une ressource. Certaines plantes poussent très vite au début de la saison de végétation et peuvent ainsi utiliser les ressources disponibles à ce moment-là (beaucoup de lumière disponible parce qu'il y a peu de plantes concurrentes), mais qui ne le seront plus lorsque les autres plantes auront aussi repris leur croissance. C'est le cas de certaines plantes de sous-bois qui fleurissent, sous climat tempéré, avant que les arbres aient produit leurs feuilles, pendant qu'il y a encore de la lumière. De la même manière, certaines plantes poussent bien dans un sol un peu plus humide et d'autres dans un sol un peu plus sec. De ce fait, même à l'échelle de quelques mètres, la microtopographie (il y a de petites dépressions, des petites buttes) fait que ces plantes poussant à quelques dizaines de centimètres les unes des autres ne bénéficient pas exactement des mêmes conditions hydriques. Cela favorise leur coexistence à l'échelle de quelques mètres carrés. Ce second mécanisme se fonde d'une manière générale sur le fait que les conditions environnementales varient temporellement et spatialement si bien que ce ne sont pas les mêmes espèces qui sont les plus efficaces partout et tout le temps. Aucune espèce ne peut être parfaitement adaptée à toutes les conditions possibles. Elle a dû faire des compromis au cours de son évolution (au sens darwinien, voir chapitre 3) qui l'ont conduite à être très compétitive dans certaines conditions environnementales, et moins dans d'autres.

Alors qu'en est-il pour les savanes ? Un premier mécanisme lié au besoin des arbres en eau et à la disponibilité de cette dernière paraît déterminant. Au-dessus d'environ 1 500 millimètres de pluie par an (la limite précise dépend d'autres facteurs), autour de l'équateur, la ressource en eau permet le développement d'un couvert d'arbre complet (les canopées de tous les arbres sont jointives), et l'on trouve des forêts denses humides. En dessous de 650 millimètres de pluie par an, par exemple au Sahel, il n'y a plus assez d'eau pour permettre à un couvert complet d'arbre de se développer, ce qui laisse automatiquement la place à la savane ou, quand le climat devient vraiment trop sec, à des végétations sans arbres[4]. Entre les deux, le couvert arboré peut être complet (forêt) ou incomplet (savane) en fonction de différents facteurs écologiques « perturbateurs » empêchant les arbres de s'étendre sur l'ensemble de l'espace disponible. Cela conduit à différents types de forêt tropicale, plus ou moins sèche, et de savane.

Deux perturbations sont cruciales pour les savanes : les feux et les herbivores. Leur climat est toujours caractérisé par, au moins, une saison humide et une saison sèche. Les feux brûlent les savanes en saison sèche quand la biomasse, souvent très importante, des graminées fournit un combustible idéal. Les herbes peuvent être tellement sèches que le feu prend spontanément à cause de la foudre. Les incendies sont également, depuis longtemps, déclenchés par l'homme : les éleveurs mettent ainsi le feu pour faire paître leur bétail sur les zones brûlées où l'herbe qui repousse est très nutritive, mais aussi pour rabattre le gibier qui est chassé. Le feu sert également à nettoyer les parcelles de jachère avant leur mise en culture. Enfin, le feu est souvent mis préventivement autour des villages pour constituer des pares-feux évitant que les villages brûlent accidentellement. Les arbres de savane y sont adaptés. Le tronc des individus adultes est assez résistant pour ne pas brûler et, en saison sèche, leurs feuilles sont généralement mortes et en partie tombées au sol si bien que la canopée des arbres au-dessus de 2 mètres de haut ne brûle pas. En revanche, les jeunes arbres en dessous de 2 mètres de haut sont sensibles au feu. Souvent leurs tiges, ou moins une partie de leurs bourgeons, brûlent entièrement. Les arbres de savane sont alors capables de faire de nouveaux rejets depuis leur système racinaire, protégé du feu dans le sol. Le feu affaiblit cependant les jeunes arbres, freine leur croissance et finit donc par en tuer un certain nombre.

Une partie des herbivores, les « brouteurs » tels que les girafes et les koudous (grandes antilopes), se nourrit des feuilles et des branches d'arbres (par opposition aux « paisseurs », dont les buffles et les zèbres, qui mangent de l'herbe). Comme le feu, ils affaiblissent les jeunes arbres pouvant contribuer à leur mort. Les savanes abritent aussi de très gros mammifères (certains brouteurs, d'autres paisseurs), comme les éléphants, les rhinocéros, les buffles, les koudous, qui peuvent facilement tuer de jeunes arbres ou casser leurs branches et leurs troncs simplement en marchant dessus. Les feux et les herbivores, brouteurs et paisseurs, donnent donc un aspect souvent un peu rabougri aux arbres et les empêchent de recouvrir l'ensemble de la savane qui serait, sinon, transformée en forêt, il n'y aurait alors plus assez de lumière à l'ombre des arbres pour que les graminées poussent. Ces graminées seraient donc éliminées, ainsi que tous les animaux se nourrissant de ces graminées ou dépendant d'un milieu ouvert, non entièrement recouvert d'arbres. Une fois un couvert complet installé, le feu ne passerait plus, et les arbres de forêt remplaceraient les espèces d'arbres de savane. Ces perturbations, telles que définies précédemment, permettent le maintien de la savane et de sa biodiversité. Elles constituent une rétroaction positive qui permet aux grands herbivores de se maintenir et aux feux de continuer à brûler la biomasse de graminées, maintenant un milieu ouvert que les arbres ne peuvent recouvrir entièrement… D'autres mécanismes, basés sur le partage des ressources entre les graminées et les arbres, pourraient aussi contribuer à leur coexistence (voir chapitre 9).

Quel futur pour les savanes ?

Le maintien des savanes dépend donc du climat, mais aussi d'interactions complexes entre les feux, les herbivores, les graminées et les arbres. Dès lors, on peut s'interroger sur les conséquences des changements climatiques et des différentes pressions humaines sur le maintien des savanes sur le long terme. Dans certaines régions, une diminution des précipitations pourrait compromettre la survie des arbres de savanes. Dans d'autres, on observe déjà une augmentation de la couverture arborée que l'on qualifie de « bush encroachment » et qui serait due à une combinaison de facteurs[5] dont le changement des pratiques de gestion par l'homme, la protection contre le feu, et l'augmentation de la teneur atmosphérique en CO_2. La photosynthèse des graminées de savane en C_4 leur confère un avantage sous les climats chauds, en particulier durant les périodes sèches, alors que les arbres de savane ont, eux, une photosynthèse classique en C_3. Les deux types de photosynthèse diffèrent par le mode de fixation biochimique du CO_2. Actuellement, le taux de CO_2 atmosphérique augmente (il est déjà passé de 350 ppm à 450 ppm depuis le début de l'ère industrielle en grande partie du fait de la combustion des combustibles fossiles, pétroles, gaz, charbon). De ce fait, la photosynthèse est de plus en plus efficace et peut se poursuivre alors que les stomates (pores par lesquelles les feuilles échangent des gaz avec l'atmosphère, de la vapeur d'eau sort des feuilles et du CO_2 y entre) sont partiellement fermés, ce qui diminue leurs pertes d'eau. Cette modification réduit la compétitivité des graminées en C4 par rapport à celle des arbres en C3 et expliquerait au moins partiellement l'augmentation de la couverture arborée en savane.

De nombreuses menaces planent sur les savanes en plus du changement climatique[6]. Leur statut d'écosystème à part entière est mal reconnu, elles sont souvent considérées comme des forêts dégradées (normal, il n'y a pas assez d'arbres dans une savane !) et ne sont pas suffisamment protégées (ainsi que la biodiversité qu'elles abritent). Les zones de savane suscitent des projets de reforestation qui ont le mérite potentiel de stocker du carbone dans la biomasse des arbres, mais qui constituent une forme d'artificialisation contribuant à la perte de la biodiversité originale de l'écosystème. De la même manière, si la grande faune (éléphants, lions, girafes…) des savanes africaines est très connue, le grand public ne sait pas vraiment que cette faune dépend de l'existence des savanes et du maintien d'un équilibre entre arbres et zones ouvertes couvertes de graminées. Les forêts tropicales, menacées également, attirent une attention médiatique beaucoup plus grande. De nombreux pays ont désormais des législations visant à interdire les feux de brousses mais, si elles deviennent vraiment efficaces, ces lois risquent de conduire à la disparition des savanes dont l'existence en dépend.

Enfin, ces espaces sont souvent transformés par et pour l'agriculture. Les zones de savane abritent des populations humaines importantes à l'échelle mondiale, qui dépendent des sols pour produire la nourriture dont elles ont besoin dans le cadre d'une agriculture vivrière familiale. Évidemment, cela diminue d'autant les surfaces de « savane naturelle ». Une agriculture plus industrielle est aussi souvent en concurrence avec les savanes. C'est notamment le cas en Afrique avec des cultures d'exportation (bananes, ananas...) ou au Brésil avec le cerrado, la savane locale, très riche en biodiversité, mais menacée par l'agriculture (du soja notamment) et l'élevage.

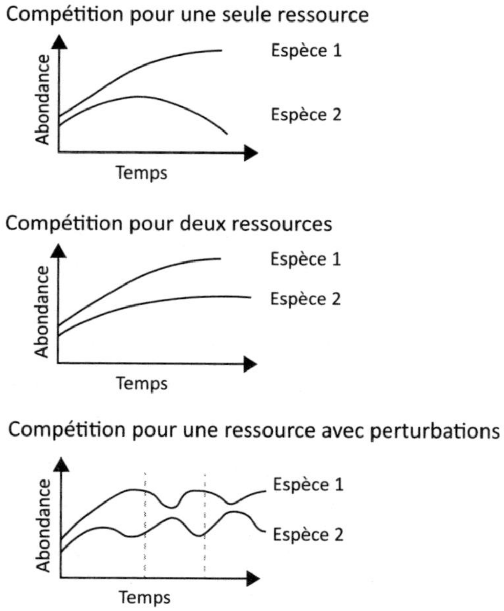

Fig. 2 : Si deux espèces sont en compétition pour une seule ressource limitant leur démographie, l'espèce qui utilise la ressource la plus efficacement (espèce 1) élimine l'autre (en haut). Si au contraire elles sont en compétition pour deux ressources distinctes ou pour une seule ressource qui est partagée entre les deux espèces par un mécanisme particulier, les deux espèces peuvent coexister (au milieu). Enfin, s'il y a une seule ressource mais qu'une perturbation diminue périodiquement l'abondance de l'espèce la plus efficace, l'espèce la moins efficace peut se maintenir.

2

Mes premières recherches en savane

Ce qui frappe en arrivant dans la savane de Lamto, c'est la beauté du paysage. Durant la saison des pluies, tout est extrêmement vert à perte de vue. Nous sommes loin de l'image d'une savane sèche et jaunie. Nous ne sommes pas non plus dans une forêt équatoriale, où les arbres, leurs canopées et les strates de végétation inférieures bloquent complètement la vue et où pratiquement aucune lumière n'arrive au sol. En savane, le regard passe entre les arbres sur plusieurs centaines de mètres. Ils sont souvent regroupés en bosquets faisant quelques taches d'ombre mais, sinon, la lumière est partout. Les arbres de savanes sont généralement assez petits. Il y a des buissons, des arbres de quelques mètres de haut et d'autres plus grands, d'une dizaine de mètres de haut. Dans la savane de Lamto, les arbres sont dominés par une troisième strate constituée de palmiers Rôniers qui attirent l'œil. Il faut imaginer de grandes colonnes dressées, de 10 à 15 mètres de haut, et prolongées par un bouquet de grandes feuilles en éventail faisant chacune jusqu'à 3 mètres de long. De certains de ces palmiers pendent des grappes de fruits orange vif, gros comme des noix de coco (ils contiennent trois graines alors que chaque noix de coco ne contient qu'une seule graine). Quand le vent se lève, souvent avant la pluie, les feuilles de palmier Rônier font un bruissement très particulier, une sorte de claquement, dont je me souviendrai toute ma vie.

Des palmiers comme s'il en pleuvait

Les palmiers forment un groupe apparu assez tôt dans l'évolution (au Crétacé, il y a environ 120 millions d'années). Constitués de plus de 2 000 espèces, ils sont désormais omniprésents dans la zone intertropicale. De nombreux palmiers sont utilisés et parfois cultivés par les humains : leurs fruits sont souvent comestibles (palmier dattier, palmier à huile, cocotier...), leurs feuilles peuvent servir en vannerie ou pour recouvrir les toits, et leurs tiges pour faire des meubles (palmiers rotins). Certains poussent dans des zones sèches (comme le palmier dattier), d'autres sous des climats plus humides, des savanes aux forêts équatoriales. Ce sont des plantes monocotylédones (leurs graines ne comportent qu'un seul cotylédon), c'est-à-dire qu'ils sont plus proches des graminées, des céréales ou des iris que des chênes. Comme toutes les monocotylédones, ils n'ont pas le méristème secondaire (zones de cellules se divisant et assurant ainsi la croissance et la création d'organes) qui permet aux plantes dicotylédones, et en particulier aux arbres, de faire croître leur tige en diamètre. De ce fait, on ne parle pas du tronc d'un palmier, mais de son stipe. Les palmiers ont aussi une faible capacité de ramification. Au sommet d'un cocotier ou d'un Rônier poussent non pas des branches mais des feuilles (aussi nommées « palmes »). Un palmier est donc, en général, constitué d'une tige couronnée d'un bouquet de feuilles. Certaines espèces peuvent cependant faire pousser plusieurs tiges à partir du même pied.

La raison du succès des palmiers sous les tropiques reste en partie mystérieuse. Le fait qu'ils ne puissent pas avoir de branches limite très fortement leur capacité à explorer l'espace. Les plantes terrestres sont immobiles dans le sens où chaque plante pousse toute sa vie à l'endroit où elle a germé. Si cet endroit est défavorable (par exemple, un arbre adulte pousse déjà là et réduit très fortement la lumière disponible), la plante ne va pas pouvoir grandir et mourra rapidement. À l'inverse, la plupart des animaux sont mobiles, si bien qu'ils se déplacent dès que l'endroit où ils vivent leur est défavorable, ce qui est très avantageux ! Il faut cependant nuancer cette vision. Même si une plante ne peut pas se déplacer, elle explore l'espace par la ramification de ces racines (à la recherche d'eau et de nutriments minéraux) et la ramification de ces tiges (à la recherche de lumière). Les plantes ont ainsi mis au point au cours de l'évolution de nombreuses stratégies pour améliorer leur capacité à exploiter des ressources réparties de manière hétérogène. Par exemple, quand un arbre est coupé en forêt, les arbres voisins ont tendance à développer leurs branches en direction de la trouée créée pour exploiter la lumière rendue disponible. Cela remplace la capacité de déplacement des animaux. Cela signifie aussi que les plantes ont la capacité de détecter les gradients de lumières, d'eau et de nutriments minéraux, et qu'elles changent de « comportement » en fonction de ce qu'elles perçoivent de leur environnement. La seule différence avec les animaux est que ceux-ci ont un système nerveux central qui intègre toutes les informations reçues et décide ensuite de la réponse. Les plantes arrivent à réaliser la même prouesse mais sans système nerveux. Elles sont très fortes !

Les palmiers, privés de branche, ont donc du mérite de survivre et se multiplier malgré leur faible capacité d'exploration et face à leurs concurrents directs que sont les arbres. Il arrive que des palmiers poussent en pleine forêt équatoriale au milieu d'arbres souvent plus hauts qu'eux ou encore dans les savanes, où la compétition avec les arbres reste présente même si les palmiers y sont souvent plus hauts. En revanche, ils n'ont pas colonisé les zones tempérées ou froides. Chez toutes les plantes, la sève brute monte dans les tiges et les troncs depuis les racines pour permettre la photosynthèse dans les feuilles. Elle est composée de l'eau absorbée par les racines, transportant vers les feuilles les nutriments minéraux (azote, phosphore, potassium…) qui ont été absorbés de la même manière. Les arbres en région tempérée perdent leurs feuilles en hiver et entrent « en dormance » afin de limiter le risque de cavitation : en hiver, le froid peut conduire à l'apparition de bulles d'air dans les vaisseaux conducteurs de sève. C'est un processus difficilement réversible empêchant la circulation future de la sève. Les palmiers ne peuvent pas rentrer « en dormance » et, parce qu'ils sont des monocotylédones, ils encourent de forts risques de cavitation dès qu'il fait trop froid[1] ce qui explique qu'on ne trouve naturellement pas de palmiers en dehors des zones tropicales.

Le cas du palmier Rônier

J'ai commencé à travailler sur le palmier Rônier, par hasard, au cours de mon stage de deuxième année de master. J'ai frappé à la porte du laboratoire d'écologie de l'École Normale Supérieure et commencé à discuter avec le groupe travaillant alors en Côte d'Ivoire (J.-C. Menaut, L. Abbadie, G. Gignoux, P. Mordelet). Ils m'ont proposé de travailler sur le Rônier car encore personne ne s'en occupait à Lamto. On m'a tout de suite envoyé sur le terrain pour quatre mois. Aujourd'hui, cela constituerait une grosse anomalie pour un étudiant de master : non seulement les stages de seconde année ne durent plus suffisamment longtemps pour qu'on prenne le risque d'envoyer un étudiant à l'étranger mais, en plus, mon travail (et ma thèse par la suite) reposait sur de l'exploration, il s'agissait de décrire des phénomènes sans hypothèses précises à tester. De nos jours, ça ne serait plus possible. Il faudrait, dès le début, élaborer une stratégie scientifique permettant de répondre à de « grandes questions », d'attirer des crédits de recherche et d'être sûr que les résultats pourront être publiés dans un grand journal scientifique.

L'idée de départ est venue de travaux de P. Mordelet qui étudiait les bosquets d'arbres et leur sol. Il a ainsi montré que, sous les bosquets d'arbres, le sol est enrichi en azote et en matière organique par rapport aux zones hors bosquet, uniquement occupées par les graminées. Les mécanismes derrière cette observation, faite dans de nombreuses savanes à l'échelle mondiale, ne sont pas complètement clairs. Plusieurs hypothèses existent. Tout d'abord, les arbres apportent plus de matière organique morte au sol que les graminées et elle est qualitativement différente de celle des graminées. De plus, le feu est souvent moins intense sous les bosquets parce qu'il y a moins de graminées du fait de l'ombrage, une quantité de biomasse et de nutriments minéraux plus importante est donc réincorporée dans le sol. Enfin, il est possible que les systèmes racinaires très développés des arbres des bosquets, s'étendant horizontalement bien au-delà de leur canopée, soient très efficaces pour explorer le sol sous les graminées et y absorber de l'azote[2] qui se retrouve alors concentré dans le sol des bosquets (après décomposition des feuilles et des racines des arbres). Des résultats préliminaires suggèrent aussi qu'il y avait beaucoup de racines de palmier Rônier dans le sol des bosquets. L'idée a alors germé que les Rôniers ont une stratégie racinaire particulière leur permettant d'exploiter les zones où le sol est plus fertile, enrichi en nutriments minéraux. À l'époque, on connaissait aussi d'autres « îlots de fertilité » : les buttes d'origine termitiques.

Il faut imaginer des buttes d'un à plusieurs mètres de diamètre, et de quelques centimètres à un mètre de haut, remplies de nids souterrains de termites. Pour les construire, ces dernières enrichissent le sol en argile et, pour s'alimenter, elles y entassent de nombreux débris végétaux qui accroissent la teneur en matière organique et en nutriments minéraux dans le sol. De plus, à Lamto, en savane, de nombreuses espèces de termites sont champignonnistes : elles cultivent des champignons sur les débris végétaux récoltés. Ces champignons poussent en se nourrissant de ces débris. Ils ne sont pas capables de photosynthèse, mais produisent des enzymes capables de dégrader les débris végétaux, y compris la lignine qui donne leur rigidité aux végétaux et au bois. Les termites peuvent ensuite manger les champignons, alors qu'elles n'ont elles-mêmes pas la capacité de digérer les débris végétaux récoltés. C'est exactement ce que nous faisons quand nous cultivons des champignons de Paris : nous les adorons, mais ne pourrions pas manger le substrat organique sur lequel nous les faisons pousser. Les termites ont ainsi inventé l'agriculture bien avant les humains.

Avec toutes ces études en main, nous avons donc fait l'hypothèse que les palmiers exploitent tous les îlots de fertilité de la savane, les bosquets et les buttes termitiques. Pour la tester j'ai dû prélever des carottes de sol (un échantillon cylindrique obtenu avec une tarière) entre des Rôniers adultes et des bosquets ou des buttes d'origine termitiques. Il me fallait ensuite laver le sol de ces carottes sur des tamis pour récupérer toutes les racines, puis les trier à la main afin de prélever celles de Rônier facilement reconnaissables. Ce travail fastidieux m'a occupé de nombreux après-midi à la station de Lamto.

Je n'effectuais heureusement pas ce travail seul. Il y avait des techniciens ivoiriens, habitants des villages voisins, que nous embauchions pour quelques mois pour nous aider. Je dois en particulier parler de Marcel Konan (dit « Diego » pour Diego Maradona) qui a beaucoup travaillé avec moi et continue à le faire. Je lui dois beaucoup. Comme la plupart des habitants de la région, il est de l'ethnie Baoulé et son occupation principale est l'agriculture, essentiellement vivrière. Sa force sans commune mesure avec la mienne a été indispensable au prélèvement des carottes dans les sols les plus durs (en particulier dans les buttes termitiques durcies à cause de l'argile rassemblée par les termites). Son sens de l'observation, son intelligence et sa connaissance, empirique mais poussée, de la savane ont également été essentiels à mes recherches. Habitant et agriculteur dans la savane, Marcel a accumulé un grand savoir sur les plantes qui y poussent et les animaux qui y vivent. En travaillant avec de nombreux chercheurs, il a appris leurs noms scientifiques, puis les bases de la méthode expérimentale (mettre en place des traitements contrastés, avoir des répétitions indépendantes pour chaque traitement mais les plus homogènes possibles entre elles). Il est toujours de bon conseil quand je mets en place une expérience et il peut ensuite souvent la suivre seul.

Ainsi, nous avons pu vérifier l'hypothèse de départ. Lorsqu'on s'éloigne d'un palmier, la densité de racines de palmier diminue puis augmente sous les bosquets et sous les buttes d'origine termitique. Nous en avons déduit que les racines de palmier partent dans toutes les directions à partir des pieds de Rônier, elles ne visent pas particulièrement les zones de sol plus fertiles et on peut donc les trouver en faible densité dans la savane sous les graminées. Cependant, une fois qu'elles ont atteint une zone de sol plus fertile, leur taux de ramification augmente, ce qui intensifie localement leur densité. Elles exploiteraient ainsi de manière plus efficace les nutriments minéraux (azote, phosphore…) de ces zones. En effet, si ce mécanisme de ramification sélective et conditionnelle des racines n'existait pas, les Rôniers devraient produire énormément de racines pour explorer l'ensemble du sol avec la même intensité que celui des buttes termitiques et des bosquets. En économisant de la biomasse et réservant la ramification de ses racines pour un sol plus fertile, le palmier peut produire plus de feuilles ou plus de fruits. Ces résultats nuancent un peu ce qui est écrit plus haut : malgré leur faible capacité de ramification, les palmiers sont capables, comme les autres plantes, d'explorer leur environnement. Ensuite, ce que nous avons trouvé pour le Rônier est un exemple d'un phénomène très général appelé « root foraging » : les racines de toutes les plantes ont des stratégies élaborées pour explorer le sol, qui est hétérogène dans le temps et l'espace. Cela ne signifie pas pour autant qu'il s'agit d'un choix conscient mais elles sont bien en capacité, via des mécanismes sélectionnés au cours de l'évolution darwinienne, de percevoir et de réagir aux signaux de leur environnement. De tels fonctionnements ont été sélectionnés chez tous les êtres vivants, des bactéries aux baleines, pour augmenter les chances de survie et de reproduction. Les écosystèmes sont toujours hétérogènes. De ce fait, les organismes n'auraient eu que très peu de chances de survie si de tels échanges d'information (pour percevoir cette hétérogénéité physico-chimique ou biotique) avec le milieu extérieur ne s'étaient pas développés. Cela permet aux organismes d'exploiter au mieux cette hétérogénéité. Dans le cas du Rônier, on peut imaginer que les individus qui ont, au hasard des mutations et des recombinaisons génétiques, acquis une stratégie d'exploration du sol plus efficace ont eu plus de descendants, parce qu'ils poussaient plus vite et produisaient plus de fruits. Petit à petit, cette capacité d'exploration, qui constitue une nouvelle adaptation, a été acquise par l'espèce.

La présence d'une telle capacité chez les Rôniers souligne l'importance des nutriments minéraux qu'ils puisent dans le sol des bosquets et les buttes termitiques pour leur croissance. Les sols de la savane de Lamto, comme beaucoup de sols tropicaux, sont pauvres en matière organique et en azote du fait du climat chaud et humide et des caractéristiques des sols (teneur et qualité des argiles). Nous avons alors émis l'hypothèse que les zones plus riches en azote, les bosquets d'arbres et les buttes d'origine termitique conditionnent l'ensemble du cycle de vie des Rôniers et, du coup, la répartition spatiale des individus et leur démographie. En écologie, on étudie des populations de plantes ou d'animaux comme on étudierait des populations humaines. Le but est de comprendre comment l'ensemble des comportements individuels et des interactions entre les individus conduisent au fonctionnement de la population dans son ensemble. Pour étudier la démographie d'une population de palmiers, on mesure la fécondité des individus, leur taux de survie en fonction de leur taille, leur vitesse de croissance. Cela permet en retour de déterminer si la population est en croissance ou décroissance et quels facteurs l'influencent le plus.

Un détour méthodologique

Pour travailler sur la démographie du palmier, j'ai étiqueté plusieurs milliers de palmiers et cartographié les parcelles les contenant (une quinzaine d'hectares en tout). D'abord, il a fallu que je les délimite avec des piquets métalliques (en fait des fers à béton), un tous les cinquante mètres pour les quadriller. Ensuite, j'ai répertorié l'ensemble des palmiers, des buttes d'origine termitique et des arbres de ces parcelles. À l'époque, pour chaque point cartographié, on mesurait la distance à un point de référence (en utilisant un télémètre à infrarouge) et un angle par rapport au Nord (avec une boussole de visée). Avec un petit calcul, cela permettait de calculer des coordonnées en X et Y. Aujourd'hui, on utiliserait probablement un GPS, mais un instrument standard n'aurait pas une précision suffisante. Pour chaque Rônier, Marcel et moi avons attaché une petite étiquette en acier (pour éviter qu'elle ne fonde lors d'un feu de brousse) à une feuille, au stipe ou à un petit piquet métallique pour les individus les plus jeunes. Ce dispositif laborieux est indispensable pour un suivi démographique. Il m'a permis de revenir chaque année, à la même période, remesurer les mêmes palmiers (hauteur du bourgeon terminal, nombre de feuilles) et vérifier s'ils étaient encore vivants. Il fallait aussi mettre une nouvelle étiquette sur les nouveaux Rôniers ayant germé. Cela permet en retour d'estimer les taux de croissance des individus, leur taux de mortalité, la fécondité…

Avec une équipe de deux techniciens ivoiriens, j'ai passé plusieurs semaines par an à parcourir ces parcelles. Le travail n'était pas extrêmement difficile, mais il n'en demeurait pas moins intense (il fallait aller le plus vite possible) et fatiguant à cause de la chaleur et de l'atmosphère en permanence saturée en humidité.

La description du cycle d'une espèce végétale se fait d'abord par ses différents stades de développement, et les « transitions » entre ces stades. Pour les distinguer, on s'appuie sur la morphologie de la plante et sa capacité à se reproduire. Ainsi, chez le palmier Rônier, on distingue les plantules à feuilles entières, les plantules à feuilles fendues, les juvéniles et les adultes. Selon les besoins, on peut aussi distinguer des classes de taille au sein d'un même stade morphologique. Les plantules à feuilles entières ont une ou deux feuilles ressemblant à un brin d'herbe très large (environ 5 centimètres) d'une cinquantaine de centimètres de long qui sortent directement du sol. Les plantules à feuilles fendues ressemblent beaucoup aux précédentes, mais leurs feuilles commencent à se fendre pour former un embryon d'éventail. Les juvéniles ont de belles feuilles en éventail. Pour les plus jeunes, le bourgeon terminal est enterré et les feuilles sortent alors directement du sol. Pour les juvéniles plus âgés, il est au-dessus du niveau du sol, si bien que les feuilles sont portées par un stipe. Quand le stipe atteint environ 10 mètres de haut, les juvéniles deviennent adultes, c'est-à-dire qu'ils commencent à se reproduire et donc à produire des fleurs.

Alors que chez les majorités des plantes à fleurs les fleurs possèdent à la fois les organes mâle (étamine) et femelle (pistil), chez les Rôniers, elles sont portées par des individus différents, soit mâles, soit femelles. On dit que ce palmier est « dioïque » (par opposition aux plantes « monoïques » qui sont hermaphrodites). C'est le cas d'environ 6 % des espèces de plantes à fleurs. Beaucoup de recherches sont menées pour comprendre comment, au cours de l'évolution, les différents systèmes de reproduction (sexuée et non-sexuées, sexuée avec individus monoïques ou dioïques et j'en passe…) ont été sélectionnés. Je ne rentrerai pas dans les détails de tous les mécanismes sous-jacents mais on peut retenir qu'ils influencent directement le nombre de descendants des organismes et qu'ils sont fortement soumis à la sélection naturelle. Que les Rôniers soient dioïques n'est donc pas anodin. Cela signifie, a minima, que le pollen partant des fleurs mâles doit parcourir une plus grande distance pour arriver sur les fleurs femelles, aidé par le vent et les abeilles, puisque ces fleurs sont portées par des individus différents. Cela signifie aussi qu'une partie importante de la population, les mâles, ne produit pas de fruit et ne donne naissance à leurs pieds à des nouveaux individus, limitant la capacité du Rônier à occuper toute la savane.

La démographie du Rônier

Une fois qu'on a distingué les différents stades d'un cycle de vie, il faut déterminer les possibilités de transition entre stades : si on a un individu à un stade donné une année donnée, à quel stade peut-il être l'année d'après ? Pour chaque transition possible, il faut alors estimer la probabilité qu'elle advienne. Par exemple, il faut estimer la probabilité de passage du stade juvénile au stade adulte. Pour cela, on divise le nombre de juvéniles étant devenus adultes en un an par le nombre de juvéniles comptés l'année précédente. On peut aussi estimer la probabilité de survie des juvéniles d'une année sur l'autre, en divisant le nombre de juvéniles ayant survécu ou étant restés juvéniles au bout d'un an par le nombre initial de juvéniles. C'est assez facile avec les données des recensements annuels et grâce à toutes les petites étiquettes permettant d'identifier les individus ! Il faut aussi évaluer la fécondité, en nombre de graines produites par les femelles ou de nouvelles plantules (on compte les nouvelles plantules à feuilles entières qui n'ont pas d'étiquette et on le divise par le nombre de femelles dans la parcelle). On peut mettre tous ces chiffres dans une matrice à deux entrées (nom mathématique pour un tableau). Cela constitue un premier type de modèle mathématique présenté dans ce livre. Avec quelques calculs assez simples et des bases d'algèbre linéaire (en gros, on multiplie la matrice par elle-même un certain nombre de fois et on calcule ce qu'on appelle la « valeur propre » de la matrice), on prédit si la population est en croissance ou en décroissance et à quelle vitesse. On peut aussi déterminer les paramètres démographiques (les probabilités de transition, les fécondités) qui influent le plus sur la croissance ou la décroissance de la population. Un tel modèle permet enfin d'évaluer l'âge moyen des palmiers dans chaque stade ou l'espérance de vie. Ce dernier point était particulièrement important pour moi, parce qu'il est difficile d'évaluer l'âge d'un palmier. Il ne produit pas de bois avec des cernes d'accroissement, contrairement aux arbres tempérés, pour lesquels on peut déterminer précisément l'âge en comptant les cernes d'accroissement à la mort de l'arbre ou en prélevant une petite carotte de bois jusqu'au centre du tronc.

Mes résultats ont d'abord montré que la population de Rôniers de la réserve de Lamto, était stable : elle n'était ni en croissance ni en décroissance nette. Puisqu'il s'agit d'une réserve, les Rôniers sont relativement préservés de l'influence humaine, ils sont également bien adaptés à leur environnement et celui-ci a peu changé entre la mise en place de la réserve (début des années 1960) et ma thèse (fin des années 1990). En particulier, les Rôniers sont bien adaptés aux conditions climatiques de Lamto (suffisamment de pluie) et au feu qui passe tous les ans et qui, même s'il brûle toutes les feuilles des palmiers juvéniles, a peu de chance de tuer leur bourgeon terminal ce qui conduirait à leur mort. En dehors de la réserve, la situation est assez différente : les Rôniers sont exploités pour faire du vin de palme (*nzan* en baoulé) si bien que leur densité diminue. Le modèle matriciel a aussi montré que les Rôniers deviennent adultes quand ils atteignent environ 90 ans : ils passent un très grand nombre d'années aux stades plantules et juvéniles. Cependant, une fois qu'ils ont commencé à se reproduire, leur espérance de vie est d'environ 25 ans. En fait, les Rôniers adultes subissent une forme de sénescence : d'année en année leur nombre de feuilles diminue, la taille de ces feuilles diminue, pour les femelles la taille des fruits et leur nombre diminue. Cette sénescence n'est pas complètement comprise, mais on entend tout de même que, d'une part, les Rôniers doivent attendre un grand nombre d'années pour être assez grands et avoir suffisamment de surface foliaire pour rassembler assez de ressources (quantité de biomasse fabriquée par les feuilles grâce à la photosynthèse) afin de se reproduire et que, d'autre part, la reproduction requiert la mobilisation de beaucoup de ressources qui ne peuvent plus être investies dans les feuilles ou les racines. En vieillissant, les palmiers ont du mal à entretenir et à maintenir leur système racinaire (du fait de leur capacité de ramification limitée) ainsi que les tissus conducteurs de sève dans leur stipe, ce qui fragilise les individus et renforce la sénescence. Il faut dire aussi qu'a priori les palmiers femelles doivent investir plus de ressources dans la reproduction et la production de très gros fruits (jusqu'à plus d'un kilogramme par fruit) que les mâles qui produisent juste de nombreuses petites fleurs.

Notre première hypothèse concernant cette stratégie racinaire particulière était que les Rôniers sont limités dans leur démographie par la disponibilité des nutriments minéraux, d'où leur stratégie racinaire particulière. Cette hypothèse nous a conduits, avec J.-C. Menaut et J. Gignoux qui dirigeaient ma thèse, à penser que les zones enrichies en nutriments (bosquets d'arbres et buttes termitiques) influençaient la démographie des Rôniers mais aussi leur répartition spatiale à l'échelle de quelques dizaines de mètres. En gros, si les zones enrichies en nutriments sont favorables au Rônier, ceux poussant dans ces zones ou près de ces zones devraient avoir une survie plus élevée et donc être plus nombreux. Pour tester cette hypothèse, j'ai utilisé les cartographies des parcelles que j'avais réalisées pour étudier, à partir de méthodes statistiques assez compliquées, la répartition spatiale des populations de Rôniers[3].

SCIENCE ÉCOLOGIQUE ET STATISTIQUES

Pour le grand public, les statistiques sont un domaine brumeux lié à des calculs compliqués décrivant des séries de données. On peut ainsi calculer un revenu moyen par habitant, un pourcentage de chômeurs ou l'accroissement de ce pourcentage. Elles inspirent souvent la crainte car elles sont difficiles à comprendre ou peuvent être manipulées pour nous tromper et nous influencer. Ce type de méfiance est probablement courant, même chez des personnes peu sensibles aux théories du complot. Ces problèmes sont sans doute un frein aux débats démocratiques et aux prises de décision qui doivent en découler et qui doivent a priori reposer sur des données fiables et une manière non biaisée de les décrire. Si les élus politiques et la majorité des citoyens votant pour eux ne comprennent pas les données et se méfient de la façon dont elles sont analysées, par exemple celles démontrant la gravité de la crise de la biodiversité et du climat, il y a peu de chances que les bonnes décisions soient prises.

Il faut préciser ici que les statistiques constituent un domaine entier des mathématiques, qu'il suscite des développements théoriques comme les autres domaines (on peut démontrer des théorèmes en statistiques !), mais qu'il conduit aussi à un immense champ d'application permettant d'analyser les données produites par toutes les sciences (de la biologie à la sociologie). L'écologie est une des disciplines scientifiques les plus gourmandes en statistiques. Comprendre la crise de la biodiversité actuelle requiert de comprendre les bases des statistiques, leur fonctionnement général, et le fait qu'il faut interpréter les résultats statistiques avec beaucoup de prudence.

Que peut-on faire avec ? Il ne s'agit pas seulement de résumer plein de nombres en calculant des chiffres synthétiques comme les moyennes. Il s'agit aussi de tester si des relations observées entre différentes données ont des chances d'avoir été observées par hasard ou si, au contraire, elles sont dues à un processus sous-jacent que l'on peut identifier.

Par exemple, on peut se demander s'il existe une relation entre la hauteur des palmiers Rôniers et leur sexe. Pour cela, on peut calculer pour tous les palmiers que j'ai inventorié la moyenne de la hauteur pour les mâles et pour les femelles. Nécessairement, les deux moyennes sont un peu différentes (sur un grand nombre d'individus, il n'y a aucune chance que les mâles et les femelles aient exactement la même moyenne). La question est alors de savoir si cette différence est due au hasard (si j'avais inventorié d'autres parcelles, j'aurais trouvé une différence de hauteur allant dans le sens inverse) ou s'il y a une différence moyenne de taille entre mâles et femelles due à un mécanisme général sous-jacent. Pour répondre à cette question, il faut construire un test statistique basé sur la moyenne de la hauteur des mâles et des femelles et sur la variabilité de cette hauteur. Sans rentrer plus en détail dans la construction d'un tel test, son résultat permet d'estimer si les mâles et les femelles ont une taille significativement différente. Une probabilité est calculée (en fait la probabilité d'obtenir la série de données observées alors que les moyennes des hauteurs des mâles et des femelles sont égales) et si elle est suffisamment faible, on considérera que le sexe des Rôniers impacte leur croissance et on pourra réfléchir à un mécanisme écologique pouvant expliquer cet impact. Par exemple, les mâles pourraient grandir plus vite que les femelles parce qu'ils n'ont pas à produire de gros fruits. Je peux maintenant mettre fin à un suspense insoutenable : je n'ai pas trouvé de différence entre la hauteur des mâles et des femelles. En revanche, j'ai testé la relation entre le nombre de feuilles et la hauteur des Rôniers juvéniles et j'ai trouvé que le nombre de feuilles augmente significativement avec la hauteur : le test statistique a montré que j'avais très peu de chances d'avoir observé cette relation juste par chance (en tirant aléatoirement des paires de valeurs hauteur-nombre de feuilles) et qu'elle a toutes les chances d'être généralisable à tous les Rôniers de Lamto. Le mécanisme écologique sous-jacent est probablement qu'un palmier est obligé de grandir pour produire de nouvelles feuilles et qu'en vieillissant un jeune palmier arrive à accumuler des racines lui permettant d'absorber plus de ressources dans le sol (nutriments minéraux et eau) et de produire de plus en plus de feuilles. D'une manière générale, les statistiques et la construction de tests statistiques sont indispensables en écologie pour tester si des différences entre modalités (ici les mâles et les femelles) ou des relations entre variables (ici la hauteur et le nombre de feuilles) ont des chances d'être apparues par hasard ou du fait de mécanismes écologiques particuliers.

Les résultats sont obtenus par des méthodes statistiques un peu complexes qui sont basées sur des fonctions mathématiques (dites « de Ripley et Diggle ») décrivant la distance moyenne entre les Rôniers ou entre les Rôniers et les zones enrichies en nutriments minéraux, et testant si cette distance était plus petite ou plus grande que le prédirait une répartition totalement aléatoire. Pour cela, on a comparé ces fonctions calculées pour les cartes observées et celles calculées pour des répartitions aléatoires. On a ainsi pu déterminer si les Rôniers ont une distribution agrégée (formant de petits paquets d'individus très proches les uns des autres) ou s'ils sont associés spatialement aux zones enrichies en nutriments (s'ils ont tendance à être proches de ces zones). Ce que j'ai trouvé, c'est que tous les stades de Rôniers étaient associés spatialement aux buttes d'origine termitique et aux arbres : ils poussent en moyenne près de ces zones enrichies en nutriments.

L'histoire serait trop simple si je m'arrêtais là. La répartition spatiale des Rôniers est en fait plus compliquée. Les plantules et les juvéniles avaient tous une distribution très agrégée (ils poussent en groupes compacts) alors que les adultes avaient une distribution moins agrégée (en groupe peu compact) ou complètement aléatoire. De même, les juvéniles et les plantules avaient tendance à être associés très fortement aux zones enrichies en nutriments (ils poussaient à des très petites distances de ces zones, souvent à 2 ou 3 mètres), alors que les adultes restaient associés spatialement à ces zones mais moins fortement (poussant à des distances plus grandes de ces zones, souvent à 10 mètres). Je n'ai jamais pu démontrer les causes de ces répartitions mais mon hypothèse est que, très près des zones enrichies en nutriments (souvent directement sur les buttes), les jeunes Rôniers ont initialement une survie forte grâce à la richesse du sol en nutriments, si bien que leur densité peut y être très élevée. Mais celle-ci augmenterait la compétition entre les individus quand ils grandissent et aboutirait alors à une surmortalité. Les Rôniers ayant le plus de chance de devenir adultes seraient donc ceux qui ont germé pas trop loin des zones enrichies en nutriments, mais pas trop près non plus. On peut aussi penser qu'à une telle distance intermédiaire, en grandissant, ces Rôniers développent leur système racinaire et sont alors capables de bénéficier des nutriments minéraux accumulés dans les buttes termitiques et sous les bosquets d'arbres, grâce à leur stratégie racinaire particulière (voir ci-dessus). Un point intéressant que je n'ai pas pleinement exploité est que, clairement, tous ces processus dépendent de la distance de dispersion des fruits de

Rônier. Actuellement, ces fruits étant très gros, ils tombent au pied des femelles Rôniers dans un rayon de quelques mètres. Cela contribue à expliquer la distribution agrégée des jeunes Rôniers. Cependant, dans un proche passé (quelques dizaines d'années), des éléphants et des babouins vivaient dans la savane de Lamto (les éléphants ayant disparu avant la création de la réserve, les babouins probablement après). Ils se nourrissaient en partie de fruits de Rônier et devaient les transporter loin des femelles qui les produisaient. Cela conduisait probablement à des distributions spatiales différentes, ce qui devait influencer aussi leur démographie. Mais, la chasse, le braconnage et les activités humaines ont eu raison des éléphants et des babouins, même à l'intérieur de la réserve de Lamto...

Ce travail sur les palmiers est un bon exemple à la fois de la complexité des interactions écologiques, de leurs conséquences et de la difficulté de l'enquête écologique nécessaire pour décrypter tout ça. L'histoire que j'ai racontée met ainsi en scène le comportement des termites qui enrichissent localement le sol en nutriments minéraux, celui des arbres et leur influence sur le recyclage des nutriments, probablement en interaction avec le feu, la stratégie des Rôniers pour explorer le sol, leur mode de croissance et les contraintes associées, leur cycle de vie et leur démographie. Tous ces éléments sont au moins reliés par deux grandes catégories de processus : le cycle des nutriments minéraux, l'azote par exemple, constitue une sorte de monnaie d'échange passant d'un compartiment à l'autre de l'écosystème ; et les caractéristiques des termites, des arbres, des Rôniers ainsi que tous les processus écologiques qui en dépendent sont apparues progressivement grâce à l'évolution darwinienne qui leur donne une forme de sens. Nous verrons que les cycles des différents éléments chimiques constituant la matière vivante (des processus pouvant souvent paraître très physico-chimiques) et l'évolution des organismes vivants (des processus pouvant paraîtres extrêmement biologiques) peuvent servir de fil conducteur à notre compréhension écologique de la biosphère. Ces phénomènes relient en effet tous les êtres vivants les uns aux autres, y compris les humains. Enfin, même si mon travail de thèse illustre tous ces phénomènes généraux (qui font partie des résultats génériques de l'écologie scientifique), il faut aussi comprendre que les résultats précis obtenus dans la savane de Lamto sur le palmier Rônier ne sont pas généralisables à d'autres espèces de palmier (voir, par exemple, mes recherches sur un palmier d'Amazonie)[4]. En fait, dans les détails, il y a des chances que d'autres populations de palmiers Rônier, par exemple dans le delta du Sine-Saloum au Sénégal, se comportent un peu différemment de celle de Lamto. Cela met en évidence une difficulté générale de la production de connaissances, qui est particulièrement criante en écologie, par exemple du fait qu'il existe au moins une dizaine de millions d'espèces vivantes (ayant chacune ses caractéristiques et ses comportements particuliers) et une grande diversité d'écosystèmes : il faut arriver à séparer le particulier du général, savoir ce qui est généralisable et ne l'est pas, tirer prudemment des conclusions générales d'études particulières.

3

Pourquoi lier écologie et évolution darwinienne ?

En 2000, dans le château de Laxenburg (banlieue de Vienne, Autriche), construit entre le XIVe et le XVIIIe siècle, j'ai commencé à travailler sur l'évolution darwinienne de la morue (*Gadus morhua*). La petite tour où j'étais installé, nommée Belvédère avait servi de salle de jeux pour les enfants de l'impératrice Marie-Thérèse et les murs de ses trois étages étaient recouverts de fresques. Je suis resté travailler deux ans en Autriche, avec Ulf Dieckman (allemand) et Mikko Heino (finlandais), à l'occasion d'un contrat postdoctoral payé par l'Europe et j'ai alors complètement changé de sujet de recherche à l'Institut International pour l'Analyse des Systèmes Appliqués. Cet institut, créé durant la guerre froide en 1972, a pour objectif un peu idéaliste de répondre aux besoins de recherche sur des thèmes nécessitant des coopérations scientifiques internationales entre les blocs de l'Est et de l'Ouest comme les ressources en énergie, la démographie (des êtres humains !) ou la pollution. Ce type de collaboration internationale n'allait pas de soi à l'époque, mais était devenu complètement habituelle dans les années 2000. Puisque la recherche s'est mondialisée, elle peut travailler sur les problèmes liés à la mondialisation !

Les études menées à l'institut reposent principalement sur l'analyse de données existantes et de la modélisation mais pas sur la collecte de nouvelles données (d'où son nom un peu étrange). Il faut pour cela faire beaucoup de statistiques et développer des modèles statistiques. Outre la science, ce postdoc m'a également permis de découvrir Vienne, de parler un peu allemand, d'apprendre vraiment à parler anglais, et d'habiter pendant deux ans dans un village au fond d'une petite vallée au sud de Vienne. Cela me permettait d'aller travailler en une demi-heure de vélo à travers la campagne. Dépaysement garanti après la savane de Lamto.

La pêche commerciale : un enjeu mondial

Depuis 2015, on pêche chaque année plus de 160 millions de tonnes de poissons dans les mers du globe, soit environ 20 kilogrammes par être humain. Cette quantité a été multipliée par quatre depuis la Seconde guerre mondiale du fait de l'augmentation de la taille de la flotte de pêche et de l'amélioration des techniques (puissances et taille des chaluts, sonars…). Elle a toutefois ralenti depuis les années 1990, du fait de la raréfaction des poissons. Les humains, une fois de plus, se sont comportés comme si les ressources naturelles étaient inépuisables. On sait pourtant bien que chasser intensivement des espèces de mammifères ou des oiseaux peut les faire disparaître. Il en va de même pour les poissons bien qu'il soit plus difficile de le percevoir car ils sont moins visibles (il faut des suivis scientifiques élaborés pour évaluer leurs quantités) et que, confronté à la taille de l'océan, il est plus facile de se voiler la face et d'imaginer que les espèces de poisson représentent une ressource inépuisable.

Le milieu aquatique permet une industrialisation de la pêche qui n'a jamais été complètement possible pour les organismes terrestres (on ne peut pas chasser des animaux terrestres en traînant des filets derrière un hélicoptère). Du fait de la pêche industrielle, l'abondance de nombreuses espèces de poissons de mer a ainsi diminué de manière dramatique. On estimait au début des années 2000 (chiffres de la FAO) que plus de 20 % des populations de poissons étaient surexploitées et que plus de 40 % étaient exploitées au maximum de leurs capacités : on pêche chaque année plus d'individus qu'il n'en naît. De nombreux chercheurs étudient ces interactions entre la dynamique des populations de poissons (combien y a-t-il de poissons d'une espèce dans une zone géographique ? Comment sont-ils répartis en fonction de leur taille ? Comment cela varie-t-il au fil des années ?) et la pêche (son intensité, sa répartition dans le temps et l'espace, les moyens de pêche utilisés...). C'est le domaine de l'halieutique. Durant mon séjour en Autriche, j'ai adopté un angle de recherche un peu différent, celui des impacts évolutifs, au sens darwinien, de la pêche.

Théorie de l'évolution et écologie

On distingue toujours l'échelle écologique au sens strict de l'échelle évolutive au sens darwinien. En première approche, on peut travailler sur les organismes vivants et leurs interactions écologiques en considérant qu'ils ne changent pas au cours du temps. On sait, par exemple, que si un pissenlit dispose de plus d'eau il va mieux pousser et que si on nourrit mieux un éléphant il va grossir. On peut refaire une expérience avec les mêmes pissenlits et les mêmes éléphants et les résultats ne devraient pas changer. Si on prend du recul, on se rappelle cependant que les organismes ont évolué (au sens darwinien) au cours des temps géologiques et qu'ils continuent à le faire. De ce fait, si on refait la même expérience sur la même population de pissenlits poussant dans une prairie donnée à une vingtaine d'années d'intervalle, il n'y a aucune raison que les deux expériences donnent exactement les mêmes résultats. La population de pissenlit de la prairie a pu évoluer entre les deux expériences. Du coup, les études en écologie peuvent soit ignorer les phénomènes évolutifs, soit les prendre en compte voire cibler leur questionnement dessus. On parle alors d'écologie évolutive.

L'appellation « théorie de l'évolution » jette souvent un certain discrédit sur les domaines de recherche traitant de l'évolution des organismes. En effet, le terme « théorie » peut porter à croire que l'évolution est un phénomène hypothétique suggéré par des résultats incertains qui n'ont pas été vérifiés. Ce n'est pas le cas. Le terme « théorie » signifie ici qu'il s'agit d'un corpus de connaissances cohérentes, appuyé par de nombreuses données expérimentales et d'observations et soutenu par un cadre conceptuel rigoureux. L'évolution des organismes est un fait scientifiquement démontré. Les archives géologiques montrent, par exemple, que des espèces sont apparues et ont disparu puisqu'on retrouve des organismes fossiles différents dans chaque couche géologique et que celles-ci se sont déposées à des époques différentes. Il nous est possible de retracer en grande partie les filiations entre espèces (qui descend de qui) et on observe encore les organismes évoluer de nos jours. On peut même faire des expériences sur le sujet en séparant des individus issus d'une même population en plusieurs groupes que l'on soumet à des pressions différentes (différentes températures ou nourritures...) afin de tester expérimentalement leurs conséquences évolutives. À la fin de l'expérience (après plusieurs générations des organismes étudiés), on remet les individus des différents groupes dans des conditions environnementales similaires, ce qui nous permet de voir en quoi ils ont changé génétiquement et de vérifier que ces modifications ne sont pas juste dues à de la plasticité phénotypique. Si ces modifications ne sont dues qu'à une telle plasticité, elles disparaîtront une fois les différents groupes d'individus replacés dans le même environnement. Il existe de nombreux cas classiques de plasticité phénotypique. Par exemple, les plantes ont tendance à pousser plus vite lorsqu'on les arrose et qu'on leur fournit plus d'azote. C'est aussi le cas du palmier Rônier dont les racines se ramifient plus quand elles rencontrent une zone de sol plus riche en nutriment minéraux. Dans ces deux cas, aucun changement génétique n'est impliqué. L'évolution, elle, passe par de tels changements. Bien sûr, il est plus facile de mettre en place des travaux d'évolution expérimentale sur de petits organismes, qui peuvent être très nombreux, dans de petites enceintes aux conditions facilement contrôlables (par exemple, des bactéries ou des champignons dans des boîtes de Petri) que sur des organismes beaucoup plus gros comme des éléphants qui évoluent beaucoup plus lentement, parce que leur durée de vie est plus longue. Mais de nombreux travaux expérimentaux sur des petits organismes ou des plantes permettent de voir l'évolution en action[1].

Quels sont les mécanismes de l'évolution et de l'adaptation? Cette dernière nécessite que les individus soient différents les uns des autres, que ces différences soient en partie transmises d'une génération à l'autre par des mécanismes génétiques (on parle alors d'hérédité) et que des pressions de sélections agissent de manière que certaines caractéristiques des individus fassent augmenter, dans des conditions données, le nombre de leurs descendants par rapport aux individus qui n'en disposent pas. On dit que leur valeur sélective (ou encore leur valeur adaptative ou fitness) est plus élevée. Ils transmettent alors ces caractéristiques favorables à leurs descendants du fait de l'hérédité. Darwin a jeté les bases de l'étude de l'évolution des organismes.

Quand il a publié *L'origine des espèces* en 1857, Darwin n'avait aucune idée des mécanismes génétiques sous-jacents. Depuis, on a découvert que les différences entre individus d'une même espèce sont dues, en partie, à leurs gènes qui sont portés par l'ADN. L'ADN est transmis d'une génération à l'autre au cours de la reproduction. Les mutations et la recombinaison de l'ADN créent alors des différences génétiques entre individus. Les «pressions de sélection» comme, par exemple, l'environnement physico-chimique, la présence d'individus de la même espèce ou d'autres espèces augmentent les chances de survie et de reproduction des individus portant certaines caractéristiques. Leurs gènes, ceux qui conduisent à ces caractéristiques, ont donc plus de chance d'être présents chez les individus de la génération suivante et ont tendance, au fil des générations, à envahir la population. En conséquence, les caractéristiques des individus conférées par ces gènes vont devenir dominantes dans la population. On dira alors que la population s'est adaptée à une nouvelle pression de sélection.

Dans certains cas, un unique gène (et la protéine qu'il code) ou un petit nombre de gènes déterminent une caractéristique phénotypique comme la couleur des yeux chez les mammifères (définie principalement par deux gènes). C'est aussi le cas de certaines maladies génétiques pour lesquelles un gène conduit à une version particulière d'une protéine qui entraîne un dysfonctionnement chez l'individu porteur. Cependant, dans la plupart des cas, un ensemble de gènes (et de protéines) déterminent une caractéristique (du moins sa part génétiquement déterminée) sous l'effet d'interactions complexes. C'est le cas, par exemple, de la taille des organismes. Il faut ajouter que, dans certains cas, par exemple pour les maladies génétiques citées ci-dessus, un gène détermine à lui tout seul une caractéristique d'un organisme sans qu'il y ait d'interaction avec l'environnement (même un environnement très favorable n'empêchera pas la maladie). Dans la plupart des cas, et c'est évidemment le cas pour la taille des organismes, les caractéristiques phénotypiques sont déterminées par des interactions complexes entre un ensemble de gènes et les caractéristiques de l'environnement. Clairement, certains gènes influencent le développement et la taille des organismes si bien que cette dernière est soumise à l'évolution, et que certaines populations ont des individus plus grands que d'autres au sein de la même espèce (par exemple, les Danois sont en moyenne plus grands que les Français). Mais, clairement, les conditions de vie influencent aussi le développement et la taille des organismes (un enfant mal nourri accusera des retards de croissance irréversibles quels que soient ses gènes).

Depuis Darwin, on a aussi décrit le fonctionnement de l'ADN (à partir des années 1950). Il figure dans l'ensemble des cellules des organismes (dans leur noyau pour les eucaryotes) et contient leur code génétique. Les organismes vivants sont constitués de nombreux types de molécules parmi lesquelles les protéines qui jouent un rôle clé. Ces molécules, souvent assez grosses, sont formées d'un enchaînement d'acides aminés. Il en existe vingt-deux différents qui permettent de construire une quasi-infinité de protéines variées, caractérisées par l'enchaînement des acides aminés qui les composent. Cet ordre détermine la forme tridimensionnelle de la protéine et ses propriétés. Par exemple, toutes les enzymes sont des protéines et elles sont responsables de la plupart des réactions biochimiques permettant la création des molécules qui forment les organismes et leurs cellules. L'ensemble des gènes d'un individu est porté par les chromosomes qui sont chacun composé d'ADN, une grosse molécule faite d'une double chaîne de nucléotides (la fameuse double hélice). Il existe quatre nucléotides différents (adénine, cytosine, guanine, thymine) et les triplets de nucléotides codent pour les vingt-deux acides aminés différents. Or, on connaît maintenant très précisément les mécanismes biochimiques permettant aux cellules de produire une protéine à partir de l'ADN et du gène correspondant (on parle d'expression d'un gène), et tous les processus permettant de répliquer plus ou moins parfaitement l'ADN (lors de la division des cellules d'un organisme) et de le recombiner lors de la reproduction sexuée. On sait aussi quels processus conduisent à des mutations génétiques (une base azotée est remplacée par une autre, une partie d'un chromosome disparaît ou est déplacée...). Lors de la reproduction sexuée, chaque gamète (ovule ou spermatozoïde) est issu d'une division cellulaire particulière (méiose) qui divise par deux le nombre de chromosomes : alors que les cellules normales contiennent deux exemplaires de chaque chromosome (on parle de paires de chromosomes homologues), les gamètes comprennent un seul exemplaire de chaque chromosome. Du coup, l'ADN de ces gamètes est issu d'un tirage aléatoire au sein de chacune des paires de chromosomes (s'il y a n paires de chromosomes cela fait 2^n possibilités !). Comme de très nombreux gamètes sont produits, les nouveaux individus issus de la fécondation entre deux gamètes combinent aléatoirement la moitié des chromosomes de chacun des parents. Ils sont donc nécessairement différents de leurs parents. De plus, au cours de la formation des gamètes, l'ADN et les gènes portés par les chromosomes homologues peuvent être échangés entre ces derniers créant ainsi des combinaisons génétiques nouvelles. La recombinaison génétique et les mutations créent la diversité génétique entre individus et donc leur confèrent des caractéristiques différentes. C'est une des conditions *sine qua non* pour que les organismes évoluent.

Revenons-en à nos poissons

La pêche, surtout quand elle est industrielle, représente une pression de sélection extrêmement forte pour les poissons puisqu'elle cause la mort d'une grande proportion d'entre eux, tous les ans. Dès lors, selon les techniques de pêche, différentes stratégies peuvent se mettre en place pour y échapper. Quand j'ai effectué mon postdoc à l'IIASA, on a remarqué que, depuis quelques années, de nombreuses populations de poissons pêchés dans les différents océans se reproduisaient de plus en plus jeunes et à des tailles de plus en plus petites. Pourtant, chez la plupart des organismes vivants plusieurs années, les organes reproducteurs ne deviennent fonctionnels qu'à partir d'un certain âge, quand les individus ont atteint une certaine dimension. On pense que cela vient de la dépense énergétique nécessaire à la reproduction, surtout pour les femelles qui pondent ou portent leurs petits plus ou moins longuement durant la gestation. Avec trop peu de ressources ou trop peu d'énergie, un organisme jeune ne peut se reproduire tout en assurant sa survie, ce qui compromet sa reproduction future en retour. Mais alors, d'où vient ce soudain changement dans les caractéristiques reproductives de nombreuses espèces de poissons ? Pour répondre à cette question, il faut faire appel à une notion extrêmement importante pour l'écologie et l'écologie évolutive : la notion de « trade-off » ou de compromis.

À chaque instant, tous les organismes « choisissent » comment ils allouent les ressources disponibles à différentes fonctions biologiques. Pour un animal, ces ressources sont constituées par ce qu'il mange et qu'il peut transformer en énergie (pour faire fonctionner ces organes, se déplacer…) ou en matière (lipides, protéines…) pour grandir ou renouveler ses cellules. Pour un producteur primaire (une plante, une algue…), ces ressources sont constituées par la matière qu'il fabrique grâce à la photosynthèse (en puisant de l'eau, des nutriments minéraux et du CO_2 dans son environnement). Dans tous les cas, à un moment donné, un organisme ne peut pas utiliser plus de ressources qu'il n'en a de disponible et il « doit » répartir ces ressources entre de très nombreuses fonctions, faire un compromis. Il doit donc produire assez d'énergie pour faire fonctionner tous ses organes, grandir et se reproduire. Il alloue également des ressources pour se défendre contre différentes agressions (système immunitaire, molécules chimiques rendant sa consommation difficile, épines des plantes…). La grande diversité des organismes vivants peut, au moins en partie, être décrite par ces compromis qui changent naturellement au cours de la vie. Par exemple, un jeune individu a tendance à allouer toutes ses ressources à la croissance et un individu plus âgé investira au moins une partie de ses ressources dans la reproduction. L'ensemble des compromis que fait un organisme décrit sa stratégie de vie : certains vivent plus ou moins longtemps, se reproduisent plus ou moins jeunes, produisent des œufs (ou des graines) plus ou moins gros et plus ou moins nombreux... Bien sûr, les organismes, individuellement, n'ont pas le choix de leur stratégie, elle est déterminée par des interactions complexes entre leurs gènes et leur environnement et a été sélectionnée au cours de leur évolution.

On s'est donc rendu compte que les poissons de nombreuses espèces pêchées commercialement, dont la morue, commençaient à se reproduire de plus en plus jeunes et de plus en plus petits. Le but de mon travail de postdoc était d'analyser, par des statistiques plus ou moins compliquées[2], des données collectées pendant trente ans sur deux populations de morues des États-Unis, celles de Georges Bank et du Golfe du Maine le long des côtes du Massachusetts, pour tenter de comprendre ce phénomène et tester deux hypothèses alternatives : soit il est dû à l'évolution darwinienne des morues sous l'effet de la pêche, soit il est dû à une plasticité consécutive à un changement dans l'environnement des morues. L'évolution darwinienne pourrait s'expliquer par un raisonnement très simple (fig. 3). Quand la pression de pêche s'accroît, en supposant qu'elle est égale quels que soient l'âge et la taille de la morue, plus une morue repousse dans le temps sa première reproduction plus elle a des chances de mourir avant en se faisant prendre par les filets de pêche. De ce fait, la pêche devrait constituer une pression de sélection poussant les morues à se reproduire de plus en plus jeunes (et du coup de plus en plus petites). En parallèle, de nombreux facteurs environnementaux ont changé dans les océans depuis une trentaine d'années et pourraient expliquer un changement dans la stratégie de reproduction des morues par plasticité phénotypique. Par exemple, la température de l'eau des océans a tendance à augmenter avec le changement climatique et la pêche a conduit à un effondrement des densités de morues qui peut augmenter la disponibilité de la nourriture (des petits poissons et crustacés) pour les morues restantes. Ces deux facteurs pourraient alors augmenter la vitesse de croissance des morues, influençant le lien entre l'âge, la taille et le début de la reproduction, sans jouer le moins du monde sur leur gène (et ainsi sur l'évolution darwinienne des morues).

Les données disponibles provenaient de pêches scientifiques réalisées chaque année depuis les années 1970 au cours desquelles on détermine le sexe, l'âge, la longueur et la maturité sexuelle (reproducteur ou non-reproducteur) de plusieurs centaines de morues. On extrait des morues mortes une petite bille minérale (l'otolithe) contenue dans l'oreille interne et qui sert aux vertébrés à s'orienter dans l'espace et à estimer les accélérations. Ce qui est important pour nous est que, chez les poissons, les otolithes grossissent avec l'âge parce que chaque année une nouvelle couche minérale se dépose. On peut donc les couper en deux et compter les couches d'accroissement au microscope comme on le ferait avec les stries d'accroissement d'un arbre. Cela permet de mesurer l'âge des morues. J'ai ainsi travaillé sur les données provenant d'environ 13 000 morues qui ont été pêchées sur une période de trente ans par le centre de recherche en halieutique de Woods Hole (États-Unis, Massachusetts) pour leur suivi de routine. Détailler les méthodes statistiques que j'ai utilisées est ici difficile. En résumé, j'ai estimé séparément la probabilité d'avoir atteint la maturité sexuelle pour les deux populations et les deux sexes, ainsi que la croissance en fonction de la taille, de l'âge et de l'année de naissance. Cela a permis d'estimer la probabilité de devenir mature sexuellement en fonction de l'âge et de la taille. On peut alors montrer dans une figure en trois dimensions une surface qui représente la taille et l'âge pour lesquels cette probabilité est égale à 100 %. Ici, nous avons comparé la probabilité de devenir mature en fonction de l'année de naissance ou du sexe, l'hypothèse étant que cette probabilité a augmenté au fil des années, avec la poursuite de la pêche. Dans des cas standards, les statistiques fournissent des méthodes simples pour effectuer des tests comparant deux groupes d'observations (voir encadré chapitre 2). Dans mon cas, il a fallu développer la méthode statistique adéquate.

Les résultats ont montré que les morues atteignaient leur maturité sexuelle en moyenne à l'âge de quatre ans, pour une taille d'environ cinquante centimètres, au début des années 1970 alors qu'elles l'atteignaient en moyenne à l'âge de trois ans, pour une taille de 40 centimètres, à la fin des années 1990. Ces statistiques nous ont permis d'estimer des tendances. On a aussi pris en compte les changements au cours du temps de la croissance des morues. Comme cette dernière est supposée refléter les variations de la qualité de l'environnement (si l'environnement est favorables les morues grandissent plus vite), on pouvait ainsi espérer, en estimant la probabilité de maturation en fonction de l'âge et de la taille, « enlever » les effets de ces variations et décrire les effets de la pêche sur l'évolution darwinienne des morues. Conformément à l'hypothèse de départ, les résultats suggèrent que la pêche a bien constitué une pression de sélection très forte ayant changé la stratégie de reproduction des morues en quelques générations. Indépendamment des nouvelles connaissances produites par ce travail, pourquoi ces résultats sont-ils importants ?

Si les morues avaient changé leur stratégie de reproduction uniquement par plasticité phénotypique à la suite de changements environnementaux, elles retrouveraient leur stratégie initiale (se reproduire plus tardivement et à partir d'une plus grande taille) dès que l'environnement reviendrait à son état initial. À l'inverse, si nous avons raison de penser que la stratégie de reproduction a changé au cours d'un processus d'évolution sous l'effet de la pêche, elles ne reviendront pas, rapidement, à leur stratégie de reproduction initiale même si l'environnement change ou si on arrête de les pêcher. Supprimer une pression de sélection ne permet pas d'inverser un processus évolutif. Il faut pour cela de nouvelles pressions de sélection ayant l'effet inverse de la pression initiale. Ce type de tendance évolutive, difficilement réversible et allant vers une reproduction de morues plus jeunes et plus petites, accentue probablement les effets dévastateurs de la surpêche. Ainsi, au début des années 1990, les populations de morues de Terre-Neuve se sont complètement effondrées du fait de la pêche (jusqu'à atteindre environ 1 % de leur abondance initiale). Les chercheurs en halieutique avaient plus ou moins prévu la catastrophe mais les quotas de pêche étaient restés trop élevés pour des raisons politique et économique (pour protéger l'emploi à court terme). Elle a alors été complètement interdite mettant au chômage environ 20 000 pêcheurs et employés des usines de transformation. L'ensemble de ces événements a aussi failli faire tomber le gouvernement canadien et, vingt ans plus tard, les populations de morues n'avaient que faiblement augmenté. Leur pêche n'a repris que très progressivement malgré un arrêt total et très long. Le système de compromis que j'évoquai plus tôt pourrait être responsable : les morues se reproduisant plus jeunes et plus petites seraient moins « efficaces » que des morues plus âgées et plus grandes[3]. Il se pourrait, par exemple, qu'elles pondent des œufs de mauvaise qualité, ce qui diminuerait le succès de la reproduction. Une reproduction trop précoce compromettrait aussi la survie et la croissance des morues qui auraient investi une quantité trop importante de ressources pour se reproduire par rapport à leur taille. Le fait que la stratégie de reproduction des morues ait changé de manière évolutive peut, en partie, expliquer la lenteur de l'augmentation des populations de morue de Terre-Neuve et toutes les conséquences économiques engendrées pour l'île.

La morale de cette histoire est bien que les organismes continuent à évoluer de nos jours, et que cette évolution peut être rapide et entrer en interaction avec de nombreuses activités humaines. Ici, la pêche déclenche une dynamique évolutive (évolution de la maturité sexuelle), qui modifie une dynamique écologique (démographie des morues), qui rétroagit sur les activités humaines (la pêche), d'une manière négative. Cela compromet encore plus la survie des populations de morues pêchées, ce qui menace *in fine* le moyen de subsistance des pêcheurs et une source de nourriture non négligeable pour les humains.

Mais ce n'est qu'un exemple parmi d'autres. L'ensemble des activités humaines a un impact direct, écologique, sur les organismes. Elles influencent aussi leur évolution darwinienne.

Ainsi, les organismes s'adaptent aux nouveaux écosystèmes créés par l'homme comme les villes ou les zones agricoles. Dans le cas de l'agriculture intensive (voir chapitre 7), les agriculteurs cultivent les mêmes espèces sur de très grandes surfaces, ce qui a sélectionné de nombreux agresseurs (maladies fongiques, insectes...) qui se sont spécialisés dans l'exploitation des plantes cultivées comme ressource alimentaire et comme habitat. En retour, les hommes ont inventé et utilisent massivement des pesticides (herbicides, fongicides, insecticides...) qui, eux-mêmes ont des effets négatifs sur la biodiversité et la santé humaine et représentent des pressions de sélection extrêmement fortes conduisant les organismes visés à développer de nouvelles résistances[4]. En quelques années, un produit chimique sur le marché devient donc en partie inefficace et requiert de nouvelles recherches pour en développer un autre qui deviendra lui aussi, rapidement, inutile, et ainsi de suite. Les sociétés humaines sont étroitement impliquées dans de nombreuses boucles de rétroactions évolutives, la plupart du temps sans en avoir conscience, avec la plupart des êtres vivants. L'évolution darwinienne relie entre eux l'ensemble des organismes vivants.

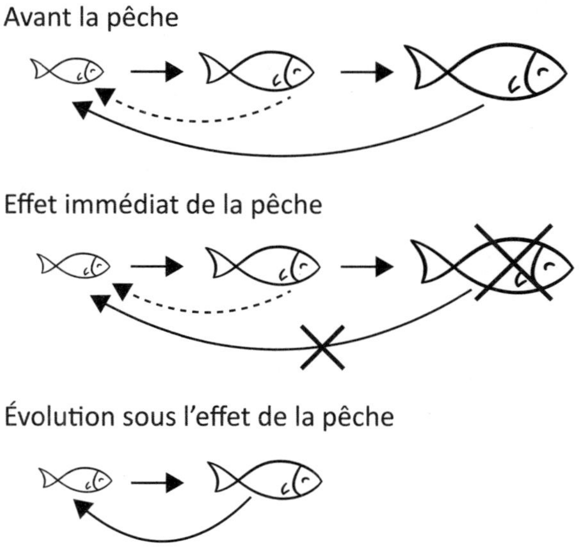

Fig. 3 : Sélection de la stratégie de reproduction des poissons par la pêche. Initialement la plupart des poissons commencent à se reproduire à partir d'un âge et d'une taille élevée, mais du fait de la variabilité génétique quelques-uns commencent à se reproduire plus jeunes et plus petits. La pêche augmente la mortalité des poissons et en particulier des plus grands (en fonction de la maille des filets) si bien que seuls les poissons qui commencent à se reproduire jeunes et petits arrivent à se reproduire. La pêche sélectionne cette stratégie si bien que tous les poissons finissent par se reproduire aussi jeunes et petits.

4

L'écologie des sols

Mon contrat postdoctoral en Autriche terminé, j'ai rejoint, en 2002, le laboratoire d'écologie des sols de Patrick Lavelle au sein de l'Institut de recherche pour le développement (centre IRD de Bondy, banlieue est de Paris) afin de travailler sur la faune du sol des pâturages issus de la déforestation en Amazonie brésilienne. L'IRD est un établissement public de recherche qui a le même statut que le CNRS. Les domaines traités sont très variés mais les chercheurs travaillent toujours en collaboration avec des pays en voie de développement. Le but est à la fois d'aider ces pays à déployer leur système de recherche (par exemple, en aidant à former des étudiants et jeunes chercheurs) et de mener des recherches pouvant directement les aider à se développer. La fertilité des sols et l'agronomie, la pêche et la gestion des pêcheries, les maladies tropicales et la façon d'en limiter l'impact, les dynamiques sociales et économiques, les villes, les migrations sont autant de sujets traités par les chercheurs de l'IRD.

À Bondy, j'ai bénéficié d'un cadre de travail agréable. Les bâtiments sont au milieu d'un grand parc verdoyant et mes nouveaux collègues étaient passionnants. Mais j'y ai également rencontré deux problèmes inattendus : j'ai dû découvrir l'écologie des sols et il n'y avait pas de moyens financiers prévus.

La recherche en quête de financements...

En France, et dans la plupart des pays, les laboratoires publics reçoivent « automatiquement », chaque année, des crédits de la part de leurs tutelles (IRD, CNRS, INRAE, universités...). Ils sont alloués après une évaluation régulière des laboratoires qui vise à vérifier leur bon fonctionnement, l'adéquation des thèmes de recherche avec les priorités des tutelles, la qualité et la quantité de leur production scientifique (essentiellement des articles dans des journaux scientifiques internationaux en anglais). Cependant, ces crédits récurrents ne sont pas suffisants pour entreprendre des recherches conséquentes. Ils suffisent en fait à peine à entretenir le matériel de laboratoire, les photocopieuses, et à payer le téléphone et l'électricité...

Dès lors, pour entreprendre des recherches, chaque scientifique doit obtenir des crédits en répondant à des appels d'offres, pour la plupart financés par l'argent public (notamment via l'Agence nationale de la recherche en France ou via l'Europe). Pour cela, les chercheurs doivent monter des dossiers assez lourds décrivant les questions de recherche auxquelles ils veulent répondre, les expériences qu'ils veulent mener, les effectifs des équipes de recherche dont ils ont besoin, le budget prévu... Les taux de succès de ces appels d'offres sont souvent très bas (entre 10 et 15 % en 2015 pour l'ANR), car les bailleurs publics manquent eux-mêmes de financements, il faut donc répondre à de nombreux appels pour espérer financer de nouvelles recherches. Les propositions envoyées à l'ANR, par exemple, sont évaluées par des chercheurs – qui passent donc leur temps à écrire des projets et à évaluer ceux de leurs collègues (en évitant bien sûr les conflits d'intérêts). Il faut dire que pour des taux de succès aussi bas, le financement tient en grande partie de la loterie. De très bons projets sont soumis, environ 50 % d'entre eux mériteraient un financement dans l'absolu. Concrètement, le système est inefficace et les chercheurs n'ont aucune garantie d'obtenir, chaque année, les moyens matériels pour effectuer leur travail.

La situation est encore plus compliquée pour un jeune chercheur qui vient d'être recruté. Quand bien même il a démontré sa capacité à conduire des recherches originales, à produire des résultats novateurs et à les publier dans des journaux internationaux lors d'un concours très sélectif, il peut passer plusieurs années sans crédits de recherche. À l'inverse, un chercheur plus aguerri aura acquis une plus grande renommée, publié encore plus d'articles et arrivera plus facilement à trouver des financements en répondant à de nombreux appels d'offres. Dans mon cas, j'ai eu la chance d'être inclus dans le projet de P. Lavelle en Amazonie et d'obtenir un financement «jeune chercheur» de l'ANR au bout de deux ans. Il faut dire qu'à l'époque les taux de succès aux appels d'offres de cette agence étaient assez élevés, ce qui n'a pas toujours été le cas par la suite...

Une fois résolus, au moins momentanément, mes problèmes de financement j'ai dû affronter un deuxième problème: l'écologie des sols. J'étais dorénavant fort de mon expérience sur les palmiers Rôniers, mais qui ne m'avait pas vraiment permis d'étudier le fonctionnement des sols et leur biodiversité, et d'un travail postdoctoral sur la morue. Autant dire que j'étais assez loin du sujet.

Le système académique offre aux chercheurs une certaine liberté dans le choix de leurs objets de recherche, mais elle est toute relative, limitée au moins par la difficulté des concours de recrutement (un jeune chercheur candidate à tous les postes possibles et accepte le premier auquel il a accès) et par l'obtention de financements. Apprendre les bases du fonctionnement des sols ne fut pas particulièrement difficile. En revanche, j'ai vite compris que l'écologie des sols était un monde un peu à part qui s'était développé partiellement en marge du reste de l'écologie. Pour caricaturer, il y avait les chercheurs qui travaillaient au-dessus du sol et ceux qui travaillaient au-dessous… J'ai donc dû me mettre à creuser ! Le premier choc est arrivé le jour où j'ai soumis un article sur les vers de terre à un journal d'écologie générale et où l'article a été directement rejeté par l'éditeur avec l'argument que l'écologie des sols était un sujet particulier qui n'intéressait pas en général les chercheurs écologues.

Publier ou périr

C'est le bon moment pour vous expliquer le système des publications scientifiques. L'idée fondamentale est qu'effectuer des recherches et en garder les résultats dans les archives des laboratoires n'aurait pas tellement de sens. Il faut les faire connaître auprès des autres chercheurs pour qu'ils les intègrent à leurs propres recherches afin de progresser dans le développement des connaissances. Les publications permettent également de faire connaître ces résultats en dehors du monde académique, aux personnes intéressées qui pourraient en avoir besoin. D'ailleurs, puisque nos recherches sont financées majoritairement par l'argent public, il est logique de les rendre accessibles au plus grand nombre. Les conférences ne laissant que peu de traces (sauf si elles sont publiées), il est essentiel d'avoir également un mode de transmission écrit. En écologie, les articles sont publiés dans des journaux internationaux en anglais. Leurs contenus restent a priori disponibles pour « l'éternité » de manière électronique sur les serveurs des journaux et tous les articles sont recensés dans des bases de données accessibles par internet. Grâce à l'utilisation d'une langue supposée commune, ils sont accessibles à tous, sans que l'on doive attendre une traduction (ou apprendre une nouvelle langue, ouf !).

Les chercheurs essaient donc de publier le plus possible. Dès qu'ils ont fini une étude, ou qu'ils ont analysé et interprété les résultats d'une expérience, ils écrivent un article. C'est généralement un texte court (une dizaine de pages) très dense, écrit et structuré (introduction, description des méthodes, résultats, discussion) de manière formelle. Ils choisissent ensuite un journal auquel soumettre l'article et l'éditeur peut alors l'envoyer à des chercheurs reconnus du domaine pour relecture (on parle alors de « relecture par les pairs) ou le rejeter directement, s'il estime qu'il n'est pas assez « bon » ou que le sujet ne convient pas au journal. L'étape de relecture par les pairs prend la forme d'une critique de l'article (des commentaires négatifs et positifs sur la justesse scientifique et l'originalité du travail, des conseils d'écriture...) qui aboutit à des corrections. Après parfois deux ou trois allers et retours, l'éditeur accepte finalement l'article ou le rejette définitivement. En cas de rejet, les chercheurs peuvent alors le soumettre à un autre journal, souvent moins exigeant. Sur le principe, ce système fonctionne bien, il garantit en théorie que les articles publiés sont de bonne qualité scientifique, mais il prend beaucoup de temps.

Aujourd'hui, le système de publication et l'accès aux articles sont de plus en plus compliqués. Les journaux scientifiques qui étaient souvent publiés par des sociétés savantes comme la British Ecological Society sont désormais édités par des éditeurs privés (Elsevier, Springer, Wiley). S'ils font plutôt bien leur travail en mettant en ligne les articles, l'accès aux journaux est cher, trop cher pour les institutions publiques de recherche alors même que ces études sont financées par l'argent public et relues par des chercheurs qui ne sont pas rémunérés par les éditeurs (et qui sont donc, eux aussi, payés par le financement public). C'est un véritable frein à la diffusion de l'information scientifique : les citoyens qui financent la recherche avec leurs impôts ne peuvent accéder aux résultats. Et la situation est de plus en plus malsaine, un véritable bras de fer s'engage entre les éditeurs privés et les pouvoirs publics qui ne veulent plus payer les abonnements exorbitants des journaux. Des systèmes de publication alternatifs, moins onéreux, plus ouverts mais encore très peu utilisés comme Peer Community In sont en cours de développement.

Un autre problème émerge du système de publication, il impacte cette fois-ci les chercheurs et la qualité des publications. Quand on écrit un article scientifique, on s'appuie toujours sur les connaissances déjà acquises en citant des articles et des livres déjà publiés. Le nombre de publications et le nombre de citations reçues par ces publications (ce qu'on appelle les indices bibliométriques) sont devenus « la mesure universelle de la qualité d'un chercheur » qui détermine en grande partie sa carrière. À chaque étape de leur carrière (pour être embauché dans un nouveau postdoc, pour être recruté définitivement dans un organisme, pour obtenir le financement d'un projet de recherche), les chercheurs sont évalués à partir de leurs indices bibliométriques et entrent en compétition les uns avec les autres. Si, à l'intérieur d'un même domaine scientifique, ces indices peuvent indiquer le caractère innovant ou pionnier d'une étude, dès lors qu'on compare des articles de deux champs différents, la logique ne s'applique plus puisque la taille de la communauté scientifique joue nécessairement sur le nombre de citations possible. Or, on ne peut pas présumer de l'importance d'un domaine par rapport aux autres. Ainsi, cela n'aurait pas de sens de dire que l'écologie des sols est plus ou moins importante que la cancérologie parce qu'il y a plus de chercheurs en cancérologie. De plus, ces indices bibliométriques exacerbent la compétition. Les journaux cherchent à avoir le meilleur facteur d'impact possible (nombre de fois où un article en provenant est cité) et les scientifiques à être le plus cités possibles, idéalement dans les journaux les plus reconnus afin d'augmenter leur chance de recrutement ou de financement. Ces données sont également utilisées pour évaluer les laboratoires et les institutions de recherche, renforçant donc le pouvoir et l'influence des éditeurs privés mentionnés plus tôt. La compétition peut être un facteur positif en recherche en poussant les chercheurs à être plus créatifs, à entreprendre des recherches plus ambitieuses. Elle conduit aussi à nombreuses dérives (chapitre 12) : les chercheurs multiplient les publications et en viennent parfois à tricher. Ils publient des articles plus courts, proposent plusieurs fois les mêmes résultats, les embellissent ou inventent même des données pour publier des articles dans des journaux mieux côtés, afin d'accélérer leur carrière. La tricherie en science est désormais reconnue comme fléau majeur qui ne pourra être endigué que si on réforme complètement le système de publication et le système d'évaluation des chercheurs.

Maintenant que vous en savez un peu plus sur le monde de la recherche, revenons à l'écologie des sols. Ce domaine s'est développé un peu à part du reste de l'écologie, en témoignent les facteurs d'impact un peu faibles des journaux sur le sujet quand j'ai été recruté à l'IRD. Il me semblait à l'époque que l'écologie des sols ne bénéficiait que peu des cadres conceptuels développés dans le reste de la discipline et que cette dernière ne la prenait pas assez en compte. Pourtant, les sols sont à l'origine de l'ensemble de la vie sur les continents et sont donc à la base de l'ensemble du fonctionnement des écosystèmes terrestres.

Qu'est-ce qu'un sol ?

Les sols sont issus de la dégradation des roches qui se fragmentent, s'érodent et se transforment par des réactions chimiques diverses, et de la matière organique fabriquée par les êtres vivants[1] (fig. 4). Ils dépendent énormément des organismes vivants, en particulier des plantes qui leur apportent beaucoup de biomasse morte (feuilles et racines mortes) mais qui dépendent elles-mêmes entièrement de l'existence du sol pour pousser. On peut parler d'une boucle de rétroaction positive : les plantes favorisent la création d'un sol qui favorise lui-même une meilleure croissance des plantes. Cette boucle ne se développe pas toujours, mais elle permet un foisonnement de vie dans et au-dessus du sol lorsqu'elle le fait. Dans les climats trop secs ou trop froids, les plantes ne peuvent de toute façon pas pousser et le sol ne peut évoluer. La dégradation de la roche donne simplement du sable ou un amoncellement de cailloux. En montagne, même quand les conditions climatiques permettraient la croissance de plantes pendant une partie de l'année (altitude pas trop élevée), l'instabilité d'éboulis rocheux et les avalanches de neige peuvent empêcher la croissance de plantes plus grandes que des lichens ou des mousses et donc le développement d'un véritable sol.

Lorsqu'un sol se forme, des interactions complexes se tissent entre la qualité de la roche dont il est issu et la végétation, mais aussi le climat. Les mêmes sols ne se développent pas sur des roches sédimentaires (créées au fond des océans par l'accumulation de sédiments et de coquilles d'organismes) et sur des roches cristallines issues du magma. S'il fait chaud et humide, il y aura plus de végétation et donc plus de matière organique retournant au sol. De grands processus interagissent. La matière organique tend à s'accumuler en surface créant un gradient de concentration des couches superficielles vers les couches profondes du sol. En effet, la matière organique du sol provient en bonne partie des feuilles et des tiges mortes des plantes. Elle provient aussi des racines mortes, mais il y a toujours plus de racines en surface qu'en profondeur. La profondeur du sol augmente, elle, au fil du temps avec la dégradation de la roche (environ 1 ou 2 centimètres par millier d'années). Les sols actuels ont souvent des milliers, voire des millions d'années d'existence. La matière minérale venant de la roche évolue (par exemple, le calcaire peut se transformer en argile) sous l'effet de réactions chimiques et de l'entraînement en profondeur de certains éléments. À son tour, le climat influence tous ces processus physico-chimiques : des températures élevées tendent à augmenter la vitesse des réactions chimiques et de fortes précipitations peuvent accélérer l'évolution du sol, l'humidité facilitant la mise en solution des éléments chimiques solubles et la pluie entraînant les particules fines et les éléments dissous en profondeur.

Une des conséquences de la formation d'un sol est un mélange intime de matière organique et de matière minérale. On classe cette dernière en fonction de la taille des particules qui la compose. On parle d'argile pour les particules en dessous de 2 micromètres, de limon entre 2 et 50 micromètres, et de sable au-dessus de 50. On travaille donc à des échelles très fines. La distribution en taille des particules d'un sol (la proportion des particules dans les différentes classes de taille) fait partie de ses propriétés fondamentales (on parle de la texture des sols). Par exemple, un sol sableux laisse passer l'eau et retient mal les nutriments minéraux. À l'inverse, l'argile favorise la rétention de l'eau et des nutriments minéraux (essentiellement les ions chargés positivement, les cations, comme l'ammonium, le potassium…) qui sont indispensables à la croissance des plantes. Grâce à cette matière organique et aux particules minérales fines (argile), les sols jouent le rôle de « tampon ». Dans un sable pur, les plantes pousseraient uniquement après les pluies. Au contraire si un sol se développe convenablement, il stocke de la matière organique et contient des particules minérales de taille variées dont des argiles. Il peut ainsi contenir en permanence de l'eau (sauf en cas de grave sécheresse) et des nutriments minéraux permettant aux plantes de pousser plus ou moins en continu même entre les pluies.

La biodiversité des sols

On estime qu'un quart de la biodiversité terrestre (un quart des espèces) vit dans les sols. C'est une biodiversité mal connue dans la mesure où il s'agit de petits organismes difficiles à étudier dans leur milieu naturel. Les taxonomistes ont historiquement commencé par décrire et classer les plus « gros », faciles à identifier (les mammifères, les oiseaux…), mais plus on s'attarde sur les petits organismes, plus le nombre d'espèces augmente. Ainsi, il y a environ 5 300 espèces de mammifères connues pour 1,3 million d'insectes identifiés. On estime le nombre total de ces derniers à plus de 5 millions d'espèces différentes.

Les organismes du sol, eux, sont petits, voire très petits. Ils vivent dans un milieu opaque et nécessitent donc des méthodes particulières pour être échantillonnés. Pour les organismes les plus gros, comme les vers de terre, on prélève un volume de sol de taille standard et on extrait à la main, avec des pincettes, chaque bestiole en désagrégeant le sol petit à petit. L'identification nécessite souvent une loupe binoculaire, pour regarder par exemple sur quels anneaux sont insérés les pores sexuels dans le cas des vers de terre. Pour des organismes encore plus petits, comme les collemboles, on emploie des méthodes d'extraction particulières basées, par exemple, sur la dessiccation progressive d'un échantillon de sol obligeant les collemboles à migrer vers le bas pour finalement tomber dans une fiole. Pour les organismes du sol les plus petits (bactéries, champignons), il a fallu attendre le développement des méthodes de biologie moléculaire pour pouvoir vraiment étudier leur diversité. À partir du début des années 2000, on a analysé la biodiversité des micro-organismes en extrayant l'ADN du sol et en quantifiant la présence de gènes marqueurs permettant de quantifier l'abondance d'un groupe d'organismes (par exemple l'ensemble des bactéries) ou d'un gène lié à telle ou telle fonction (par exemple la dénitrification, voir chapitre 9).

On classe cette biodiversité en fonction de la taille des organismes considérés. Le premier groupe est la microflore des sols. Elle est composée par les organismes dont la taille est de l'ordre du micromètre : bactérie, archée, champignons. Les bactéries et les archées sont des organismes procaryotes (sans noyau) unicellulaires, plus ou moins sphériques (environ 2 micromètres de diamètre) alors que les champignons sont des organismes pluricellulaires eucaryotes (chacune de leurs cellules possède un noyau), formant de longs filaments (de cinq à dix micromètres de diamètres pour une longueur pouvant atteindre 200 mètres par gramme de sol). Les champignons que nous mangeons ne sont que les fructifications des filaments à l'intérieur du sol. Nous avons ensuite la microfaune composée d'organismes d'une dizaine de micromètres : les nématodes (vers microscopiques) et les protozoaires (organismes unicellulaires eucaryotes). Vient ensuite la mésofaune. Elle contient des organismes un peu plus gros (de 100 micromètres à 2 millimètres) comme les acariens (groupe cousin des araignées) et les collemboles (organismes arthropodes à six pattes, sans aile, classés séparément des insectes). Enfin, la macrofaune comprend les organismes les plus gros (plus de 2 millimètres) dont les vers de terre, de nombreux insectes (en particulier les fourmis et les termites) et larves d'insectes (de mouches, de coléoptères…), les myriapodes (scolopendres et autres mille-pattes), les isopodes (cloportes)… Ces organismes sont à la fois très abondants et très diversifiés. Dans un mètre carré de sol, on estime pouvoir trouver jusqu'à dix espèces de vers de terre (réparties sur une centaine d'individus ou plus), soixante espèces de nématodes et soixante espèces de protozoaires (sur 10 millions d'individus). Et la microflore est encore plus abondante et diverse ! On peut trouver 10 000 types (le terme d'espèce s'appliquant mal à ces types d'organismes) de bactéries et de champignons par gramme de sol (représentant respectivement 100 millions et un million d'individus pour une masse de 100 grammes chacun par mètre carré). De même, on a facilement 200 grammes de vers de terre par mètre carré dans certaines prairies tempérées (2 tonnes par hectare, parfois plus que la masse de vaches !).

Une bonne partie des organismes du sol sont aquatiques. Les bactéries, protozoaires et nématodes, notamment, dépendent de l'eau du sol pour vivre. Ils nagent dans les espaces remplis d'eau, entre matière minérale et organique, ou dans la fine pellicule qui couvre les agrégats de sol. Lorsque ce dernier se dessèche parce qu'il ne pleut plus, ces organismes changent de métabolisme : ils se mettent au repos sous des formes de résistance qui leur permettent de survivre durant la période de sécheresse (souvent ils s'enkystent) avant de reprendre leurs activités à la prochaine pluie. D'une manière générale, dans les climats tempérés avec des étés chauds souvent secs, l'ensemble des organismes du sol, y compris ceux qui ne sont pas strictement aquatiques comme les vers de terre, ont tendance à être plus actifs dans les périodes intermédiaires (printemps et automne) quand le sol est assez humide et qu'il ne fait pas trop froid.

De quoi se nourrissent-ils ? L'ensemble des organismes qui se mangent les uns les autres forment ce qu'on appelle un « réseau trophique ». Pour visualiser ce réseau, chaque espèce est représentée par un « nœud » et lorsqu'une espèce en consomme un autre (on parle de lien trophique), on trace une flèche entre les « nœuds » de ces espèces. Cela conduit vite à une espèce d'écheveau inextricable du fait du grand nombre d'espèces et de liens trophiques. Pour produire leur matière organique, les plantes, par la photosynthèse et grâce à l'énergie de la lumière solaire, utilisent le carbone du CO_2 de l'atmosphère et des nutriments minéraux (azote, phosphore, potassium…) sous forme de différents ions (surtout des cations, voir plus haut, comme l'ammonium et le potassium mais aussi un anion comme le nitrate) absorbés par leurs racines. On dit que les plantes sont des producteurs primaires (ou « autotrophes ») parce qu'elles fabriquent leur propre matière organique. Les herbivores consomment ensuite les plantes et sont à leur tour mangés par des carnivores. Ces deux types d'organismes constituent des producteurs secondaires (ou « hétérotrophes ») : ils utilisent la matière organique fabriquée par les plantes pour constituer leur propre matière.

Alors qu'au-dessus du sol les réseaux trophiques sont fondés sur la consommation des producteurs primaires vivants, la base de celui des sols est constituée par la matière organique morte provenant, en grande partie, des plantes elles-mêmes (feuilles, racines et branches mortes). Pour cette raison on parle pour le sol de « réseau trophique détritivore » (ou de « réseau brun »). Au sein de ce réseau souterrain, les champignons, les bactéries, les collemboles, les vers de terre, etc., consomment la matière organique morte. Ce sont des organismes hétérotrophes (ils mangent de la matière organique fabriquée par d'autres organismes) détritivores (ils mangent de la matière organique morte). À leur tour, ces organismes sont mangés par les protozoaires et une partie des nématodes qui sont eux-mêmes consommés par des nématodes prédateurs, ou des acariens…

Tout cela nous amène à parler un peu de biochimie. La matière organique de tous les êtres vivants est constituée de molécules purement carbonées. C'est, par exemple, le cas de la cellulose qui constitue les parois des cellules des plantes. Une bonne partie des molécules contiennent aussi de l'azote (toutes les protéines), du phosphore (les phospholipidique des membranes cellulaires) et d'autres éléments chimiques. Les animaux, et dans une moindre mesure les plantes, maintiennent des ratios (on parle de ratios stœchiométriques) assez constants entre le carbone, l'azote, le phosphore et les autres nutriments de leur biomasse. La composition biochimique des organismes est stable au sein de chaque groupe d'espèces. Cela a de très nombreuses conséquences pour la vie des organismes vivants, puisqu'elle contraint leur croissance, et le fonctionnement des écosystèmes.

Tout d'abord, la composition en éléments chimiques est liée aux besoins énergétiques des organismes vivants. Quand un herbivore ou un carnivore mange, il utilise une partie de la matière organique qu'il consomme pour fabriquer sa propre matière organique mais il en utilise aussi une partie pour fabriquer l'énergie dont il a besoin pour faire fonctionner ses cellules, ses organes, se déplacer… Elle est « brûlée », ce qui libère du carbone sous forme de CO_2 par la respiration. Pour maintenir le ratio entre le carbone et les nutriments minéraux de sa biomasse, l'organisme doit donc éliminer des nutriments minéraux. Cela se fait par l'excrétion. Ce processus lui permet de se débarrasser de déchets de son métabolisme et de maintenir ses ratios stœchiométriques : comme l'herbivore, ou le carnivore, perd du carbone par la respiration, il doit aussi libérer des nutriments minéraux qui se retrouvent en excès, comme l'azote, et que l'on retrouve en particulier dans l'urine. Ces nutriments peuvent alors être absorbés par les racines des plantes. On considère que jusqu'à 90 % de la matière organique consommée par un herbivore ou un carnivore sert à produire de l'énergie.

De plus, lorsqu'un organisme meurt, sa matière « morte » contient des minéraux qui ne sont pas nécessairement accessibles aux plantes : une plante ne peut pas directement manger ses propres feuilles mortes ! Leurs racines ne peuvent pas absorber de grosses molécules organiques carbonées, elles dépendent donc de la décomposition de la matière organique morte pour maintenir leur croissance. Ce recyclage libère les nutriments minéraux sous forme d'ions en émettant du CO_2 (ce qui permet de se débarrasser du carbone). Bien sûr, les plantes bénéficient des nutriments minéraux excrétés par tous les organismes au-dessus du sol et les cadavres d'animaux se décomposent en moyenne assez vite sous l'action des micro-organismes et, notamment, de nombreux insectes. En revanche, les feuilles, les racines et les tiges mortes des plantes le font plus difficilement. C'est le réseau trophique des sols qui se charge de la décomposition de cette matière organique issue des plantes. Les bactéries et les champignons en sont aux premières loges : ils « mangent » la matière organique morte des sols. Pour cela, ils émettent dans le sol des enzymes qui fragmentent les molécules, ce qui les solubilise (elles circulent dans l'eau du sol). Ils peuvent alors les absorber et les digérer. Pour produire l'énergie dont ils ont besoin, les champignons et les bactéries « brûlent » une partie de cette matière organique en libérant du CO_2 comme le font les herbivores ou les carnivores. Puisque les champignons et bactéries libèrent du CO_2, ils doivent à leur tour libérer des nutriments minéraux sous forme d'ions. Ces décomposeurs, intégrés au réseau trophique des sols, sont ensuite consommés par des « prédateurs » du sol, libérant des nutriments minéraux par excrétion. Précisons qu'une partie de la matière organique des plantes est extrêmement difficile à digérer. La lignine rigidifie les tiges (et les troncs), les racines et, dans une moindre mesure, les feuilles des plantes. C'est une très grosse molécule (on parle de polymère) que seuls les champignons arrivent à consommer en produisant des enzymes particulières.

Au cours de la décomposition des feuilles et racines mortes dans le sol, une partie de la matière organique qui les compose disparaît sous forme de CO_2. Une autre est incorporée au sol. On la trouve sous la forme des bactéries et des champignons qui la mange et des déchets de leur métabolisme. On parle de matière organique « évoluée ». Cette matière est ensuite dispersée dans l'ensemble du profil de sol (en partie grâce à la bioturbation par les vers de terre, voir chapitre 6). Elle leur donne des teintes différentes : plus ils sont riches en matière organique, plus ils sont sombres. C'est aussi pour cela que les sols tendent à être plus sombres en surface qu'en profondeur. L'étude de la dynamique de cette matière organique constitue un champ de recherche à part entière tant les mécanismes impliqués sont complexes et divers. Ils impliquent la qualité biochimique de la matière organique, ses interactions avec la matière minérale, le métabolisme des micro-organismes, les interactions entre tous les organismes du sol… Alors que les feuilles mortes se décomposent assez rapidement (de quelques semaines à quelques années), la matière organique évoluée se décompose en moyenne lentement et peut avoir jusqu'à plusieurs milliers d'années.

Les rôles des plantes et des décomposeurs du sol sont complémentaires et ces derniers jouent un rôle fondamental dans le recyclage de la matière organique morte. Dans les écosystèmes aquatiques (lacs, océans), il y a aussi une complémentarité entre les producteurs primaires et les décomposeurs, mais les premiers sont en général des organismes unicellulaires (algues microscopiques ou cyanobactéries) et les décomposeurs se répartissent dans la colonne d'eau et dans les sédiments (au fond des lacs et des océans).

Des interactions écologiques très diverses

Outre les relations trophiques (le fait de manger ou d'être mangé), beaucoup d'autres formes de relations écologiques se nouent entre les organismes des sols. Ils modifient le sol parfois simplement en y vivant. En effet, pour vivre dans le sol, il faut pouvoir s'y déplacer. Les plus petits organismes se faufilent (ou nagent) dans les espaces libres entre la matière minérale et organique. Les plus gros, comme les vers de terre, les fourmis, les termites, construisent des galeries. Nous l'avons vu, la texture d'un sol (taille des particules minérales) est une de ses propriétés fondamentales. C'est également le cas de sa structure, c'est-à-dire la manière dont les matières minérales et organiques sont distribuées.

Un sol n'est généralement pas une couche homogène et compacte. Il est constitué d'agrégats de différentes tailles et formes, de quelques micromètres à plusieurs centimètres. Entre ces agrégats, on trouve des espaces libres (la porosité du sol) qui sont remplis plus ou moins d'air et d'eau, en fonction du niveau d'humidité du sol. Cette structure est importante parce qu'elle laisse de la place pour l'infiltration de l'eau ou la croissance des racines (qui poussent beaucoup plus difficilement si le sol forme une couche dense sans porosité). Elle permet aussi aux petits organismes du sol de vivre entre les agrégats. Mais, d'où vient cette structure ?

Les organismes du sol creusent des galeries créant ainsi des espaces libres. Ils sont aussi à l'origine de la plupart des agrégats puisqu'il s'agit, en fait, de leurs déjections : d'où la grande diversité de la taille des agrégats (les petits organismes produisant des déjections plus petites que les gros). Par exemple, les vers de terre qui mangent le sol pour en digérer une partie de la matière organique et se déplacer fabriquent des agrégats stables constitués de sol compacté que l'on appelle « turricules » (voir chapitre 6). L'ensemble est stabilisé par la matière organique des sols et, en particulier, certaines molécules fabriquées par les champignons (la glomaline)[2] ainsi que les bactéries qui leur servent de ciment ou de colle. Les filaments des champignons contribuent aussi à la stabilisation de certains agrégats en leur donnant une espèce d'armature. D'une manière plus générale, les organismes – comme les vers de terre, les fourmis et les termites – qui creusent des galeries dans les sols contribuent aussi à les mélanger, à y enterrer la matière organique venant de la surface (feuilles mortes) et à mélanger la matière organique et minérale au sein des mêmes agrégats. On parle d'activité de « bioturbation », elle est cruciale pour la formation des sols et leur fonctionnement. Les organismes modifiant fortement leur environnement physico-chimique sont appelés « ingénieurs des écosystèmes »[3], un qualificatif qui convient parfaitement aux vers de terre, fourmis et termites. Ces derniers (voir chapitre 2) construisent des galeries et déplacent beaucoup de sol pour construire les fourmilières et les termitières. Les champignons qui stabilisent la structure du sol avec leurs filaments et la glomaline peuvent aussi être vus comme des ingénieurs des écosystèmes. En modifiant complètement le sol, ces espèces changent ainsi l'habitat de l'ensemble des organismes du sol.

Les racines de certaines plantes nouent aussi des symbioses indispensables au bon fonctionnement des écosystèmes. D'une part, des champignons, les mycorhizes, se lient aux racines et échangent différents composés chimiques avec les plantes. Comme leurs filaments de champignons (on parle « d'hyphes ») sont plus fins (de 5 à 10 micromètres) que les racines les plus fines (plus de 100 micromètres), ils peuvent explorer les sols très efficacement et, ainsi, absorber beaucoup de nutriments minéraux et beaucoup d'eau dont une partie est « donnée » aux racines des plantes. En échange, les plantes qui fabriquent leur matière organique par la photosynthèse peuvent en donner une partie aux champignons. Cette symbiose est souvent très importante pour l'approvisionnement des plantes en phosphore. Certaines (en particulier les plantes légumineuses, comme le trèfle ou les acacias) disposent également d'une relation symbiotique avec des bactéries « fixatrices d'azote ». L'azote ne se recycle pas de la même manière que la matière organique et les nutriments minéraux vus précédemment. La biosphère contient une source quasi inépuisable d'azote, celui contenu sous forme gazeuse dans l'atmosphère (sous forme de N_2). Les plantes ne sont pas capables de l'exploiter directement, mais certaines bactéries peuvent le faire. On dit qu'elles « fixent » l'azote de l'atmosphère. Certaines de ces bactéries sont en symbiose avec des plantes (en général les plantes dites « légumineuses » de la famille des Fabacées comme les trèfles ou les haricots) et vivent dans des nodules racinaires. Elles font bénéficier leurs plantes hôtes d'une partie de cet azote fixé en échange, là aussi, de matière organique. Cette symbiose joue un rôle très important pour les écosystèmes puisqu'elle permet de « faire rentrer de l'azote » dans les écosystèmes. Il bénéficie d'abord aux plantes parties prenantes de cette symbiose mais, une fois mortes, leurs feuilles et racines se décomposent et libèrent de l'azote dont bénéficie l'ensemble des organismes de l'écosystème.

Les sols sont aussi indispensables aux plantes pour qu'elles « tiennent debout ». Les racines servent aux plantes pour s'ancrer physiquement, ce qui leur permet de pousser verticalement et d'étaler leurs feuilles aux soleils. Sans cet ancrage, elles tomberaient au moindre coup de vent. Pour cette raison, et parce que les sols fournissent aux plantes leur eau et leurs nutriments minéraux, ils sont indispensables à la croissance des plantes. Les sols supportent, en fait, toute la vie continentale terrestre, puisqu'au final tous les autres organismes se nourrissent de la matière organique fabriquée par les plantes (les herbivores mangent les plantes, et les carnivores mangent les plantes qui dépendent des sols). Pour cela, il faut un sol en « bonne santé »[4] : il doit contenir suffisamment de matière organique, être structuré en agrégats de tailles variées et renfermer une biodiversité abondante et diverse. Ces trois facteurs doivent agir en synergie. L'abondance et la diversité des organismes du sol tendent à augmenter quand la matière organique augmente. Leur abondance, en retour, impacte la structuration du sol et la quantité de matière organique.

Certains organismes du sol, comme les vers de terre, favoriseraient la stabilisation de la matière organique sur le long terme (une partie de la matière organique des sols peut avoir plusieurs milliers d'années). La matière organique évoluée enfermée dans les agrégats de sol les plus petits, protégée par de l'argile, tend à être la plus stable et la plus ancienne. Enfin, c'est elle qui sert de ciment aux agrégats de sol. On peut parler de boucles de rétroactions positives entre biodiversité, matière organique et structure du sol.

Puisque l'ensemble des écosystèmes terrestres dépend du bon fonctionnement de leurs sols, c'est également le cas des sociétés humaines. De nombreux travaux[5] montrent que la dégradation des sols pose un problème mondial. Elle touche, même faiblement, environ 60 % des sols cultivés et est souvent liée à l'agriculture intensive utilisant de nombreux intrants (engrais minéraux, pesticides, labour). En fait, on considère que, depuis la Seconde guerre mondiale, l'agriculture a souvent exploité les sols de « manière minière », comme une ressource que l'on utilise sans la renouveler, aux dépens de leur fertilité (voir chapitre 7)[6]. Cette agriculture est généralement fondée sur des cultures annuelles (comme les céréales) qui laissent le sol nu une bonne partie de l'année, défavorisant la biodiversité des sols et favorisant l'érosion. Et c'est sans compter l'impact des pesticides et du labour. Ce dernier, tout comme le passage d'engins agricoles lourds et la diminution de la biodiversité qu'il entraîne, peut conduire à une détérioration de la structure du sol. En lien avec l'exportation de la matière organique produite par les plantes cultivées (au moins ce qui est récolté pour être consommé par les humains), le labour tend à diminuer la quantité de matière organique des sols cultivés[7]. Tous ces mécanismes ont eu tendance à rompre les boucles de rétroaction positives décrites précédemment.

Même si l'agriculture hors sol et en hydroponie existent, la très grande majorité de notre alimentation vient de plantes qui ont poussé dans des vrais sols (même si ces sols sont généralement fortement modifiés par les pratiques agricoles). Le développement de la culture hors sol pourrait potentiellement être une solution à la dégradation des sols, mais il paraît impensable de la généraliser à l'ensemble de la production agricole. En fait, cela conduirait à dépendre encore plus de systèmes artificiels pour nous nourrir et à utiliser non-durablement de très nombreuses ressources (en particulier des ressources énergétiques et en nutriments minéraux) pour maintenir ces systèmes, nous y reviendrons (chapitre 7).

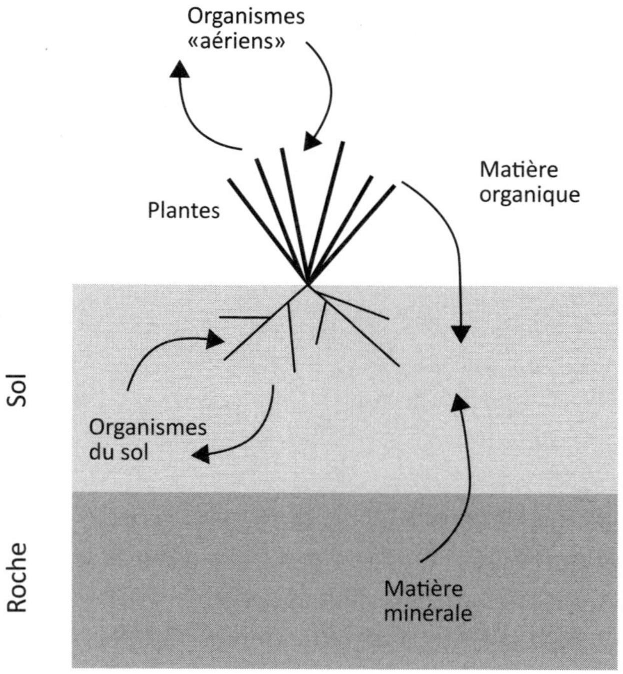

Fig. 4: Description du fonctionnement du sol et des interactions écologiques entre le monde souterrain, les plantes et le monde aérien. Les plantes servent de pont entre ce qui se passe dans le sol et ce qui se passe au-dessus. De plus, le sol est composé d'un mélange de matière minérale venant de la roche et de matière organique venant des plantes.

5

L'étude de la biodiversité et de ses dynamiques

À l'adolescence, j'ai failli devenir un bon naturaliste. Je ne savais pas encore que l'écologie était une science mais je lisais la *Hulotte* (le magazine naturaliste le plus lu dans les terriers !), je collectionnais les fossiles et les mues d'insectes, j'avais un petit herbier et j'avais acheté ma première paire de jumelles (bon, elles n'étaient vraiment pas terribles). J'ai vraiment beaucoup appris sur la nature à cette époque et j'ai commencé à développer un petit savoir naturaliste : connaître la classification des plantes et des animaux (au moins dans les grandes lignes), identifier les espèces communes en France, en savoir plus sur leurs vies. Durant mes études, cependant, j'ai eu moins de temps libre pour continuer dans cette voie. Plus j'étudiais en détail le fonctionnement de la nature (des systèmes écologiques !), en cherchant à le mesurer quantitativement, plus je perdais le savoir naturaliste de base, même si les deux approches sont complémentaires et pouvaient a priori se renforcer mutuellement. C'était accentué par la localisation des laboratoires dans les grandes villes universitaires : à partir de la thèse, j'ai habité à Paris et je travaillais en plein centre (V^{e} arrondissement). Mon travail m'amenait certes sur le terrain, généralement en Afrique, et j'en profitais alors pour observer plein de choses, mais ça ne durait jamais assez longtemps. La plus grande partie de mon travail consistait alors à effectuer des analyses statistiques compliquées sur ordinateur puis à rédiger des articles scientifiques.

Récemment, je me suis mis, ou remis, à la photo naturaliste. Dès que je peux, je prends un appareil photo et je vais dans la nature pour photographier des insectes, des oiseaux, des paysages. Bien sûr, je m'en suis donné à cœur joie quand je travaillais au Zimbabwe avec tous les gros mammifères que l'on voit très facilement dans le parc national de Hwange. En Côte d'Ivoire, à Lamto, j'ai photographié plein d'animaux (surtout des insectes). Mais en fait, je passe aussi beaucoup de temps sur mon balcon parisien à photographier les insectes qui passent par-là, ainsi qu'une grande diversité d'insectes et d'araignées dans les quelques pelouses non-fauchées du bois de Vincennes et des oiseaux et écureuils dans le bois proprement dit. Vive la biodiversité ordinaire ! Ce n'était pas prémédité mais la photographie m'a fait reprendre contact avec mes émotions naturalistes adolescentes et le savoir qui allait avec. Au départ, cela m'a essentiellement demandé de porter mon attention sur le vivant, petit et grand, proche et lointain. De regarder. De sentir. Parfois de toucher.

Pour photographier des animaux (et des plantes) il faut résoudre de nombreux problèmes techniques : réussir à faire la mise au point sur le sujet, régler l'exposition, jouer avec la lumière. Ces problèmes sont particulièrement importants en macrophotographie pour les fleurs ou les petites bestioles ; la profondeur de champ étant très réduite, il faut jouer finement avec la durée d'exposition et l'ouverture du diaphragme pour obtenir un sujet net. Ces aspects purement techniques ne me passionnent pas complètement, mais j'aime trouver les sujets à photographier, lorsque la bestiole est suffisamment immobile, qu'elle fait quelque chose d'« intéressant » (elle a par exemple capturé une proie), ou que le décor s'y prête. Pour cela, il faut passer pas mal de temps dans la nature, observer et être patient. Cela demande aussi beaucoup de concentration, ce qui m'oblige à déconnecter complètement mon cerveau des contingences du quotidien. Ce n'est pas facile sans « entraînement » de détecter une araignée crabe dans un tapis de fleurs ou un troglodyte mignon (oiseau très commun en France mais tout petit) dans un fouillis de ronces. Et c'est encore moins simple de réussir à les photographier en prédisant un minimum leur comportement. J'ai donc appris ou réappris beaucoup de choses sur les animaux. C'est mieux de savoir à quelle heure de la journée et où on a des chances de les trouver actifs, d'être capable de donner un nom aux espèces photographiées et de comprendre, au moins un peu, ce qu'ils sont en train de faire ! Je peux dire aussi qu'observer des organismes non-humains, parfois pendant longtemps, est une façon de se confronter à une altérité radicale. Si je photographie une jeune mante religieuse au bout d'un brin d'herbe, je mesure à quel point nous sommes différents en termes de forme. Je ne comprends pas bien son comportement, je vois une prairie basse qui est pour elle une espèce de forêt gigantesque. Je trouve très formateur de reprendre contact avec les autres formes de vie, d'entrer un peu dans leur intimité, malgré l'altérité, et de sentir que nous partageons le même monde et des contraintes communes…

Mon côté chercheur n'est jamais loin. Quand je prends des photos dans la nature, je réfléchis aussi à la signification de ce que j'observe, aux mécanismes écologiques impliqués.

Pourquoi y a-t-il tant d'espèces de punaise qui ont pratiquement la même forme, mais des couleurs complètement différentes (verte, dominante orange, dominante brune, dorée) ? Pourquoi la mante religieuse verte de France et celle de Côte d'Ivoire se ressemblent comme deux gouttes d'eau (pour moi qui ne suis pas spécialiste) mais forment deux espèces distinctes ? La biodiversité est incroyable, à la fois esthétiquement mais aussi par les mécanismes dont elle est issue et la richesse des interactions écologiques qu'elle supporte. Cette synergie entre approche sensible et analytique est très utile pour sensibiliser un large public aux enjeux environnementaux. L'émerveillement face à la biodiversité et la compréhension de son fonctionnement (et de notre dépendance vis-à-vis d'elle) renforcent, a priori, chez tout un chacun l'envie de la protéger. L'émerveillement augmente le besoin de compréhension et réciproquement.

Tout le monde, ou presque, connaît maintenant le terme de biodiversité. Cependant, ce mot est compliqué car il revêt des significations très variées et pas toujours pleinement scientifiques. Il comprend l'ensemble de la diversité génétique à l'intérieur des espèces, de la diversité spécifique (le nombre d'espèces) et de la diversité des écosystèmes. La notion inclut aussi l'ensemble des interactions écologiques entre les organismes vivants ou avec leur environnement physico-chimique, et la façon dont elles déterminent le fonctionnement des écosystèmes dans toute leur diversité. En fait, la raison principale pour laquelle le terme de biodiversité a été créé, et pour laquelle il a connu tant de succès, est que les sociétés humaines menacent tous les aspects de la biodiversité. Nous diminuons la diversité génétique des espèces[1], faisons disparaître des espèces, artificialisons et détruisons les écosystèmes (cas des mangroves, des récifs coralliens…). C'est donc un terme politique : il appelle à une action collective, publique et politique ! Utilisé dès le début des années 1980, son usage s'est généralisé, notamment dans les médias, à partir du Sommet de la Terre à Rio en 1992, qui a conduit à la création de la Convention sur la diversité biologique. Ce terme de biodiversité met en avant les menaces qui pèsent dessus et la nécessité de mener des politiques pour la protéger. J'ai eu des doutes dans les années 2000 quand la notion de biodiversité a commencé à être massivement utilisée dans le monde académique (au moins pour répondre aux appels d'offres pour financer nos projets de recherche !) et dans mon laboratoire : le mot me semblait trop polysémique et imprécis. C'est d'ailleurs pour cela qu'il est devenu si facilement un « buzzword ». Le terme tend aussi à réduire la biodiversité à un aspect quantitatif, le nombre d'espèces, oubliant la diversité et la complexité des interactions écologiques (y compris celles qui font intervenir l'environnement physico-chimique). L'arbre de la biodiversité risque de cacher la forêt de la complexité écologique.

Cependant, je pense que j'avais en partie tort. La notion de biodiversité a facilité la prise de conscience générale quant à la crise environnementale et la nécessité de protéger la diversité des organismes vivants. Peut-être qu'elle a permis de cristalliser l'attention en devenant une sorte de baromètre environnemental, de la même façon que l'augmentation de la température moyenne depuis l'ère préindustrielle sert de baromètre climatique. Elle a aussi orienté une partie des recherches en écologie. Dans nos laboratoires, nous nous sommes progressivement attachés à décrire la crise la biodiversité, les interactions entre les sociétés humaines, les écosystèmes et les organismes qu'ils abritent, et à réfléchir à comment rendre ces interactions plus durables.

J'ai moi-même suivi cette trajectoire en consacrant une partie de plus en plus importante de mon travail à des recherches « appliquées» (voir chapitre 8). Nous avons aussi travaillé sur l'impact de la biodiversité sur le fonctionnement des écosystèmes. La trajectoire de nos sociétés s'est probablement un peu infléchie mais pas suffisamment pour enrayer la crise de la biodiversité. Le pouvoir performatif de la création d'une nouvelle notion a des limites. Malheureusement.

La biodiversité crée la biodiversité

L'évolution darwinienne des organismes est le moteur à l'origine de toute la biodiversité. Les organismes se sont adaptés à l'ensemble des conditions environnementales et physico-chimiques disponibles à l'échelle de la planète. Par exemple, la diversité des climats a conduit à des adaptations variées chez les plantes. Dans les climats froids et tempérés, les plantes sont à feuilles caduques (elles perdent toutes leurs feuilles en hiver), alors que dans les climats chauds et humides toute l'année les plantes sont à feuilles persistantes (elles ne tombent pas toutes en même temps et peuvent vivre plus d'une année). Dans les climats secs, les plantes ont des adaptations particulières pour mieux conserver l'eau. Par exemple, les cactus ont transformé leurs feuilles en épines au cours de l'évolution, diminuant les pertes d'eau par évaporation qui augmente avec la surface de feuilles. En parallèle, les cactus arrivent à stocker de très grandes quantités d'eau dans leurs tiges.

L'environnement des organismes est également constitué par les autres organismes (environnement biotique) : la biodiversité appelle la biodiversité ! À partir du moment où il existe de nombreuses espèces de plantes, des espèces d'insecte différentes évoluent et se spécialisent pour s'en nourrir. Le même fonctionnement s'applique aux prédateurs ou aux parasites : des protozoaires aux baleines en passant par les plantes, tous les organismes en ont, et certains se spécialisent au cours de leur évolution dans le parasitisme ou la prédation de tel ou tel autre organisme ou groupe d'organismes. Ce qui est vrai pour des relations écologiques « négatives » comme la prédation ou le parasitisme est aussi vrai pour les symbioses : des organismes se sont spécialisés au cours de leur évolution pour entrer en symbiose avec certains organismes précis. C'est, par exemple, le cas des symbioses entre plantes et champignons mycorhizes (voir chapitre 4). Du fait d'un certain degré de spécificité (toutes les mycorhizes n'acceptent pas d'entrer en symbiose avec toutes les plantes et vice versa) l'évolution de ces symbioses a pu contribuer à une augmentation de la biodiversité. En résumé, quelle que soit l'interaction écologique sur laquelle on se focalise on voit que, par les dynamiques évolutives induites, la biodiversité crée de la biodiversité.

Le processus décrit ci-dessus s'appelle la « coévolution » : l'évolution d'un organisme conditionne celle d'un autre et réciproquement, aboutissant à des dynamiques très complexes. Dans le cadre d'une relation entre une proie et un prédateur, cette coévolution peut donner lieu à une forme de course aux armements. La proie développe, au cours de l'évolution, des défenses lui permettant d'échapper au prédateur (par exemple des insectes sont peu comestibles, voire toxiques, grâce à des molécules qu'ils produisent) et le prédateur, en réponse, évolue pour contourner les défenses de sa proie (par exemple en produisant des enzymes lui permettant de digérer les molécules toxiques de sa proie). La métaphore de la «course aux armements» est bien choisie dans la mesure où la dynamique de coévolution, dans certaines conditions, ne permet jamais à la proie ou au prédateur de gagner. Chacun développe juste de plus en plus d'armes ou de plus en plus de défenses. Dans le cas des symbioses, les deux organismes partenaires coévoluent aussi, mettant en place les mécanismes de plus en plus complexes de leur symbiose. Ainsi, pour qu'une plante et un champignon mycorhizien entrent en contact et commencent à échanger des nutriments minéraux et de la matière organique ils doivent se reconnaître l'un l'autre grâce à différentes molécules, des signaux chimiques, qui ont été «inventées» au cours de l'évolution. Il faut dire que les symbioses cachent aussi souvent une course aux armements évolutive: chaque partenaire développe des mécanismes lui permettant de vérifier que son partenaire n'essaye pas de le parasiter et, à l'inverse, des mécanismes qui pourraient lui permettre de transformer la symbiose en parasitisme, à son profit. Par exemple, au cours de l'évolution pourrait apparaître une stratégie permettant à une espèce de plante de récupérer un maximum de nutriments minéraux de son partenaire mycorhizien tout en minimisant la quantité de matière organique qu'elle donne à ce partenaire. Évidemment, il ne s'agit pas d'un choix de chaque plante individuelle (les plantes n'ont a priori pas de conscience), ni d'un processus qui a une finalité. L'évolution est myope et avance pas à pas au fil des générations avec, comme seul le critère, le nombre de descendants et, conséquemment, la proportion dans les populations de la variante d'un gène donnant telle ou telle caractéristique.

Il me semble important de souligner que les mêmes mécanismes évolutifs sont à l'origine à la fois des interactions écologiques positives (mutualisme, symbiose) et des interactions écologiques négatives (prédation, parasitisme, compétition). Parfois, les sciences de l'évolution et le « darwinisme » sont critiqués et caricaturés à partir de l'idée fausse que l'évolution ne serait fondée que sur la compétition et ne pourrait aboutir qu'à toujours plus de compétition. Il est vrai que des courants idéologiques racistes ou eugénistes ont pu se fonder sur une caricature du darwinisme : si l'évolution des organismes dans la nature est basée sur la survie des plus aptes et l'élimination des plus faibles, il faudrait reproduire ces mécanismes dans les sociétés humaines, pour le bien commun. À l'inverse, de nombreuses personnes (des militants ou des penseurs environnementalistes et de la transition environnementale) mettent maintenant en avant le fait que, dans la nature, les interactions positives (les symbioses et les mutualismes) seraient dominantes, appuyant l'idée que les sociétés humaines devraient être basées sur des interactions positives (l'entraide, l'égalité sociale). Bien sûr, ces personnes ont raison sur le fond : nos sociétés ont besoin de plus d'égalité ! Mais leur argumentation n'est pas valable. On peut renvoyer l'ensemble de ces courants dos à dos. Dans les écosystèmes, il y a autant d'interactions positives que d'interactions négatives : un herbivore mange des producteurs primaires, un carnivore mange des herbivores et même les plantes exploitent des ressources, non-vivantes toutefois, et entrent ainsi souvent en compétition les unes avec les autres. La vie impose, par définition, l'exploitation de ressources extérieures. Il est impossible de déterminer s'il y a plus d'interactions positives que négatives (ou l'inverse) et les propriétés des écosystèmes, leur stabilité, leur production primaire sont dues à un réseau d'interactions complexes incluant à la fois des interactions positives et des interactions négatives.

Les interactions négatives, la prédation ou la compétition, participent aussi à la régulation des écosystèmes et ont, d'une certaine façon, des effets positifs. Toutes les interactions écologiques sont apparues au cours de l'évolution des organismes, via les mêmes mécanismes généraux. Nous ne pouvons pas évaluer moralement des relations écologiques entre les organismes vivants en jugeant, par exemple, les relations de symbiose meilleures que le parasitisme. Cela n'aurait pas de sens. De même, les mécanismes naturels de l'évolution ne fournissent aucun argument direct pour décider des mécanismes à développer ou à éviter dans nos sociétés humaines. Pour prendre ce type de décision, il faut, avant tout, utiliser des arguments économiques, sociologiques, moraux, philosophiques… Il se pourrait cependant que l'argument écologique puisse apporter des arguments fondés sur « l'efficacité » des propriétés des systèmes écologiques (un écosystème par exemple) qui émergeraient uniquement d'une sélection à l'échelle des individus. De nombreux résultats en écologie et en évolution montrent que de tels systèmes ont peu de chance de maximiser les propriétés résultant des interactions entre les espèces et les individus qui les composent (voir chapitre 11). Par exemple, la production primaire d'un écosystème ou de la biomasse d'une espèce sont des propriétés collectives résultant de l'ensemble des interactions écologiques sous-jacentes. Elles ne sont a priori pas maximisées, dans le cas général, par l'évolution darwinienne naturelle des organismes.

Nous l'avons vu, pour que l'évolution darwinienne agisse et crée de la biodiversité, il faut un certain nombre de mécanismes génétiques. Il doit d'abord y avoir un lien entre les gènes d'un individu (génotype) et ses caractéristiques (phénotype) et ce lien doit être transmis de chaque individu à ses descendants sous forme d'ADN. Si on s'en tient à ce mécanisme, l'individu se reproduit au sens littéral du terme : il transmet son génotype inchangé à ces descendants qui lui sont identiques, hormis quelques différences dues à la variabilité environnementale (plasticité phénotypique). Cela ne pourra cependant conduire à aucune évolution à proprement parler. Pour que le processus évolutif survienne, les descendants ne doivent pas avoir exactement le même génotype que l'individu initial. Deux mécanismes différents le permettent. Tout d'abord, pour transmettre son génotype à ses descendants, un organisme doit produire des gamètes par division cellulaire. Lors de ces divisions, le génome contenu dans les cellules en division est dupliqué mais cette duplication est imparfaite. La machinerie moléculaire ne fonctionne jamais parfaitement. En effet, cela implique de nombreuses réactions moléculaires pilotées par différentes enzymes et cette machinerie fait assez souvent des erreurs conduisant à un changement dans une base azotée, par exemple, et donc un changement de l'acide aminé codé et de la protéine correspondant au gène muté. Dans d'autres cas, l'erreur est beaucoup plus grande. L'ADN d'une cellule est regroupé en différents chromosomes et, au cours de sa duplication, un morceau entier peut être déplacé d'un chromosome à l'autre, ou être inversé. Le nombre de chromosomes peut aussi changer. Si ces mutations surviennent dans des gamètes, elles seront transmises à la génération suivante au cours de la reproduction. Dans ce dernier cas, les mutations vont souvent conduire à un dysfonctionnement majeur de l'organisme qui ne sera pas viable. Dans d'autres cas, l'organisme sera viable et la mutation aura contribué à créer de la diversité génétique au sein de la population d'organismes considérée. Cette diversité génétique (et donc de phénotype) donnera prise à la sélection naturelle. Ainsi, chaque mutation viable conduit à un organisme qui produira, par exemple, une protéine un peu différente. Selon la nature de la protéine et sa fonction, le nouvel organisme aura un métabolisme, une croissance… un peu différent.

Le second mécanisme source de diversité génétique dépend du mode de reproduction. Dans le cas de la reproduction sexuée diploïde (par exemple, chez les mammifères), les cellules de tous les individus contiennent chaque chromosome et donc tous les gènes en double. Au moment de la formation des gamètes (ovule ou spermatozoïde) par la méiose, un seul chromosome de chaque paire, une seule copie de chaque gène, se retrouve dans chaque gamète. Lors de la fécondation, deux gamètes de deux individus différents fusionnent et unissent leurs chromosomes au sein d'une nouvelle cellule qui se divisera pour donner un individu. Ce dernier aura donc, comme ses parents, deux versions de tous ses chromosomes et de tous ses gènes. Le nouveau génotype est ainsi le fruit de la rencontre « au hasard » des deux parents et des deux gamètes. Son génotype sera nécessairement différent de celui de tous les autres individus (sauf cas de vrais jumeaux), même s'il vient pour moitié de chacun des parents. De plus, le crossing-over accentue les différences. En effet, pour passer d'une cellule où chaque chromosome est en double à une cellule qui en a deux fois moins, lors de la méiose, les paires de chromosomes homologues s'apparient avant de se séparer pour aller dans les deux nouvelles cellules. À ce moment-là, ils peuvent se recombiner. Ce mélange des gènes peut aboutir à une version inédite d'un gène si un chromosome « se casse » à l'intérieur. Le gène codant pour une protéine est constitué par une série de bases azotées. Si la cassure passe au milieu de cette série, les nouveaux chromosomes combineront une partie de la série de bases azotées du premier chromosome et une partie du second chromosome. La protéine codée par ce gène dans le nouvel organisme sera donc nouvelle et donnera des caractéristiques originales au nouvel individu issu du gamète formé par la méiose.

Cette diversité génétique donne ensuite prise à différents mécanismes évolutifs. Nous avons déjà abordé la sélection naturelle mais il existe d'autres mécanismes importants, comme la dérive génétique. Cette dérive survient dans les petites populations contenant peu d'individus de la même espèce. Dans ce cas, des phénomènes aléatoires – des accidents – peuvent faire évoluer cette population sans pour autant y avoir une sélection : par exemple, certaines versions de gènes vont disparaître alors que la sélection naturelle ne les aurait pas défavorisées.

Ces processus ne font pas appel à la notion d'espèce qui paraît pourtant fondamentale dans la vision traditionnelle de l'évolution. Tout d'abord, la notion d'espèce est assez relative. Une des définitions les plus classiques est qu'une espèce est composée de tous les individus qui peuvent se reproduire entre eux par reproduction sexuée. Si elle fonctionne assez bien, il faut tout de même noter qu'il existe un continuum entre des groupes d'individus totalement incapables de se féconder mutuellement et des groupes se fécondant mutuellement très facilement. De même, dans beaucoup de cas, on va considérer comme espèces « différentes » des populations d'organismes assez proches par leurs caractéristiques mais séparées par plusieurs centaines de kilomètres. Cependant, dans beaucoup de cas, personne n'a vérifié si ces populations étaient interfécondes. Ceci dit, la création des espèces, la spéciation, reste un phénomène important.

La spéciation allopatrique

La façon la plus simple pour que deux espèces se forment à partir d'une seule est ce qu'on appelle la « spéciation allopatrique ». Les individus d'une espèce sont répartis sur une aire géographique plus ou moins grande au sein de laquelle la reproduction sexuée et les déplacements des individus assurent une forme de brassage génétique qui maintient une certaine diversité génétique entre les individus, sans pour autant permettre la différenciation génétique d'une sous-population. Mais si, au contraire, certains individus colonisent par hasard une nouvelle zone isolée géographiquement du reste de l'aire de répartition ou si une barrière physique (mer, fleuve, montagne) apparaît et isole des individus, la sous-population nouvellement apparue peut évoluer séparément du reste des individus de l'espèce. Dès lors, il n'y a plus de brassage génétique : l'espèce est séparée en deux populations très peu connectées par des flux d'individus et donc des flux de gènes. Que ce soit par dérive génétique ou par un processus de sélection naturelle, si les deux sous-populations se retrouvent dans des environnements biotiques et abiotiques différents, elles vont se différencier génétiquement et acquérir des caractéristiques phénotypiques différentes. Un des cas les mieux connus de ce type d'évolution est l'évolution sur les îles. En général, une espèce occupe une zone continentale, mais elle est également représentée par des sous-populations sur des îles. L'insularité limite fortement la capacité de nouveaux individus du continent à arriver sur l'île : il y a ainsi peu de flux de gènes du continent vers l'île. L'environnement est souvent différent entre l'île et le continent, conduisant la sous-population insulaire à s'adapter à ses nouvelles conditions de vie et donc à l'apparition d'une divergence évolutive entre la sous-population continentale et la sous-population insulaire. Une telle divergence peut aussi apparaître par des effets de dérive génétique et parce que les quelques individus ayant initialement colonisé l'île ne représentent, aléatoirement, qu'une faible proportion de la diversité génétique totale de l'espèce. Si cette divergence est suffisamment forte, un événement de spéciation se produira. Par exemple, sur les îles, la totalité des ressources disponibles peut être faible forçant les populations insulaires à évoluer dans le sens d'individus de plus petite taille. C'est ainsi qu'une partie des îles méditerranéennes abritaient des éléphants nains (environ 2 mètres pour les adultes) au Pléistocène jusqu'il y a environ 10 000 ans alors que les zones continentales étaient occupées par des éléphants bien plus grands. Il faut ajouter que plus les deux sous-populations divergent évolutivement, moins il y a chances qu'elles restent interfécondes du fait de mécanismes d'isolement reproductif. Des différences de taille et de comportement peuvent suffire à empêcher l'accouplement. L'isolement reproductif peut apparaître par des mécanismes plus subtils notamment fondés la compatibilité des gamètes. Ces mécanismes d'isolement reproductif apparaissent sous l'effet de processus évolutifs et conduisent définitivement à la séparation génétique des deux sous-populations et donc à un événement de spéciation.

La spéciation sympatrique

Lorsque la spéciation se produit au sein d'une même population dans la même zone géographique, on parle de spéciation sympatrique. L'idée générale est que les individus d'une espèce vivant dans une aire géographique donnée font face à des caractéristiques de leur environnement très variées qui offrent de nombreuses niches écologiques possibles. Certains individus s'adaptent particulièrement bien à certaines niches disponibles, on dit qu'ils se spécialisent, alors que les autres individus restent généralistes. Par exemple, une espèce d'oiseaux peut se nourrir de nombreuses graines différentes et, au cours de l'évolution, une sous-population pourrait se spécialiser dans la consommation des plus grosses graines enfermées dans les fruits les plus durs : elle développerait pour cela un bec plus gros. Il paraît assez logique que certaines pressions de sélection poussent dans le sens de la spécialisation (consommation de ressources particulières, utilisation préférentielle d'une partie de l'habitat...) mais le brassage génétique constant entre les individus partageant la même aire géographique rend la spéciation sympatrique plus difficile à expliquer que la spéciation allopatrique. Sa fréquence reste un sujet controversé. Cependant, différents exemples suggèrent que ce phénomène existe bel et bien. Par exemple, les lacs d'Afrique de l'Est comme le lac Tanganyika abritent une très grande diversité de poissons Cichlidés, chers aux aquariophiles. Ces espèces de poisson ont développé au cours de leur évolution dans le même lac, donc en sympatrie, une grande diversité de formes et de couleurs, d'alimentation... Ce qui donne de nos jours un très grand nombre d'espèces.

Différents mécanismes ont été évoqués pour expliquer la spéciation sympatrique malgré une absence d'isolement géographique permettant d'éviter le brassage génétique. Ils doivent permettre un isolement reproductif, au moins partiel, des deux populations en cours de différenciation. Une possibilité est que des mécanismes d'isolement reproductif évoluent en même temps que des caractéristiques de l'organisme sélectionnées. Pour cela, il pourrait par exemple suffire que deux individus aient plus de chances de s'accoupler s'ils sont assez semblables du point de vue des caractéristiques en train d'évoluer et qui sont en train d'être sélectionnées[2]. Cela amène à une remarque importante. Quand on parle d'évolution, on pense d'abord à l'évolution de caractéristiques influençant directement la valeur adaptative des organismes (leur capacité à survivre et avoir des descendants). Cependant, les mécanismes jouant indirectement sur la valeur adaptative, comme les mécanismes influençant l'évolution des organismes, sont aussi soumis à évolution. Ainsi, si certains mécanismes accélèrent la vitesse d'évolution, comme la reproduction sexuée, ou augmentent les chances de spéciation sympatrique, ils ont pu être sélectionnés au cours de l'évolution, si la vitesse d'évolution et la spéciation sympatrique augmentent la valeur adaptative des individus concernés sur le long terme.

La spécialisation écologique

La spécialisation est une notion extrêmement générale en écologie. Une espèce peut être plus ou moins spécialisée pour le choix de sa nourriture, de son habitat, de son climat préféré, de l'hôte qu'elle parasite, des organismes avec lesquels elle accepte de rentrer en symbiose... L'évolution d'organismes plus ou moins spécialistes a fortement contribué à la très grande biodiversité actuelle (au moins 8 millions d'espèces !) : quelques espèces généralistes pourraient remplir l'ensemble des niches écologiques existant au sein de la biosphère, alors qu'il faudrait un très grand nombre d'espèces spécialistes pour toutes les occuper. Si on essaye d'estimer à quel point les espèces sont généralistes ou spécialistes, on se rend compte que l'ensemble du gradient est occupé[3] : tous les intermédiaires existent entre les espèces complètement généralistes et les espèces spécialistes à l'extrême. Ainsi, le pinson des arbres est un oiseau assez généraliste qui mange une gamme très variée de graines, présent dans des milieux très différents tant qu'il y a au moins quelques arbres. Le cassenoix moucheté, lui, se nourrit essentiellement de noisettes et de graines de pin cembro, il vit surtout dans les forêts de conifères de montagne. Il est beaucoup plus spécialisé que le pinson. Comment l'évolution a-t-elle aiguillé chaque espèce vers un niveau donné de généralisme/spécialisation ? La question est importante parce que c'est en partie la spécialisation écologique des organismes qui explique l'immensité de la biodiversité terrestre.

Le niveau de spécialisation résulte d'un compromis. Il s'agit, en effet, de réduire sa niche écologique en se privant de ressources potentiellement utiles et d'habitats disponibles. Cependant, devenir spécialiste permet à un organisme d'exploiter les ressources ou les habitats pour lequel il est spécialisé d'une manière plus efficace. Un spécialiste doit développer au cours de l'évolution des adaptations lui permettant d'exploiter au mieux des ressources et habitats particuliers. C'est l'idée de « trade-off » écologique : un organisme ne peut pas parfaitement remplir toutes les fonctions dont il pourrait avoir besoin d'une manière parfaite. Par exemple, un oiseau avec un gros bec sera efficace pour manger des grosses graines et casser la coque de fruits coriaces, mais il sera moins efficace pour manger des petites graines. De la même manière, une plante adaptée à la sécheresse survivra mieux et continuera à pousser plus longtemps dans ses conditions qu'une plante plus généraliste qui n'y sera pas spécifiquement adaptée. En revanche, une année plus humide, la plante spécialiste survivra mais poussera moins bien que les plantes plus généralistes de la région. Cette spécialisation revêt donc différents coûts et bénéfices selon son niveau d'approfondissement et participe à la très grande biodiversité que nous connaissons sur notre planète.

Combien d'espèces pour faire un monde ?

Un écosystème ne pourrait pas exister sans la diversité des organismes qu'il abrite, combien lui en faut-il pour fonctionner correctement ? Comme les organismes se sont plus ou moins spécialisés au cours de l'évolution, il est certain qu'une seule espèce ne peut pas remplir toutes les fonctions écologiques indispensables au fonctionnement des écosystèmes. Dans les écosystèmes terrestres, des organismes différents fabriquent la matière organique vivante et la recyclent en la décomposant. Les plantes, par photosynthèse et en utilisant les nutriments minéraux du sol, fixent le CO_2 de l'atmosphère pour fabriquer leurs feuilles, leurs tiges et leurs racines. Les organismes décomposeurs des sols (en particulier les bactéries et les champignons des sols) mangent la matière organique des plantes une fois morte, relâchant du CO_2 et des nutriments minéraux. On voit bien que les rôles des plantes et des décomposeurs sont complémentaires et que, si l'un des deux groupes venait à totalement disparaître (ce qui a très peu de chances d'arriver !), les écosystèmes s'effondreraient. Je peux préciser ici que ce qui est vrai pour les écosystèmes terrestres ne l'est pas nécessairement dans les écosystèmes aquatiques, où les producteurs primaires, des algues unicellulaires sont souvent mixotrophes. Ces organismes, moins spécialisés que les plantes terrestres, sont à la fois capables de photosynthèse et de consommer de la matière organique morte (dissoute dans l'eau ou sous forme de bactérie). On peut imaginer aussi qu'au début de la vie terrestre, dans l'eau puis sur les continents, de nombreux organismes ont commencé par être mixotrophes et cumuler les fonctions écologiques avant de se spécialiser.

Ce type de complémentarité se retrouve dans tout le fonctionnement des écosystèmes. Les herbivores ne pourraient exister sans les producteurs primaires et les carnivores sans les herbivores. Ce raisonnement conduit à une question plus subtile : la diversité des organismes remplissant les mêmes fonctions écologiques a-t-elle une influence sur les écosystèmes ? Par exemple, dans une prairie où on trouve facilement plusieurs dizaines d'espèces de plantes herbacées et dans une forêt équatoriale comportant plus d'une centaine d'espèces d'arbre par hectare, peut-on déterminer si le nombre d'espèces joue un rôle particulier et s'il améliore le fonctionnement de ces deux écosystèmes ? Il semble, dans un premier temps, que toutes les plantes herbacées de la prairie et tous les arbres de la forêt font la même chose : ils puisent de l'eau et des nutriments minéraux dans le sol et utilisent la lumière solaire pour fixer le carbone du CO_2 atmosphérique. Il n'y a donc pas de complémentarité évidente, plutôt une compétition pour les mêmes ressources. Pourtant, on l'a vu plus tôt (chapitre 1) si des espèces coexistent sur le long terme dans un même écosystème, c'est qu'elles n'y font pas exactement la même chose. Il se peut, par exemple, qu'elles n'exploitent pas les ressources au même endroit ou en même temps : certaines plantes ont ainsi des racines plus profondes que les autres et puiseront l'eau et les nutriments plus profondément Il peut donc exister une forme de complémentarité entre ces espèces et les interactions entre ces espèces ne sont pas uniquement négatives. Il existe de nombreux moyens pour contourner la compétition et la science écologique étudie énormément ces mécanismes.

Déterminer expérimentalement les effets de la biodiversité

Ainsi, les chercheurs mettent en œuvre des expériences spécifiques pour tester l'hypothèse selon laquelle la biodiversité, à l'intérieur d'un groupe d'organismes remplissant peu ou prou les mêmes fonctions, améliore le fonctionnement de leur écosystème. Il faut, pour cela, résoudre de nombreux problèmes méthodologiques. Décrire, à l'échelle d'une région, la biodiversité végétale de nombreuses prairies et les fonctions écologique qu'elles remplissent permet de faire des statistiques pour tester le lien entre biodiversité et fonctions mais ça ne suffit pas. On peut, par exemple, imaginer un graphique représentant la fonction écologique (variable de réponse) en fonction de la biodiversité. Si, en moyenne, les points sont de plus en plus hauts en allant vers la droite et si un test statistique (par exemple dans le cadre de la régression linéaire) montre que cette tendance a peu de chances d'être due au seul hasard, on pourra dire que la biodiversité semble avoir un effet positif sur le fonctionnement de l'écosystème. On n'aboutira pour autant à aucune conclusion car la relation observée peut être due à de nombreux facteurs dits

« confondants ». Ici, le chercheur n'a pas expérimenté, il a juste observé la biodiversité dans différentes situations naturelles qu'il ne contrôle pas. Il ne connaît pas, a priori, les conditions environnementales de chaque prairie ou de chaque forêt, leur sol peut être plus ou moins fertile. Il ne connaît pas non plus l'histoire de ces prairies et forêts. Sont-elles anciennes ? Quelles pressions les humains ont-ils exercées sur elles ? On peut facilement imaginer que certains écosystèmes sont en « meilleure santé » que les autres (leur sol est meilleur, l'écosystème est en place depuis plus longtemps, il a été moins perturbé par les humains). Ils ont alors des chances d'accueillir une plus grande biodiversité et de mieux fonctionner. La relation statistique positive observée entre biodiversité et fonctionnement ne serait dans ce cas pas due à un lien de causalité directe, mais à un facteur confondant sous-jacent : la qualité intrinsèque de l'écosystème (par exemple, la fertilité de son sol) et son histoire. Cet exemple peut sembler compliqué, mais il démontre une difficulté générale en sciences qui est particulièrement importante en écologie et sciences de l'évolution. Il est souvent difficile de séparer les différents facteurs causals potentiellement impliqués et pouvant expliquer une observation ou un phénomène. Il est très important de séparer ces facteurs pour ne pas se contenter d'idées reçues et tirer des conclusions fiables en termes de gestion de la biodiversité (y compris en agriculture). Dans la plupart des cas, la meilleure solution pour contourner ces difficultés est d'expérimenter !

Les chercheurs choisissent un site le plus homogène possible (par exemple du point de vue du sol) et le divisent en parcelles de tailles identiques (souvent quelques mètres carrés si on travaille sur des prairies, quelques hectares si on travaille sur des forêts). De ce fait, on est assuré que chaque parcelle est identique au départ et que sa réaction ne sera due qu'aux traitements qui lui sont appliqués. Les chercheurs plantent alors sur chacune d'entre elles un nombre différent d'espèces de plantes[4], ce qui constitue les traitements expérimentaux. On compare différents niveaux de biodiversité (par exemple une, deux, quatre et huit espèces), ce qui demande de nombreuses parcelles puisqu'il faut répéter chaque niveau de biodiversité à plusieurs reprises (au moins une dizaine) pour pouvoir faire des statistiques. Si les différents traitements, les niveaux de biodiversité, ne sont pas répétés suffisamment on pourra « voir une relation sur un graphique » mais il sera plus difficile de déterminer si elle est purement due au hasard ou à des mécanismes écologiques sous-jacents. Les chercheurs se trouvent ainsi à la tête d'un très grand nombre de parcelles (souvent plusieurs centaines). Généralement, ils choisissent un certain nombre d'espèces qui poussent dans la région et tirent au hasard, parmi elles, les espèces qu'ils vont planter dans chaque parcelle. C'est un énorme travail, et il faut en plus maintenir le dispositif pendant plusieurs années, ce qui requiert par exemple de désherber toutes les parcelles pour empêcher des espèces de s'installer là où elles ne sont pas supposées pousser.

La biomasse produite par un écosystème est vue comme un indicateur du bon fonctionnement de l'écosystème ou des services qu'il peut rendre, par exemple la production de nourriture. Ce type d'expérience a notamment montré que passer de seize à une espèce dans une prairie peut réduire la biomasse de 30 %, prouvant bien l'effet positif de la biodiversité des plantes. Notre compréhension de ce phénomène a progressé : de nouveaux travaux statistiques nous permettent de mieux analyser les résultats et de développer des modèles mathématiques plus ou moins théoriques pour expliquer les mécanismes écologiques sous-jacents. Ces approches ont permis de codifier deux types de mécanismes agissant conjointement[5]. Les mécanismes de complémentarité permettent à des espèces de mieux utiliser collectivement l'ensemble des ressources (eau, lumière, nutriments minéraux) disponibles dans l'écosystème, permettant à un mélange de ces espèces de produire plus de biomasse que l'espèce la plus productive poussant seule. Les mécanismes dits « d'échantillonnage » font que, plus le nombre d'espèces poussant localement dans un écosystème (une prairie, une forêt...) est élevé, plus il y a de chances que certaines soient particulièrement adaptées aux conditions environnementales de cet écosystème (caractéristiques du sol, herbivores présents, organismes du sol) une année donnée (climat...). De ce fait, si ces espèces bien adaptées arrivent à occuper une proportion importante de l'écosystème, elles permettent d'augmenter la biomasse totale produite par rapport à ce que produirait chaque espèce prise isolément. Ce mécanisme augmente en moyenne la production de biomasse et diminue la variabilité de cette production liée à celles des conditions environnementales dans le temps et l'espace. On dit alors que la biodiversité peut servir d'assurance contre les aléas environnementaux.

Si ces résultats sont maintenant bien admis, de nombreuses recherches sont encore nécessaires pour découvrir tous les mécanismes permettant la complémentarité entre espèces et les effets d'échantillonnage. Par exemple, la complémentarité entre plantes peut passer par des rétroactions complexes avec les micro-organismes du sol (bactérie, champignons), certains étant pathogènes et d'autres entretenant des interactions symbiotiques ou mutualistes avec certaines plantes. Les interactions entre ces organismes et la biodiversité ne sont pas encore complètement comprises. Deux effets aboutissant à des formes d'effet de complémentarité sont quand même très bien identifiés par ces expériences sur la biodiversité. D'une part, augmenter le nombre d'espèces augmente les chances qu'une des espèces soit une plante légumineuse qui fixe l'azote de l'atmosphère, ce qui augmente la fertilité. D'autre part, plus il y a d'espèces plus cela diminue en moyenne l'impact des pathogènes (par exemple, certains champignons qui attaquent les feuilles ou les racines) ou d'herbivores (des insectes...) qui, plus ou moins spécialisés pour attaquer certaines espèces de plante, ont du mal à envahir toute la prairie. De plus, si on a beaucoup étudié les effets de la diversité des plantes, on connaît moins les effets de la diversité des herbivores ou des carnivores, ainsi que les interactions entre la diversité à différents niveaux trophiques. Ainsi, de nombreuses questions se posent, par exemple, au sujet de l'effet de la diversité des plantes sur l'abondance et la diversité des herbivores, et réciproquement. La plupart des recherches se sont focalisées sur les effets de la biodiversité végétale sur la production de biomasse, mais il faudrait aussi mieux étudier l'impact de la biodiversité sur d'autres fonctions écologiques comme la minéralisation de la matière organique ou la nitrification (voir chapitre 9) ou sur différents services écosystémiques (voir chapitre 7) par exemple dans le cadre de l'agriculture.

Cela conduit à une autre réflexion, les expériences décrites plus haut manipulant le nombre d'espèces de plante dans de petites parcelles peuvent paraître très artificielles. Elles ne prennent pas directement en compte des facteurs comme les omniprésentes pressions anthropiques ou le changement climatique. Cependant, nous n'avons pas entièrement le choix : la seule façon de conclure avec un peu de certitude sur des relations de cause à effet est de simplifier le système étudié. C'est, de nouveau, le principe de la méthode expérimentale. Ensuite, rien n'empêche de prendre en compte d'autres facteurs et de les croiser avec le gradient expérimental de biodiversité, par exemple en manipulant en plus la pluviométrie (en jouant sur l'arrosage) ou en jouant sur des apports de fertilisants (pour mimer les engrais en agriculture). Bien sûr, on arrive très vite à des limites matérielles (le nombre de parcelles expérimentales disponibles, l'argent et les bras pour faire toutes les analyses) qui empêchent d'étudier à la fois plus de trois ou quatre facteurs. Enfin, ce type d'expérience, un peu fondamentale ou théorique, ne sert pas juste à produire des connaissances. Elles permettent aussi de comprendre et décrire les mécanismes écologiques un peu universels et de les utiliser dans des systèmes « plus réels » (que les systèmes expérimentaux), par exemple dans un champ pour utiliser au mieux les mécanismes écologiques et diminuer les intrants (voir chapitre 7). Pour prendre une analogie, avant de concevoir le moteur à explosion de nos voitures, on a étudié la thermodynamique et la dilatation d'un gaz s'échauffant dans des systèmes beaucoup plus simples qu'un moteur. On a aussi eu besoin d'étudier et de décrire les équations fondamentales de la thermodynamique dans des systèmes très simples, au laboratoire, avant de les inclure dans les modèles servant aux prédictions climatiques et portant sur des systèmes en conditions plus réalistes.

En résumé, nous avons vu dans ce chapitre comment l'évolution darwinienne a créé et continue à créer de la biodiversité. Par-delà les détails des mécanismes impliqués (dont de nombreux mécanismes génétiques), il est intéressant de comprendre à quel point l'évolution a été inventive pour faire émerger une diversité d'espèces plus ou moins spécialisées et adaptées à toutes les conditions biotiques et abiotiques rencontrées au sein de la biosphère. Comme pour chaque organisme, les organismes côtoyés au sein du même écosystème font partie de son environnement, des dynamiques de coévolution se développent souvent entre organismes si bien que la biodiversité a souvent tendance à générer encore plus de diversité. Enfin, on comprend facilement que le bon fonctionnement d'un écosystème dépend de la complémentarité entre des espèces remplissant des fonctions écologiques très différentes. Cependant, du fait de la spécialisation écologique souvent assez poussée des organismes qui coexistent au sein d'un même écosystème et remplissent la même grande fonction écologique, le nombre d'espèces remplissant cette fonction a tendance à améliorer le fonctionnement de l'écosystème. Cela a été particulièrement bien démontré pour la diversité des plantes qui augmentent et stabilise la production primaire. Au-delà des mécanismes impliqués dans l'évolution darwinienne, nous avons constaté l'importance de la diversité d'espèces complémentaires, spécialisées ou non, en coévolution. On se rend compte que l'effondrement de la biodiversité en cours menace le fonctionnement de la biosphère dans son ensemble. Maintenir la biodiversité des arbres en forêt, par exemple, joue probablement un rôle favorable sur la capacité des forêts à fixer du carbone (voir chapitre 10) ou à résister à des perturbations comme les tempêtes ou les feux, même si ce problème est compliqué et dépend aussi par exemple beaucoup de la structure des forêts (le fait de ne pas avoir que des arbres du même âge à l'échelle de la parcelle)[6].

6

Les vers de terre, les sols et les plantes

Tout le monde pense connaître, au moins un peu, les vers de terre. Aborder le sujet devant un public non composé de chercheurs est toujours un bon moyen de réveiller l'auditoire avec un sujet sympathique. Le public sait que les vers de terre « sont bons pour le sol » et les jardiniers savent qu'ils en ont besoin pour aérer le sol et les aider à faire pousser leurs légumes. J'ai souvent montré à des enfants lors de fêtes de la science comment ils pouvaient caresser précautionneusement des vers de terre et sentir leurs poils. Ce sont des organismes « oligochètes », leur corps est composé de nombreux anneaux et parsemé de petites soies qui les aident à se déplacer dans le sol : elles permettent aux anneaux de « s'ancrer » dans le sol et au ver de poursuivre sa reptation en les allongeant et les rétrécissant successivement.

Beaucoup l'ignorent mais le dernier livre écrit par Darwin en 1881, quelques mois avant sa mort (1882), portait sur l'écologie des vers de terre[1]. Il y décrit toutes ses observations effectuées dans la campagne anglaise autour de chez lui et portant sur les activités des vers de terre. Il montre notamment que les vers déplacent d'énormes quantités de sol et il a l'intuition de leur rôle primordial pour la formation des sols et leur fonctionnement.

Il montre expérimentalement que les vers de terre peuvent enterrer des objets posés à la surface du sol et en déduit qu'ils jouent un rôle dans le fait que les ruines d'édifices anciens « s'enfoncent vite dans le sol ». Darwin a également étudié le comportement des vers qui mangent des feuilles mortes à la surface du sol et leurs préférences : ils privilégient les feuilles de certains arbres, les plus nutritives et les moins coriaces. Il a aussi montré qu'ils attrapent les feuilles (en se servant de leur bouche comme d'une ventouse) par le bout qui est le plus étroit (celui qui forme l'angle le moins obtus) parce que cela facilite l'introduction de la feuille dans la galerie du ver. Les vers ont donc quelques notions de géométrie ! La morale de l'histoire est aussi que Darwin a été un des premiers écologues même s'il est essentiellement connu comme le précurseur des sciences de l'évolution. C'est une preuve de plus du fait que les processus purement écologiques et les processus évolutifs sont intimement liés (voir chapitre 3).

Les vers de terre sont toujours un sujet de recherche important parce qu'ils jouent, par des mécanismes variés et compliqués, un rôle clé pour la formation et le fonctionnement des sols ou des écosystèmes. Il existe une grande diversité d'espèces de vers de terre (plus de 5 000 espèces dans le monde, dont environ 150 connues en France). On classe ces espèces en trois groupes écologiques : les épigés qui vivent au-dessus du sol dans les feuilles mortes et s'en nourrissent (on les utilise notamment pour le lombricompost), les endogés qui vivent dans le sol et se nourrissent de la matière organique morte qu'il contient et les anéciques qui vivent dans le sol mais se nourrissent la nuit des feuilles mortes à la surface du sol. Ces groupes de vers sont donc détritivores : ils mangent de la matière organique morte (voir chapitre 4). Ils sont l'exemple parfait des espèces dites

« ingénieurs des écosystèmes ». Toutes les espèces vivantes dépendent de leur environnement (la température, l'humidité, des sources de nourriture…) mais elles modifient aussi leur environnement physico-chimique, au moins en se nourrissant. Les espèces ingénieurs sont celles qui modifient très fortement leur environnement par des activités qui dépassent la simple nutrition. Quatre mécanismes permettent en particulier aux vers de modifier leur environnement et d'augmenter la croissance des plantes (fig. 5).

Comment aider les plantes à pousser ?

Tout d'abord, les vers endogés et anéciques creusent des galeries dans le sol. Pour cela, ils en avalent et le rejettent sous forme de déjections que l'on appelle « turricules ». Cela crée des espaces vides et des agrégats plus ou moins compacts dans le sol et sa surface (voir chapitre 4). De ce fait, grâce aux vers de terre (et à d'autres organismes), le sol n'est pas une couche compacte et homogène. Les espaces vides entre les agrégats facilitent la croissance des racines, l'infiltration de l'eau et les déplacements des organismes du sol à la surface des agrégats ou dans l'eau qui s'est infiltrée entre les agrégats. On estime qu'en fonction de l'écosystème et du type de sol, les vers de terre endogés mangent l'ensemble du sol en quelques années. On peut dire dans ce cas qu'on marche en fait essentiellement sur des déjections de vers de terre.

De plus, tous les vers participent au recyclage de la matière organique morte. Quand une plante ou ses parties (racines, feuilles) meurent, la matière en résultant contient du carbone, mais aussi des substances minérales (azote, phosphore…) vitales à la croissance des plantes. Les plantes ne peuvent absorber ces substances qu'une fois la matière morte décomposée par les organismes décomposeurs, comme les bactéries et les champignons. Les vers participent à cette décomposition par différents mécanismes. Les épigés et les anéciques consomment les feuilles mortes et les fragmentent, facilitant leur décomposition par les autres décomposeurs. Les sols sont composés de matière minérale (issue de la dégradation des roches) et de matière organique produite par les plantes et transformée par les décomposeurs (chapitre 4). Les vers endogés participent à la décomposition de cette matière organique des sols en la consommant (ils ingèrent du sol et arrivent à digérer une petite partie de la matière organique contenue) mais aussi en stimulant certains micro-organismes (par exemple des bactéries) du sol. Quels que soient les mécanismes impliqués, les vers de terre accélèrent la minéralisation de la matière organique libérant des nutriments (azote, phosphore, potassium…) sous une forme minérale que peuvent absorber les plantes et qui les aide à pousser (comme le ferait un engrais). Elles produisent alors plus de biomasse (la quantité totale de matière qu'elles produisent par photosynthèse), plus riche en nutriments minéraux. Par exemple, si elles absorbent plus d'azote, elles peuvent fabriquer plus de protéines et de chlorophylle dans leurs feuilles. En retour, cette chlorophylle leur permet de faire plus de photosynthèse et donc de produire plus de biomasse, etc.

Il faut ajouter que cette nourriture est de mauvaise qualité et peu nutritive. La matière végétale intacte que mangent les herbivores est plus riche en nutriments parce que cette matière contient des cellules vivantes avec tout leur contenu biochimique.

Au contraire, quand la feuille d'une plante meurt, cette dernière tend à récupérer une partie du contenu des cellules pour l'utiliser dans les cellules vivantes. Les feuilles mortes ne sont donc « pas très bonnes à manger » pour les vers de terre épigés et anéciques. Elles contiennent moins de nutriments minéraux, de protéines... que les cellules vivantes. Pour les vers de terre endogés, la situation est encore pire. Ils ingèrent du sol qui contient de la matière organique morte à faible concentration (quelques pourcents) et surtout de la matière minérale. Il leur faut digérer et assimiler la plus grande quantité possible de matière organique cependant, puisqu'elle est dispersée parmi la matière minérale et formée de molécules complexes créées par les micro-organismes du sol, les vers n'arrivent à en digérer que quelques pourcents. Pour cela, différents mécanismes sont impliqués : ils ont un tube digestif long dans lequel ils produisent de nombreuses enzymes et stimulent des bactéries du sol (a minima en mélangeant le sol et en remettant en contact ces bactéries avec de la matière organique) qui produisent elles aussi des enzymes (qu'elles excrètent d'habitude dans le sol pour se nourrir, et le font ici dans le tube digestif des vers). Les vers endogés doivent donc littéralement passer leur vie à se déplacer dans les sols en avalant beaucoup de sol (jusqu'à plusieurs dizaines de fois leur propre poids par jour) et donc en creusant des kilomètres de galerie. Pour des raisons métaboliques et afin d'ingérer suffisamment de sol, les espèces de vers vivant dans les couches les plus profondes et donc les plus pauvres en matière organique sont assez souvent les plus grosses espèces (atteignant parfois plus d'un mètre de long).

Par ailleurs, les vers, en fragmentant la litière en créant des galeries et des agrégats de sol, transforment complètement leur environnement. Comme ils partagent cet environnement avec tous les autres organismes du sol (bactéries, champignons, protozoaires, nématodes, collemboles...), ils les influencent. Ils peuvent favoriser certaines bactéries et en défavoriser d'autres. Il a ainsi été montré que, dans certains cas, les vers pouvaient diminuer l'abondance ou l'impact de certains agresseurs des plantes comme des nématodes phytoparasites (vers microscopiques suçant la sève des racines)[2]. Ces nématodes vivent dans le sol et viennent percer les racines pour en sucer la sève. Ils peuvent ainsi faire des dégâts très importants dans les cultures. Les mécanismes responsables ne sont pas encore parfaitement compris mais on pense que plusieurs types de mécanismes agissent plus ou moins conjointement, selon les cas. Les vers de terre qui vivent dans le sol et le transforment peuvent créer un milieu de vie défavorable aux organismes agressant les plantes. Ils peuvent aussi simplement ingérer des œufs de nématodes ou les nématodes eux-mêmes et en tuer une partie en les digérant, en avalant du sol. Enfin, les vers de terre aident également les plantes à pousser plus vite si bien que, même si les agresseurs prélèvent la même quantité de biomasse de plantes, ils n'auront pas un impact aussi négatif. Un mécanisme un peu plus subtil serait que les vers de terre stimulent certaines bactéries du sol produisant des molécules qui désorientent les nématodes et les empêchent de trouver les racines du riz.

Enfin, il a aussi été remarqué qu'on trouve des phytohormones dans les sols en présence de vers, pouvant changer la croissance des racines. Ces molécules sont habituellement produites par les plantes et permettent de réguler leur croissance tout comme les hormones animales. Mais alors d'où viennent celles qu'on retrouve dans le sol ? Le mécanisme n'a pas été entièrement démontré, on sait tout de même que les bactéries des sols sont capables d'en fabriquer. Puisque ces molécules sont absorbées par les racines des plantes, elles permettent aux bactéries de manipuler les plantes en leur faveur. Les vers favoriseraient donc certaines bactéries et les stimuleraient, si bien qu'elles se mettraient à produire des phytohormones, ce qui change la croissance des racines (longueur de racine, ramification...) et que cela faciliterait en retour la croissance des plantes[3]. On ne sait cependant pas clairement comment les vers stimuleraient spécifiquement certaines bactéries ou les pousseraient à produire des phytohormones. L'hypothèse la plus simple est que, quand les vers endogés ingèrent du sol, ils digèrent certaines bactéries tandis que les autres sont, au contraire, stimulées (par exemple parce qu'elles sont remises en contact avec de la matière organique quand le sol est mélangé dans l'intestin des vers). On ne sait cependant pas quels mécanismes rendraient la digestion sélective. Du fait de ces mécanismes, on voit une augmentation moyenne d'environ 23 % de la croissance des plantes si elles poussent dans des pots en présence de vers, plutôt que sans[4]. Il existe beaucoup de variabilité. L'augmentation de croissance peut atteindre jusqu'à 300 % mais, dans certains cas très rares, les vers peuvent diminuer la croissance des plantes. Selon l'espèce de plante, de ver, et le type de sol, il est difficile de prédire l'augmentation de la croissance de la plante.

La complexité de la science écologique, prenant en compte une grande diversité d'espèces et de conditions, est telle qu'aucune théorie générale ne permet de faire de prédiction pour le moment. Finalement, les mécanismes écologiques par lesquels les vers de terre tendent à favoriser la croissance des plantes ont probablement tous été identifiés, mais cela ne suffit pas pour faire des prédictions générales. Il faudrait pour cela répéter la même expérience (des pots avec vers de terre et des pots sans) avec de nombreuses combinaisons différentes d'espèces de vers, de plantes et de type de sol. Les chiffres sont si importants qu'il est impossible d'être exhaustif (5 000 espèces de vers x 600 000 espèces de plante x 10 types de sol, par exemple) : il faudrait tester 30 milliards de combinaisons dans autant de pots ! Et cette estimation ne prend pas en compte le fait qu'il faudrait idéalement répéter chaque combinaison plusieurs fois (par exemple cinq) pour pouvoir faire des statistiques et comparer les effets des vers de terre entre espèces de plantes et types de sol. Cette approche est intenable. On pourrait, en revanche, décrire les vers de terre, les plantes, et les sols par des caractéristiques a priori pertinentes : la taille et le groupe écologique des vers, la teneur en azote et phosphore de la biomasse des plantes, la texture, la teneur en matière organique et en azote des sols. L'idée serait ensuite de faire des expériences combinant des vers, des plantes et des sols avec des caractéristiques très variées et de tester statistiquement l'effet de ces caractéristiques sur l'impact des vers sur la croissance des plantes. Il pourrait suffire de quelques milliers de pots pour arriver à des résultats concluants !

L'écologie des sols doit aussi faire face à des difficultés méthodologiques parfois insolubles[5]. S'il est facile de faire une expérience en pots de quelques mois, il est beaucoup plus difficile de déterminer l'effet réel des vers, dans la nature, sur le long terme, sur des arbres ou sur la production de blé au bout de plusieurs cycles de culture, par exemple. Pour mesurer empiriquement cet effet, il faudrait maintenir des parcelles de sol tests, avec et sans vers de terre, pendant une longue période. Certains résultats suggèrent d'ailleurs que les effets des vers de terre changent avec la durée de leur présence dans un sol.

Par exemple, quand on ajoute des vers dans un sol qui en a été privé pendant longtemps et qui, de ce fait, a perdu sa structure en agrégats, ils peuvent restructurer le sol. Inversement, l'ajout des vers dans un sol dans lequel d'autres ont vécu récemment risque d'avoir un effet plus faible.

Le recours aux maths

L'écologie utilise souvent des modèles mathématiques pour prédire le comportement des systèmes écologiques[6]. Nous avons alors recours à des systèmes d'équations différentielles, comparables à ceux utilisés en physique pour décrire le déplacement d'un solide ou d'une planète. Ces équations décrivent les dérivées, par rapport au temps, d'un certain nombre de variables en fonction de ces dernières. Il y a autant d'équations différentielles que de variables. De tels modèles permettent de synthétiser, d'une manière plus formelle que par des phrases, un certain nombre d'hypothèses sur les mécanismes en jeu et de prédire alors quantitativement (de combien de pourcents les vers accroissent la biomasse des plantes ?) ou qualitativement (est-ce que les vers augmentent ou diminuent la croissance des plantes ?) les conséquences de ces hypothèses. Ce type de travail est parfois assez théorique et exploratoire. On part toujours d'hypothèses vraisemblables qui correspondent souvent à des mécanismes démontrés par des expériences. On peut explorer les conséquences de différents mécanismes ou des situations possibles sans avoir démontré leur existence ou en pensant que selon l'écosystème, l'espèce de vers, etc., on sera dans une situation ou l'autre.

Grâce à ce type d'approche, nous pouvons faire des expériences virtuelles, moins coûteuses que les expériences réelles. Cela peut même permettre de faire des expériences totalement irréalisables dans le monde réel. Par exemple, il est facile avec un modèle mathématique de comparer l'effet à court terme des vers sur la croissance des plantes et leur effet à long terme (sur plusieurs dizaines d'années). Bien sûr, personne n'a jamais maintenu et suivi une expérience comparant la croissance de plante avec et sans vers pendant une aussi grande période. Ce type d'approche m'a permis de suggérer que, sur le long terme, ce qui était important pour expliquer l'amélioration de la croissance des plantes en présence de vers de terre c'était aussi l'effet des vers sur les pertes de nutriments minéraux. Les nutriments comme le phosphore ou l'azote sont recyclés à l'intérieur des écosystèmes mais à chaque cycle une fraction des nutriments est perdue, notamment parce qu'elle est entraînée en profondeur, vers la nappe phréatique (voir aussi le chapitre 9). Le modèle mathématique que j'ai étudié suggère que l'accélération de la minéralisation de la matière organique par les vers de terre a un effet positif sur les plantes, à court terme. Cependant, pour avoir des effets positifs durables dans le temps, il faut que les vers améliorent l'efficacité du recyclage des nutriments, c'est-à-dire qu'ils en diminuent les pertes. En effet, en diminuant ces pertes, ils maintiendraient plus de nutriments minéraux dans l'écosystème et augmenteraient durablement la fertilité du sol. Bien sûr, ces résultats mathématiques ne sont qu'une étape. À terme, il faudrait tester les prédictions qui en découlent en mettant en place de nouvelles expériences.

De la diversité des approches écologiques

L'effet des vers de terre sur les plantes a traditionnellement été étudié par l'écologie fonctionnelle : on mesure la production de biomasse par les plantes, ainsi que des variables physico-chimiques dans le sol (pH, humidité, quantité de carbone et d'azote…), des flux d'eau et des flux de nutriments minéraux afin d'interpréter les résultats. Pourtant, si les vers de terre modifient la croissance de plantes, cela doit aussi avoir des effets sur leur survie et sur leur fécondité. On peut donc imaginer que la présence de vers influence aussi la démographie des plantes (le nombre de plantes d'une espèce que l'on trouvera année après année). On touche ici au domaine de l'écologie des populations.

Si on pousse le raisonnement, on se rend compte que dans un écosystème donné, une prairie par exemple, de nombreuses espèces de plantes coexistent. Cependant, on peut se demander si elles vont toutes mieux pousser en présence de vers de terre et si ces derniers pourront augmenter le nombre d'individus de toutes les espèces ? En fait, on peut supposer que certaines espèces de plantes bénéficient plus de leur présence que d'autres ou, autrement dit, que les vers de terre ne donnent un avantage compétitif qu'à certaines espèces de plantes. Du coup, les espèces de plantes dont la croissance est favorisée par les vers pourraient aussi être favorisées démographiquement par ces derniers : leur nombre va augmenter au cours du temps, alors que le nombre d'individus des autres espèces va diminuer. On touche à l'écologie des communautés. Mon premier étudiant en thèse, Kam-Rigne Laossi, a travaillé sur ces questions et à tester avec succès toutes ces hypothèses[7].

Une question de recherche supplémentaire, complètement ouverte, est liée à l'évolution darwinienne des vers de terre. Au cours de leur évolution, ils se sont adaptés à vivre dans les sols et à se nourrir de matière organique morte. Mais, indépendamment de ces adaptations « de base », potentiellement favorables aux plantes, la sélection naturelle a-t-elle sélectionné spécifiquement chez les vers des mécanismes leur permettant d'améliorer la croissance des plantes ? Cette question est un peu subtile. L'hypothèse la plus simple est que l'effet des vers de terre généralement positif sur la croissance des plantes ne serait qu'un effet collatéral des adaptations qui ont été sélectionnées pour qu'ils se déplacent dans un sol et arrivent à digérer la matière organique des sols ou les feuilles mortes. Par exemple, il est normal qu'en se nourrissant de matière organique morte ils participent à la minéralisation de cette matière et relâchent des nutriments minéraux accessibles aux plantes, ce qui facilite en retour la croissance des plantes. Les mécanismes faisant intervenir les phytohormones sont plus intrigants : aucune pression de sélection liée au mode de vie des vers ne leur donne un avantage direct à stimuler la libération de phytohormones dans les sols. À moins que, justement, ce mécanisme fin, passant par une stimulation précise de certaines bactéries, ait été sélectionné parce qu'il permet au vers d'améliorer la croissance des plantes. Si les plantes poussent mieux, elles produisent plus de biomasse, donc plus de feuilles et de racines mortes qui sont directement (vers épigés et anécique) ou indirectement (vers endogés) la nourriture des vers. Même si le mécanisme de stimulation de la production de phytohormone doit encore être identifié et même si la façon dont il pourrait avoir été sélectionné chez les vers parce qu'il aide les plantes à pousser reste à étudier, ce raisonnement suggère qu'il est possible que les vers de terre aient évolué « pour faciliter la croissance des plantes ». Si on arrive à démontrer que des raisons évolutives (au sens darwinien) font que les vers « doivent » favoriser la croissance des plantes, on aura un argument très fort pour affirmer d'une manière totalement générale que les vers favorisent la croissance des plantes. Et cela donnerait un argument supplémentaire pour les protéger !

Enfin, s'ils sont si importants pour les plantes, alors ils doivent l'être pour l'agriculture[8]. Pourtant les systèmes agricoles « industriels » basés sur un usage immodéré d'intrants (pesticides, engrais…) et le labour ont des chances d'être très défavorables aux vers de terre. Les cultures annuelles empêchent l'existence d'un couvert végétal permanent et, en lien avec le labour, empêchent l'existence d'une litière de feuilles mortes à la surface. De manière générale, cette agriculture intensive a tendance à diminuer la quantité de matière organique morte à l'intérieur des sols (notamment parce qu'une partie de la biomasse produite par les plantes est exportée chaque année, mais aussi du fait du labour)[9], ce qui est très défavorable aux vers endogés qui s'en nourrissent. De plus, le labour détruit les galeries verticales des vers anéciques ce qui tend à les condamner. Ajoutons que les pesticides, même s'ils ne ciblent pas les vers, ont sans doute des effets très négatifs sur eux[10]. Enfin, le fait de cultiver sur des parcelles très grandes et de « simplifier le paysage » en supprimant les haies, les espaces non cultivés et les prairies permanentes impacte probablement des « réserves de vers de terre » qui leur permettraient de recoloniser en permanence les champs depuis des habitats plus naturels. Augmenter la durabilité de l'agriculture pourrait passer par la mise en place de pratiques permettant le maintien d'une plus grande diversité et d'une plus grande abondance de vers dans les cultures. Cela a ainsi conduit Patrick Lavelle à écrire, de manière un peu prémonitoire, qu'il fallait que l'agriculture nourrisse les vers de terre[11]. En effet, en leur fournissant plus de matière organique (ainsi qu'à l'ensemble des organismes du sol), on peut probablement rentrer dans un cercle vertueux permettant d'augmenter la biomasse de vers de terre et de bénéficier de tous les services qu'ils rendent (meilleure croissance des cultures, meilleure structuration du sol, stabilisation d'une partie de la matière organique du sol…). Le système devrait alors s'auto-entretenir, maintenant une biodiversité des sols abondante sur le long terme. C'est aussi ce type de raisonnement qui a poussé Christophe Gatineau à écrire son *Éloge du ver de terre*[12].

L'aérien et le souterrain

Si les vers de terre ont une forte influence sur la croissance et la démographie des plantes, c'est aussi qu'ils en sont très dépendants. Il y a d'étroites interactions entre ce qui se passe dans et sur le sol. On peut parler d'une boucle de rétroaction entre le souterrain (tous les organismes et le fonctionnement du sol) et l'aérien (les plantes et tous les organismes au-dessus du sol) très proche de celle décrite au chapitre 4 entre les plantes et la formation des sols. Les plantes sont au cœur de cette boucle parce qu'elles appartiennent à la fois au monde aérien et au monde souterrain et construisent mécaniquement des liens entre les deux. Elles ont besoin d'organes aériens (les tiges, les feuilles) pour exploiter l'énergie lumineuse, mais elles ont aussi besoin de racines pour absorber les nutriments minéraux et l'eau, et s'ancrer physiquement dans un substrat qui leur permet de tenir debout (sans sol pour faire tenir leurs tiges à la verticale, toutes les plantes ressembleraient à des lichens !). Dès lors, ce que j'ai décrit pour les vers de terre peut s'appliquer à tous les organismes du sol : les bactéries, les champignons, les protozoaires, les nématodes, etc., dépendent directement ou indirectement des plantes et, inversement, modifient leur croissance et leur fonctionnement. C'est, par exemple, le cas des mycorhizes, ces champignons qui donnent des nutriments minéraux aux plantes et reçoivent en échange de la matière organique.

Les mycorhizes sont, en effet, très efficaces pour absorber les nutriments minéraux du sol parce que leurs filaments sont plus fins que les racines les plus fines. Inversement, les mycorhizes ne sont pas capables de produire leur propre matière organique alors que les plantes produisent leur matière organique par photosynthèse et peuvent ainsi en donner aux mycorhizes. Clairement, elles dépendent des plantes : sans plante, pas de mycorhize et selon les espèces de plante présentes on aura dans le sol des espèces de mycorhizes différentes. C'est pour cela qu'on ne trouve certaines espèces de champignon comestible que sous certains arbres bien précis. Inversement, on sait que les mycorhizes ont tendance à améliorer la croissance des plantes mais que, comme les vers de terre, la composition de la communauté des mycorhizes d'un sol peut favoriser telles ou telles espèces de plante et en défavoriser d'autres : les mycorhizes peuvent en partie piloter la compétition entre plantes[13].

Un point fascinant est que les boucles de rétroaction entre aérien et souterrain se propagent en cascade entre les niveaux trophiques[14]. Par exemple, si un sol contient des organismes qui favorisent la croissance d'une espèce de plante, elle va produire plus de feuilles qui seront elles-mêmes plus riches en nutriments minéraux comme l'azote. Du coup, cette espèce de plante pourra nourrir un plus grand nombre de chenilles, favorisant les guêpes qui les consomment. L'effet inverse peut se produire si le sol contient des organismes qui défavorisent la croissance de la plante (par exemple des nématodes phytoparasites). À l'inverse tout ce qui se passe au-dessus du sol peut se répercuter sur la croissance des parties aériennes des plantes et impacter la quantité de feuilles mortes (mais aussi les caractéristiques de ces feuilles mortes qui sont par exemple plus ou moins bonnes à manger pour les organismes du sol), la croissance des racines (quantité totale de racines et leur ramification) et la production d'exsudats par ces dernières (de petites molécules organiques qui sortent des racines). Dès lors, on peut observer des effets en cascade touchant plusieurs niveaux trophiques. Par exemple, on peut imaginer que si on ajoute un prédateur au-dessus du sol, celui-ci mangera les herbivores qui mangeront donc moins de plantes qui pousseront mieux. Elles développeront donc plus de racines qui produiront plus d'exsudats racinaires, ce qui stimulera les bactéries du sol (qui se nourrissent en partie des racines mortes et des exsudats racinaires) et augmentera l'abondance des nématodes qui mangent ces bactéries. Ce type de mécanisme a souvent été décrit, mais il reste la plupart du temps difficile de prédire exactement dans quel sens vont aller les différents effets.

Finalement, on s'aperçoit que cultiver des plantes (ou élever des vaches dans une prairie) implique nécessairement de nombreuses interactions entre ces plantes et le sol, et de nombreux effets en cascade sur les organismes vivant au-dessus du sol et dans le sol. Il est probablement important de tenir compte de tous ces processus pour que l'agriculture (et l'élevage) soit efficace et durable.

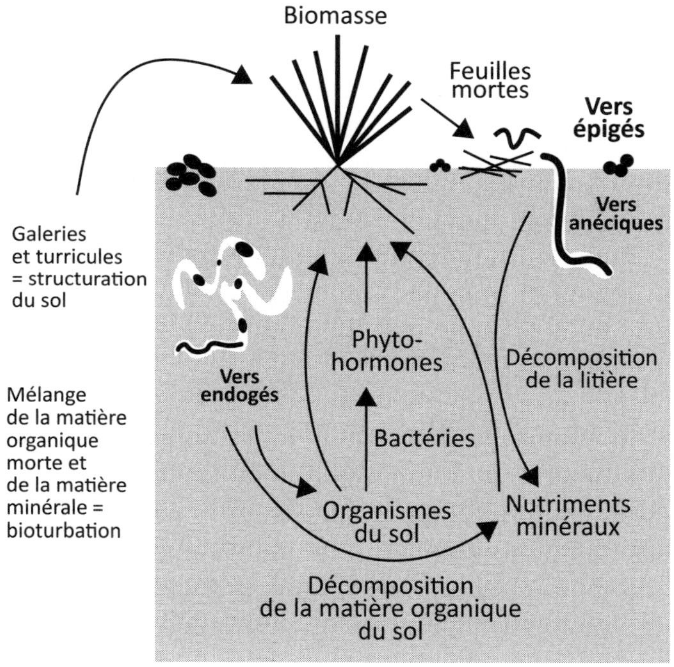

Fig. 5 : Description des activités et de l'impact sur les sols et la croissance des plantes des trois grands groupes écologiques de vers de terre : les anéciques, les épigés et les endogés.

7

Écologie et agriculture

Tous les jours, nous mangeons. Pour cela, nous devrions être infiniment reconnaissants envers les agriculteurs qui produisent notre nourriture. À l'heure du numérique, on oublie trop souvent les flux matériels qui assurent notre survie et conditionnent notre capacité à fabriquer notre nourriture. Or, cette activité est primordiale pour les sociétés humaines. La matière organique que nous mangeons n'est pas créée ex nihilo, sa production implique des flux d'énergie, de carbone, d'eau et de nutriments minéraux tels que l'azote ou le phosphore. Toutes ces ressources sont en quantité limitante à l'échelle de la biosphère. De plus, la nourriture et la cuisine sont aussi une affaire de culture : chaque pays, chaque région, a ses traditions culinaires, fondées sur des produits typiques sous-tendu par une biodiversité spécifique à la zone.

Je suis moi-même friand de cuisine. C'est un exercice manuel qui permet de laisser mon esprit vagabonder, mais également intellectuel qui oblige à imaginer le goût que l'on veut donner à un plat et les artifices par lesquels y parvenir. J'aime bien la cuisine méditerranéenne (vive les pâtes, les aubergines et les pois chiches !) et j'ai souvent importé des recettes des pays où j'ai travaillé. Par exemple, l'aloko (bananes plantain frites), la sauce arachide et la sauce djoumblé (à base de gombos séchés et pilés) de Côte d'Ivoire. Je garde un petit faible pour de nombreux plats de Tunisie où je suis né, couscous, briques à l'œuf, makrout (gâteaux de semoule farcis avec de la pâte de date, mais je ne suis pas très doué pour les préparer). Et je dois bien avouer que je suis amoureux du chocolat.

Vers un paysage agricole monoculturel

L'augmentation de la population humaine mondiale et l'évolution des sociétés sont indissociables de l'augmentation de la production de nourriture et de l'évolution des systèmes agricoles, surtout si on regarde cette dynamique sur plusieurs siècles ou millénaires. Afin de nourrir 7 milliards d'êtres humains, bientôt 9 (population humaine totale prévue pour 2050), alors que la population était en dessous de 3 milliards d'habitants à la fin de la seconde guerre mondiale, il faut multiplier la production agricole totale par plus de trois, et cela a nécessairement un impact profond sur la biosphère dans son ensemble[1]. Des écosystèmes naturels ont été transformés en agroécosystèmes, orientant fortement l'ensemble du fonctionnement de la biosphère vers la production de nourriture utilisable par les humains : les écosystèmes naturels ne produisent pas suffisamment de nourriture pour des populations humaines denses. Autrement dit, la planète Terre ne pourrait pas nourrir 7 ou 9 milliards de chasseurs-cueilleurs. La transformation des écosystèmes naturels en écosystèmes produisant massivement de la nourriture pour les humains conduit automatiquement à des impacts négatifs sur la biodiversité sauvage et une réorientation très forte des flux de matière organique et de nutriments minéraux à l'échelle de la planète (environ 20 % de la production primaire mondiale terrestre est récoltée et utilisée par les humains)[2] alors que nous ne sommes qu'une seule espèce parmi des millions. C'est d'autant plus prégnant que l'agriculture contribue aussi à produire nos vêtements (coton, lin) ou notre énergie (agrocarburant), une tendance qui pourrait bien augmenter dans le futur avec le développement de tous les matériaux biosourcés. Par ailleurs, l'agriculture mondiale doit actuellement faire face aux changements climatiques[3], ce qui conduit déjà à des pertes de rendement en céréales en Europe[4]. Symétriquement, l'agriculture contribue à ces changements climatiques en produisant environ un quart des gaz à effet de serre d'origine anthropique (en comptant l'impact des changements d'usage des terres) à l'échelle mondiale[5]. L'agriculture et l'élevage sont aussi intimement liés au système agro-alimentaire, aux modes de transformation et de consommation des aliments. Ainsi, des données abondantes suggèrent fortement que l'industrialisation de l'alimentation et l'abus de consommation de produits carnés ont de nombreux effets négatifs sur la santé humaine[6].

De nombreux types d'agricultures coexistent à l'échelle de la planète et même au sein d'un pays comme la France. Cependant, depuis la seconde guerre mondiale, le modèle agricole qui s'est développé massivement a conduit à une « industrialisation » de l'agriculture dans tous les pays développés. Elle s'est énormément mécanisée et utilise massivement l'irrigation, les engrais et des pesticides variés (herbicides, insecticides, fongicides…). Les parcelles cultivées ont eu tendance à devenir de plus en plus grandes faisant également disparaître du paysage toutes les zones « non productives » comme les haies. L'élevage s'est aussi industrialisé avec le développement de l'élevage hors-sol :

les animaux sont nourris avec des aliments souvent produits en dehors de l'exploitation, voire à l'autre bout de la planète, et ils vivent généralement enfermés dans des bâtiments au moins une grande partie du temps. Les exploitations agricoles ont aussi eu tendance à devenir de plus en plus grosses et à se spécialiser. À l'origine, un agriculteur avait tendance à mélanger sur la même exploitation de l'élevage et des cultures très diverses mais désormais les cultures sont plutôt séparées de l'élevage avec une tendance à la monoculture dans une même exploitation. Les régions se sont aussi souvent spécialisées dans quelques types de cultures ou l'élevage.

Ce type d'agriculture a de nombreux effets très négatifs sur la biodiversité[7]. Le premier impact de l'agriculture est évident. Il passe par la transformation d'un écosystème naturel en un écosystème complètement orienté vers la production d'une ressource pour les humains. Quel que soit le type d'agriculture, cela passe par une réduction de la biodiversité à l'intérieur de la parcelle cultivée par rapport à l'écosystème naturel d'origine. C'est particulièrement criant quand on transforme une forêt tropicale humide en plantation de palmiers à huile ou en champ de soja. Mais, dans tous les cas, la biodiversité végétale est réduite du fait que les écosystèmes naturels renferment toujours des dizaines d'espèces végétales (et souvent des centaines voire des milliers) alors que les agroécosystèmes industriels, les champs, renferment essentiellement une espèce que l'on a choisi de cultiver. Et, même si certains systèmes agricoles traditionnels ou fondés sur l'agroécologie mélangent les espèces au sein des champs, le nombre d'espèces végétales reste bien inférieur à celui des écosystèmes naturels. Leur réduction est renforcée par l'usage d'herbicides qui diminuent l'abondance des plantes non cultivées et peut être modulée par la structure du paysage agricole : quand on agrandit la taille des parcelles cultivées et qu'on supprime la végétation plus ou moins naturelle (haies d'arbres, bosquets, bandes enherbées, prairies permanentes) poussant entre les champs, le nombre d'espèces végétales diminue aussi.

Puisque la transformation d'un écosystème naturel en champ diminue le nombre d'espèces végétales, la biodiversité animale baisse presque automatiquement. Cette transformation d'un écosystème naturel simplifie la structure de la végétation, diminue le nombre d'habitats différents dans l'écosystème, restreint le nombre de niches écologiques disponibles et, de fait, le nombre d'espèces animales pouvant vivre dans l'écosystème. La plupart des systèmes agricoles, à part les vergers et l'agroforesterie, fonctionnent avec des plantes annuelles (ne vivant qu'un an et qui doivent être ressemées chaque année). C'est une forte contrainte pour la biodiversité : chaque année, l'écosystème repart de zéro. Cela suggère aussi que les agroécosystèmes sont beaucoup plus ouverts (moins arborés) que les écosystèmes naturels, au moins dans la zone tempérée et tropicale humide, où des forêts s'installent naturellement si on les laisse pousser. L'élevage nécessite aussi le maintien de prairies permanentes mais l'ouverture des milieux se fait au détriment des espèces ayant besoin d'arbres pour se nourrir, pour se cacher... Notons tout de même que ces milieux ouverts permettent l'existence d'espèces adaptées à ces milieux ouverts, aux moins les adventices des cultures (les « mauvaises herbes » poussant dans les champs) ou certains oiseaux comme les alouettes.

Au-delà son impact direct sur la biodiversité, l'agriculture (comme l'urbanisation) fragmente les habitats ce qui la met d'autant plus en péril. Si 50 % d'une région donnée est transformé en champ, l'impact sera différent suivant l'agencement spatial des champs et des habitats naturels. Si chaque « tache » d'habitat naturel est petite, certaines espèces vont disparaître de la région car l'espace habitable d'un seul tenant sera insuffisant. Par ailleurs, si l'habitat naturel est trop fragmenté par des zones agricoles que les espèces n'arrivent pas à traverser, elles ne pourront plus se déplacer au sein du territoire. Cette fragmentation de l'habitat fragilise donc les populations : une population en baisse s'éteindra si elle n'est pas secourue par l'arrivée d'autres individus. La fragmentation limite aussi la dispersion des gènes, freinant l'évolution (au sens darwinien) des populations et limitant leur capacité d'adaptation. Ce type de problème nécessite le développement de recherches sur ce qu'on appelle les métapopulations : c'est-à-dire l'ensemble des sous-populations d'une même espèce, plus ou moins isolées les unes des autres, qui occupent différentes zones géographiques adaptées à leurs besoins. Cela constitue un domaine très vaste de recherche en écologie[8].

Pour comprendre la démographie des espèces et leur évolution, il faut étudier ce qui se passe en moyenne dans chaque zone (y compris la probabilité qu'une sous-population disparaisse dans une zone donnée ou que l'habitat de cette zone soit détruit), mais aussi la capacité des individus à passer d'une zone à l'autre (ce qui dépend de la mobilité de l'espèce mais aussi de la qualité du milieu entre les zones d'habitat favorable), les flux de gènes correspondants (si une sous-population dans une zone donnée possède des variants particuliers d'un gène donné il faut étudier si des individus de cette sous-population peuvent se déplacer jusqu'à une autre sous-population et ainsi transférer ces variants génétiques à une autre population), et la capacité à coloniser de nouvelles zones qui n'étaient jusque-là pas occupées par l'espèce.

De l'usage des pesticides

Il y a une logique forte, dans le secteur agricole, à utiliser des pesticides pour tuer les mauvaises herbes qui entrent en compétition avec les plantes cultivées ou pour tuer les champignons, les nématodes, les insectes et les limaces qui attaquent ces mêmes plantes et s'en nourrissent. Le but est, bien sûr, de maintenir les cultures dans les meilleures conditions pour obtenir une production agricole aussi élevée que possible. Du point de vue de l'écologue, cela pose quand même plusieurs problèmes importants. D'une part, il est difficile de concevoir des molécules qui empoisonnent spécifiquement un seul organisme vivant (ou même une seule catégorie d'organismes)[9]. Une molécule qui empoisonne une espèce d'insecte a des fortes chances d'en empoisonner d'autres, comme les pollinisateurs parce qu'ils partagent en grande partie la même physiologie, la même biochimie… Elle a même des chances d'avoir un effet sur d'autres organismes comme les vers de terre[10], parce que tous les organismes vivants partagent certains aspects de leur fonctionnement biologique et que tous les organismes utilisent en partie les mêmes types de molécules. Une partie des pesticides posent ainsi des problèmes de santé pour les humains[11], en particulier ceux qui les utilisent (les agriculteurs) et ceux qui consomment les produits agricoles (sur lesquels peuvent rester des résidus de pesticides). D'autre part, les pesticides épandus dans un champ précis pour tuer des organismes bien identifiés à un moment donné ne disparaissent pas par magie, dès que les organismes cibles ne sont plus là ou que le cycle de culture est fini. Une partie du produit peut être emportée par le vent vers les écosystèmes voisins, par les eaux de ruissellement ou par les eaux qui s'infiltrent jusque dans la nappe phréatique. Une dernière partie des pesticides reste dans les sols. Ils ont alors une durée de vie plus ou moins longue, de quelques mois à des dizaines d'années, sont dégradés petit à petit par les bactéries et peuvent être transformés transitoirement en d'autres molécules, parfois aussi dangereuses que les molécules initiales. Certains, comme les pesticides organochlorés (dont le trop célèbre DDT maintenant interdit et le chlordécone bien connu pour son usage dans les bananeraies) s'accumulent du bas des réseaux trophiques vers le haut de ces réseaux : on les rencontre en concentration relativement faible dans l'environnement, mais ils s'accumulent dans la biomasse des organismes consommateurs et cette accumulation s'amplifie quand on arrive aux prédateurs en haut du réseau trophique. Ainsi, certains pesticides peuvent s'accumuler dans la biomasse des insectes et devenir toxiques pour les oiseaux qui les mangent. Ils peuvent aussi s'accumuler dans les poissons devenant toxiques pour les mammifères marins et potentiellement les humains qui consomment ces mêmes poissons.

En conséquence, les pesticides et leurs résidus ont envahi une bonne partie des écosystèmes cultivés et naturels, particulièrement dans l'ensemble des pays ayant développé une agriculture basée sur des hauts niveaux d'intrants. Ils sont devenus un problème important pour l'ensemble de la biodiversité et la santé humaine[12]. Ils sont, par exemple, très probablement liés au déclin général des insectes[13] et des oiseaux en milieux agricoles[14]. Ces problèmes suscitent le développement de l'agriculture biologique qui vise à se passer à la fois d'engrais (voir ci-dessous) et de pesticides de synthèse, et conduisent à de très nombreuses polémiques du fait des enjeux importants – les enjeux économiques s'opposant assez directement aux enjeux environnementaux – par exemple autour des pesticides néonicotinoïdes et de leur possible interdiction[15].

Des sols dégradés avec moins de biodiversité

La grande majorité de la production agricole mondiale se fait sur des sols et, si l'élevage hors-sol est déjà très développé, il dépend encore d'aliments pour les animaux élevés produits « traditionnellement ». L'agriculture hors-sol, par exemple en hydroponie, représente une faible part de la production mondiale. Le problème est que les pratiques agricoles et d'élevages intensives ont tendance à dégrader la qualité des sols (40 % des sols agricoles sont dégradés)[16] conduisant à des pertes de rendement sur environ 20 % des surfaces cultivées. Les systèmes agricoles fonctionnement majoritairement avec des plantes annuelles : le sol reste nu une bonne partie de l'année et il n'est pas occupé par des systèmes racinaires pérennes et denses. À l'inverse, dans la plupart des écosystèmes naturels des plantes pérennes herbacées, puis ligneuses, s'installent rapidement. Cette différence explique la forte érosion qui touche les sols agricoles[17] du fait du ruissellement de l'eau et des vents. Elle est d'ailleurs amplifiée par le labour[18] et emporte la partie la plus superficielle du sol qui est aussi la plus fertile, celle qui contient le plus de matière organique. Cela signifie que, pour les terres agricoles, le taux de perte de sol est treize à quarante fois plus élevé que le taux de reconstitution de ce sol (par dégradation de la roche et formation de sol).

Les sols des écosystèmes naturels ont tendance à perdre au moins 50 % du carbone organique qu'ils contenaient au moment où ils sont mis en culture pour la première fois (à la place d'une forêt par exemple). Ces sols ont eu, par la suite, tendance à perdre en moyenne 10 % de la matière organique restante en quelques dizaines d'années d'agriculture intensive basée sur une forte utilisation d'intrants[19]. C'est un problème important dans la mesure où cette matière organique est indispensable à la fertilité des sols : elle constitue une réserve de nutriments minéraux (azote, phosphore… contenus dans cette matière organique), facilite la rétention dans le sol de l'eau et des nutriments minéraux sous forme minérale et participe à la structuration du sol en agrégats (voir chapitre 4). Cette matière organique est aussi à la base de la nourriture de l'ensemble des organismes du sol (à commencer par les micro-organismes du sol). Sa diminution est en partie due à l'exportation d'une partie de la biomasse produite par les champs (par exemple, tous les grains de blé récoltés sont emportés en dehors des champs sans retour possible) alors que, dans un écosystème naturel, la plus grande partie de la biomasse retourne au sol sous forme de feuilles et de racines mortes. Cette biomasse exportée constitue donc un manque à gagner pour la matière organique du sol. Par ailleurs, le labour, tout travail du sol, et le passage d'engins agricoles ont tendance, en moyenne, à déstabiliser la matière organique des sols en détruisant les agrégats le protègent[20] et en conduisant à sa compaction (il y a moins d'espaces libres dans le sol) qui rend beaucoup plus difficile la croissance des cultures (en rendant plus difficile la croissance des racines) et accélère l'érosion parce que l'eau de pluie s'infiltre moins bien et tend à ruisseler à la surface du sol[21]. Enfin, il existe différentes formes de dégradation chimique des sols agricoles. La salinisation notamment touche de nombreux sols cultivés, souvent du fait de l'irrigation (10 % des sols cultivés sont touchés), qui permet la remontée de sels depuis les couches profondes du sol[22]. Ce problème est particulièrement important en Australie mais on le retrouve dans de nombreux pays et il est difficilement réversible.

On l'a vu, les systèmes agricoles et leur intensification ont tendance à défavoriser la biodiversité des organismes du sol[23]. La faute revient en partie au système de cultures annuelles (c'est par exemple le cas de toutes les céréales), en conjonction avec le labour, qui ne permet pas la formation d'une couche d'humus (la litière de végétaux morts en décomposition) à la surface. Or, cette couche est l'habitat d'une partie importante des organismes du sol (les vers de terre épigés, les iules, les cloportes, une partie des collemboles et des acariens...). La diversité et l'abondance des organismes de grande taille (vers de terre, insectes, acariens...) sont plus défavorisées par les perturbations répétées (labour, disparition du couvert de plantes) que les organismes plus petits (bactéries, champignons...) dont la biomasse tend tout de même à diminuer quand la teneur du sol en matière organique diminue[24]. Même si l'impact des pesticides sur les organismes du sol a souvent été mal étudié, il est non négligeable, par exemple sur les vers de terre[25].

Ces pertes de biodiversité posent un problème : il devient de moins en moins justifiable moralement de détruire la biodiversité indépendamment des services qu'elle nous rend. De plus, les organismes du sol sont impliqués dans de nombreuses régulations écologiques participant à la production agricole (voir chapitre 6) et dont nous avons besoin. La biodiversité du sol participe en particulier à la régulation des organismes attaquant les cultures et joue un rôle clé dans la régulation du cycle des nutriments (en fournissant des nutriments minéraux aux cultures) et de la matière organique du sol (en participant au stockage de la matière organique et à l'agrégation du sol). Diminuer l'abondance et la biodiversité des organismes du sol, par exemple celle des vers de terre[26], diminue la durabilité de l'agriculture.

Ces organismes du sol sont absolument nécessaires pour maintenir les rendements agricoles, surtout si on veut diminuer l'usage des engrais industriels. En fait, leur disparition contribue à miner les fondements biologiques de l'agriculture.

Les engrais pour gérer la fertilité des sols

Pour remplacer les nutriments minéraux (azote, phosphore...) exportés dans la biomasse cultivée, l'usage d'engrais minéraux paraît une solution logique. En effet, sans compensation de cette exportation, les sols s'épuisent rapidement et les rendements diminuent. D'autres solutions existent, dont l'utilisation de la jachère pour reconstituer la fertilité des sols ou l'utilisation d'amendements organiques, mais elles imposent qu'une partie des surfaces cultivables ne soit plus utilisée directement pour la production d'une récolte utilisée directement par les humains. L'utilisation de doses croissantes d'engrais est en partie responsable de l'augmentation mondiale de la production agricole[27]. Elle pose cependant deux types de problèmes : sa production n'est pas durable et une fraction importante des engrais utilisés ne reste pas dans les champs et impacte les écosystèmes du globe. Tout d'abord, la production d'engrais azoté consiste à fixer l'azote (N_2) de l'atmosphère. Réalisée industriellement, cette fixation est très coûteuse en énergie. Actuellement, on utilise des combustibles fossiles (une ressource non-renouvelable) comme source d'énergie, ce qui conduit à des émissions de CO_2 très importante (environ 3 % des émissions mondiales de gaz à effet de serre) et contribue donc au dérèglement climatique. Les autres engrais, comme les engrais phosphorés, sont extraits de mines. Ils ne constituent donc pas une ressource renouvelable : on estime que les réserves de phosphore exploitable dureront entre cinquante et cent ans[28]. Cela signifie clairement que les pratiques agricoles actuelles ne pourront pas durer plus de quelques dizaines d'années, indépendamment de leurs impacts sur l'environnement et les écosystèmes non cultivés. Pour obtenir des rendements très élevés, on a, en quelques dizaines d'année, très fortement augmenté les doses d'engrais utilisées par hectare, ainsi que l'utilisation totale d'engrais à l'échelle mondiale : depuis 1960, l'usage de l'azote a été multiplié par plus de sept et plus de trois pour le phosphore[29]. Cet azote fixé industriellement entre alors dans le fonctionnement de la biosphère la rendant « obèse en azote ».

De plus, une part importante des engrais utilisés n'est pas absorbée par la culture et quitte le champ. On estime qu'environ 40 % de l'azote en culture céréalière intensive sort du champ sous forme de nitrate (voir chapitre 9) qui part, par lixiviation, vers la nappe phréatique (rendant parfois l'eau impropre à la consommation) et les écosystèmes aquatiques, et sous forme d'oxydes d'azote vers l'atmosphère[30]. Ce phénomène est renforcé par les doses très élevées d'engrais azoté utilisées et le fait que le sol est souvent nu une partie de l'année (culture annuelle). Une part non négligeable des engrais phosphorés est également lessivée et rejoint les écosystèmes aquatiques. L'élevage intensif et la concentration spatiale des déjections des animaux élevés (c'est particulièrement le cas pour des élevages hors-sol de très grande taille) peuvent également conduire à un lessivage important d'azote minéral. Du fait de ces pertes, le fonctionnement des écosystèmes aquatiques est souvent perturbé. On parle alors d'eutrophisation[31] : un excès de nutriments minéraux conduit à la prolifération des producteurs primaires (généralement des algues unicellulaires et des cyanobactéries), perturbant l'ensemble des organismes de ces écosystèmes (le zooplancton qui mange les algues, les poissons qui mangent le zooplancton...). Cela menace alors leur biodiversité, conduisant à des zones « mortes » où seuls les producteurs primaires survivent, et de nombreuses activités humaines (tourisme, potabilité de l'eau, pêche...) en sont affectés. Ce phénomène mondial touche tous les écosystèmes aquatiques (lacs, rivières, zones côtières) et terrestres, dans la mesure où une fraction des engrais azotés est volatilisée sous forme d'ammoniac[32] qui se redépose ensuite sur l'ensemble des écosystèmes terrestres naturels impactant leurs flores et leurs sols[33] et favorisant les plantes nitrophiles qui ont des besoins en azote élevés.

Quel avenir pour l'agriculture ?

Quand on parle d'activités humaines émettrices de gaz à effet de serre et responsables du réchauffement climatique, on pense en premier lieu aux industries et au transport. Pourtant, l'agriculture conduit environ à un quart des émissions de gaz à effet de serre à l'échelle mondiale. Certes, il s'agit d'une activité vitale permettant de nourrir 7 milliards d'êtres humains. Cependant, seuls certains aspects de l'agriculture contribuent à fortement augmenter les émissions de gaz à effet de serre et il serait possible de fortement les réduire. La source la plus importante de gaz à effet de serre d'origine agricole est, en effet, la production de méthane par les animaux d'élevage ruminants (les vaches et les moutons !). Ils produisent ce gaz par fermentation entérique afin de digérer la biomasse peu digeste. Le méthane est alors émis sous forme de pets et de rots ! De plus, la deuxième plus grande source agricole de gaz à effet de serre vient de l'usage immodéré d'engrais azoté et des fortes concentrations en azote des lisiers et fumiers qui peuvent conduire à des émissions de N_2O (diazote), un gaz à effet de serre trois cent dix fois plus puissant que le CO_2 (voir aussi chapitre 9). S'ajoute le fait que produire de l'engrais azoté est coûteux énergétiquement et dépend pour le moment de combustibles fossiles (environ 6 kilogrammes de CO_2 émis par kilogramme d'azote fixé sous forme d'ammonium) et que, dans de nombreuses régions du monde, des terres agricoles sont obtenues en défrichant des zones forestières conduisant à des émissions de CO_2 correspondant au carbone qui était dans la biomasse des arbres et à une partie du carbone qui était dans les sols.

La conclusion des paragraphes précédents est que l'agriculture industrielle fondée sur une utilisation massive d'intrants n'est pas durable. Au sens le plus littéral du terme, cela signifie qu'on ne peut pas continuer à produire nos aliments ainsi, qu'on le veuille ou non. L'agriculture a bien sûr un impact négatif sur l'ensemble de la biodiversité sauvage de la planète dont une partie est inévitable : nous sommes obligés de transformer une part importante des surfaces continentales en agroécosystèmes laissant moins de place à la biodiversité sauvage pour nous nourrir. Cependant, nous ne pourrons plus utiliser ces pratiques intensives à court terme puisqu'elles nécessitent des ressources en train de s'épuiser (combustibles fossiles, phosphore…), contribuent à détruire l'outil de production indispensable que constituent les sols, participent à la destruction de la biodiversité sauvage dont l'agriculture a besoin (cas des pollinisateurs et d'une partie des organismes du sol comme les vers de terre)[34].

De plus, nous ne pouvons conserver un modèle agricole qui participe aussi fortement au dérèglement climatique, en produisant de vingt à vingt-cinq gaz à effet de serre à l'échelle mondiale[35] (voir chapitre 10), ou accepter l'impact négatif de l'agriculture sur la biodiversité sauvage, menacée par l'ensemble des activités humaines, ce qui pourrait conduire à un effondrement du fonctionnement de la biosphère. Le fait que l'agriculture est elle-même frappée de plein fouet par le changement climatique qu'elle contribue à provoquer montre bien que la situation actuelle est intenable. Ainsi des pertes de rendements agricoles du fait du climat sont déjà observées et vont aller grandissantes[36]. Tous ces arguments montrent qu'affirmer la nécessité de transformer le système agricole actuel ne relève pas d'un choix idéologique mais est la pure expression de résultats scientifiques rassemblés depuis de nombreuses années.

De nombreux individus, et parfois des mouvements organisés, essayent encore de semer le doute sur la crise climatique et de la biodiversité actuelle, en en minimisant l'importance ou en laissant entendre que les humains n'en sont pas responsables. Mais la situation est réellement catastrophique et nécessite des actions urgentes. La multiplication à l'échelle mondiale de marches pour le climat depuis 2014 montre que de plus en plus de personnes en sont convaincues. Mais les sociétés humaines peinent à se réformer suffisamment rapidement à cause notamment d'une incapacité des pouvoirs publics et des organisations qui n'ont pas intérêt à court terme aux changements nécessaires. C'est, par exemple, le cas pour notre système agricole. Malheureusement, une partie des personnes qui ont compris la gravité de la crise pensent encore que nous arriverons à trouver des solutions technologiques. C'est le cas de nombreux dirigeants politiques et économiques. Cette croyance, cette idéologie (dans le mauvais sens du terme), est étroitement liée à notre vision du progrès et du développement économique. Jusqu'à présent, les sciences ont permis de mieux comprendre le fonctionnement de notre univers, de la vie et des systèmes écologiques mais elles ont aussi permis de développer de nombreuses technologies augmentant notre confort et notre espérance de vie. Cela conduit à une croissance démographique impressionnante et à l'idée d'un progrès unidirectionnel que l'on ne peut pas arrêter. Le problème, c'est que ce progrès bute maintenant sur les limites physiques et écologiques de notre planète[37] et que les effets négatifs des technologies sont assez systématiquement sous-estimés.

Par exemple, en agriculture, les inventions ayant permis d'augmenter les rendements à court terme finissent par se retourner contre nous et les diminuent à moyen terme. C'est le cas de pratiques contribuant à la dégradation des sols ou à l'invention du procédé d'Habber-Bosch qui permet de produire industriellement des engrais azotés en fixant l'azote atmosphérique mais contribue d'une manière non négligeable au réchauffement climatique par la production de gaz à effet de serre (voir chapitre 9). L'idée même de progrès doit être remise en cause dans le sens où il nous faut maintenant faire le tri dans toutes nos technologies pour ne garder que celles qui peuvent fonctionner sur le long terme même si elles sont utilisées par la majorité des humains. Du coup, certains pensent qu'en opérant un tri un peu judicieux et en cherchant des innovations technologiques pour répondre à nos problèmes environnementaux actuels, les sociétés humaines vont pouvoir s'en sortir sans remettre en cause fondamentalement leurs fonctionnements et en sauvant l'idée d'un progrès général et unidirectionnel.

Cette vision est alimentée par l'idéologie du libéralisme économique et de la croissance économique perpétuelle. Je ne crois pas à cette vision, au moins parce qu'il n'y a aucune chance que maintenir les mécanismes ayant conduit à la crise actuelle nous permette de la résoudre. En fait, la logique montre à quel point cette vision n'a pas de sens et les résultats scientifiques s'accumulent pour le démontrer, à commencer par ceux décrivant à quel point les ressources planétaires sont limitantes et se renouvellent moins vite que nous ne les exploitons. Enfin, la croyance en des solutions miracle purement technologiques freine la transition environnementale nécessaire de nos sociétés.

Bien sûr, il ne s'agit pas de se passer de toutes les technologies. Des techniques bien choisies et utilisées raisonnablement font partie des solutions. Mais, il ne faut pas attendre un « miracle technologique » pour résoudre la crise environnementale actuelle. La disparition des insectes pollinisateurs sauvages (du fait de la destruction des habitats naturels et des pesticides) et les menaces pesant sur les abeilles domestiques peuvent, à terme, empêcher la production de nombreux fruits et légumes. Cela a suscité de nombreuses recherches pour créer des drones pollinisateurs parfois directement inspirés morphologiquement de ceux qu'ils remplaceraient. S'il y a des chances que l'on arrive à des drones efficaces, capables de polliniser des fleurs, cela ne veut pas du tout dire qu'il s'agit d'une solution viable et qu'on peut continuer à détruire les pollinisateurs vivants. Il est inconcevable que l'on puisse créer, entretenir et fournir en énergie un parc de drones capables de polliniser toutes les cultures qui en ont besoin[38], sans parler de la nécessité de polliniser, avec ce même parc de drones, toutes les plantes sauvages qui sinon disparaîtraient. Cela nécessiterait des ressources en matériaux (plastiques, métaux, terres rares...) et en énergie qui ne sont pas disponibles ou qui aurait un coût écologique insupportable. On pourrait multiplier les exemples de ce type. Clairement, on ne peut pas non plus remplacer tous les vers de terre par des essaims de robots fouisseurs (mais cela pourrait donner des idées pour un film de science-fiction !). On ne peut pas imaginer non plus remplacer toute l'agriculture par des systèmes hors-sol ou hydroponiques qui sont coûteux en ressources même s'ils peuvent présenter des avantages dans des cas particuliers. Par définition, toutes les technologies requièrent des ressources, de l'énergie... qui risquent de ne pas être utilisées d'une manière durable. Et nous devons déjà diminuer notre consommation d'énergie pour arriver à nous passer des combustibles fossiles, pour diminuer nos émissions de gaz à effet de serre et stopper le réchauffement climatique.

L'écologie au secours de l'agriculture durable

Les pratiques agricoles industrielles ne sont pas durables, comme le montre l'analyse précédente (appuyée sur la science écologique mais aussi la climatologie, l'analyse du cycle de vie des produits...). Pour trouver des solutions, une des voies est de comprendre que l'agriculture et l'agronomie ne sont finalement que des applications de l'écologie. En effet, un agriculteur faisant pousser des cultures ne fait que manipuler des relations écologiques : il choisit des cultures en fonction des conditions physico-chimiques (qualité du sol et climat), il modifie leur milieu physico-chimique en labourant et en fournissant de l'engrais, il manipule les relations entre les cultures et des agresseurs souterrains et aériens en utilisant des pesticides, il pilote des interactions entre aérien et souterrain (chapitre 6). En élevant des animaux, il manipule aussi des interactions écologiques, par exemple en produisant de la nourriture (des plantes) pour ces animaux et en les alimentant. Toutes ces relations sont étudiées en écologie même si l'agriculture les manipule souvent d'une manière assez « brutale » (comme pour les pesticides). L'écologie, en tant que science, est donc tout à fait pertinente pour parler d'agriculture.

En fait, l'écologie est particulièrement pertinente pour aider à rendre l'agriculture plus durable. C'est l'idée de l'agroécologie[39] qui est à la fois une science et un ensemble de pratiques agricoles : comme l'agriculture manipule des interactions écologiques, il est important d'utiliser toutes les connaissances écologiques sur ces interactions pour en optimiser les pratiques. Il faut évidemment prendre en compte à la fois les connaissances scientifiques développées dans le monde académique et les connaissances empiriques développées depuis des centaines d'années par les agriculteurs. Les recherches en agroécologie sont maintenant très nombreuses (bien que probablement toujours insuffisantes) mais, historiquement, l'agronomie classique s'est développée indépendamment de l'écologie. En intensifiant l'agriculture et avec l'usage croissant des intrants, on a cherché à optimiser et homogénéiser les conditions de culture et d'élevage avec l'idée que, si l'on pouvait maintenir de telles conditions optimales, alors autant les maintenir partout. Pour cela, on a augmenté les doses d'intrants (engrais, pesticides, irrigation…) sur des parcelles de plus en plus grandes, rendues homogènes par un travail du sol important. On a multiplié par 2,5 la production de céréales mondiale entre 1960 et l'an 2000[40] mais il a fallu remplacer de nombreux processus écologiques, gratuits et utilisant des ressources renouvelables par des techniques consommant des ressources non durables, détruisant la biodiversité et dégradant le fonctionnement des écosystèmes (exemples de sols) nécessaires au maintien de la production sur le long terme. Le but de l'agroécologie est de remettre les processus écologiques au cœur de la production agricole pour diminuer l'usage des intrants et rendre l'agriculture plus durable.

L'agroécologie peut se décliner de manière opérationnelle sous de nombreuses formes et labels dont l'agriculture biologique, l'agroforesterie, l'agriculture de conservation etc., mais le principe directeur reste le même : exploiter au mieux les interactions écologiques en jouant sur des leviers communs. Quel que soit le développement de ces formes d'agriculture, on n'arrivera pas à nourrir correctement l'ensemble de la population humaine sans changer l'ensemble du système agro-alimentaire et nos modes de consommation. Il s'agit bien sûr de diminuer le gaspillage alimentaire qui représente environ un tiers des récoltes à l'échelle mondiale[41] : une partie des récoltes est perdue à cause de problèmes de conservation, une autre lors de la transformation des aliments, mais aussi durant leur distribution et, finalement, dans nos cuisines et frigidaires. Il faut également diminuer fortement la quantité de viande consommée. Ce dernier point est dû à un mécanisme écologique universel. On l'a vu, quand un herbivore ou un carnivore mange, il utilise une partie de la biomasse qu'il ingère pour fabriquer sa propre matière (par exemple pour grandir) et l'autre (environ 90 %) pour fabriquer l'énergie dont il a besoin pour vivre (faire fonctionner ses organes, se déplacer, se nourrir, se reproduire...). Il dégrade la matière ingérée par une forme d'oxydation (cycle de Krebs) et rejette du CO_2. De ce fait, il y a en moyenne dans les écosystèmes naturels une biomasse d'herbivores beaucoup plus faible que celle des plantes, et une biomasse de carnivores beaucoup plus faible que celle d'herbivores. Cela signifie que consommer de la viande d'herbivores est beaucoup plus coûteux en ressources (engrais, eau...) et écologiquement (par exemple en termes de surface d'écosystème artificialisée pour produire une quantité de biomasse donnée) que consommer des plantes : pour 1 kilogramme de viande, il faut produire une quantité de plantes bien plus élevée. Ce phénomène est encore pire avec la pêche (et les poissons élevés en aquaculture) : les poissons que nous consommons sont généralement des carnivores (voire des carnivores de sommet de réseaux trophiques comme le thon ou l'espadon), ce qui conduit à des pertes en énergie et en matière encore plus grande que consommer des herbivores (vaches, moutons...). Il vaudrait mieux, en théorie, se nourrir des algues unicellulaires (les producteurs primaires des océans) ou des petits organismes qui les consomment plutôt que de manger les gros poissons. Cela montre aussi qu'indépendamment de toute considération éthique (par exemple, en lien avec le bien-être des animaux) ou idéologique, il est beaucoup plus efficace énergétiquement pour un humain de consommer des végétaux que de la viande. Par ailleurs, la consommation de viande des pays développés est tellement élevée qu'elle en devient mauvaise pour la santé (maladies cardiovasculaires, obésité).

S'il y a de nombreuses et très bonnes raisons, notamment éthiques, de devenir végétarien dans les pays développés, il y a également de bonnes raisons écologiques pour continuer, dans une certaine mesure, l'élevage. D'une part, l'association élevage et production végétale au sein des fermes et des terroirs peut participer à la durabilité de l'agriculture : la production de fumier conduit à un transfert de fertilité vers les cultures et un élevage un peu extensif fondé sur une production locale de la nourriture pour le bétail impose de laisser au sein des exploitations des prairies qui ont tendance à restaurer la fertilité des sols. D'autre part, de nombreuses régions dans le monde ont un climat (trop sec, trop froid) qui rend impossible l'agriculture mais n'empêche pas l'élevage (notamment parce qu'il est possible d'y faire pousser des végétaux consommables par le bétail mais pas par l'humain). À l'échelle de la planète, l'élevage pourrait donc rester une activité indispensable.

Le développement de l'agroécologie

Une refonte intégrale de notre système alimentaire, incluant réduction drastique de notre consommation de viande et meilleure intégration de l'élevage et des cultures, est donc nécessaire. Mais quels sont les grands principes sur lesquels l'agroécologie peut s'appuyer ? Tout d'abord, l'agroécologie peut s'appuyer sur la biodiversité cultivée. On a vu dans le chapitre 5 que la biodiversité joue un rôle crucial pour le fonctionnement des écosystèmes : augmenter le nombre d'espèces de plantes poussant localement a tendance à augmenter la production végétale et à diminuer la variabilité dans le temps de cette production. Pourtant, l'agriculture « moderne » s'est développée sur l'idée opposée. Elle s'est efforcée de cultiver l'espèce de plante qui poussait le mieux localement et de lui fournir les meilleures conditions possibles pour se développer (en homogénéisant les conditions de culture à grande échelle avec le labour, les pesticides, les engrais, l'irrigation…) pour augmenter les rendements. En outre, les humains obtiennent 80 % de leurs calories en consommant quatre espèces de plantes : la pomme de terre, le riz, le maïs et le blé. Elles sont cultivées massivement à l'échelle mondiale, sur des surfaces incroyablement grandes, comme aucune plante sauvage n'aurait jamais pu le faire par ses propres moyens.

Alors que dans les écosystèmes naturels de nombreuses espèces de plantes coexistent, et qu'au sein de ces espèces une diversité génétique importante est maintenue, dans un champ « moderne » une seule espèce de plante est cultivée et la diversité génétique au sein de cette espèce a été réduite radicalement par la sélection artificielle menée par l'homme. Nous avons créé de nombreuses variétés chez toutes les plantes cultivées, mais les résultats suggèrent que les modes de sélection variétale modernes et le fait qu'on les ait sélectionnés pour des conditions environnementales homogènes (celles qu'on rencontre en agriculture intensive avec beaucoup d'engrais minéraux et de pesticides) ont conduit à diminuer la diversité totale des variétés modernes cultivées par rapport à la diversité des variétés anciennes[42]. Le paradigme de l'homogénéité a donc été appliqué aux variétés de plantes cultivées. Les humains ont domestiqué un certain nombre de plantes depuis la préhistoire et les ont fait évoluer en fonction de leurs besoins. C'est un processus évolutif, proche de la sélection naturelle, sauf que les plantes sélectionnées ne sont pas celles qui ont naturellement le plus de descendants mais celles dont les génotypes plaisent le plus aux humains. Nous avons d'abord sélectionné des variétés sur des critères « évidents » : elles sont bonnes à manger (et ne produisent aucune substance poison ou indigeste) ou leurs graines ne tombent pas tout de suite à maturité, ce qui facilite grandement la récolte. Puis, nous avons sélectionné des variétés adaptées aux conditions modernes de l'agriculture intensive, utilisant beaucoup de pesticides et d'engrais, permettant des rendements très élevés dans ces conditions « optimales » et extrêmement homogènes génétiquement.

Si on a le meilleur génotype (de l'espèce la plus adaptée) pourquoi en cultiver plusieurs, ce qui diminuerait alors automatiquement le rendement ? Ce raisonnement ne tient pas puisqu'on ne peut pas maintenir durablement des conditions homogènes et optimales dans le temps et l'espace sans recourir aux engrais et pesticides consommant des ressources non renouvelables et impactant la biodiversité. Une agriculture durable doit être fondée sur des conditions de cultures variables, pas nécessairement complètement optimales pour les plantes : l'eau pourra manquer un peu (et les sécheresses sont de plus en plus fréquentes dans de nombreuses régions du monde), les nutriments minéraux aussi, et différents organismes attaquant les cultures seront présents.

Un des principes de l'agroécologie est de rediversifier les plantes cultivées à toutes les échelles temporelles et spatiales possibles pour bénéficier des effets positifs de cette diversité végétale (effets de complémentarité et d'échantillonnage décrits au chapitre 5)[43]. Cela peut se faire en augmentant le nombre d'espèces de plantes cultivées à l'échelle du terroir et de l'exploitation agricole, le nombre d'espèces de plantes poussant dans le même champ (cultures associées) ou la diversité génétique au sein d'une espèce cultivée dans un champ (soit en mélangeant différentes variétés soit en cultivant une seule variété dans chaque champ mais en augmentant la diversité génétique de cette variété). On bénéficierait alors des mécanismes de complémentarité et d'échantillonnage faisant que la production végétale et sa stabilité tendent à augmenter avec la biodiversité végétale (voir chapitre 5).

Une autre forme de complémentarité, conduisant à une synergie entre les espèces et variétés cultivées, a été bien identifiée depuis longtemps. Il a été montré que si on mélange des espèces ou des variétés sensibles aux organismes qui attaquent les cultures (champignons, insectes, nématodes, etc.) avec des variétés moins sensibles, ces dernières « protègent » les autres, provoquant un rendement plus élevé sans utiliser de pesticides[44]. Le phénomène repose sur plusieurs mécanismes. Tout d'abord, les agresseurs arrivant dans un champ avec des variétés différentes ont moins de chances de « trouver » les plantes susceptibles qu'ils sont capables d'attaquer. De plus, s'ils arrivent à s'implanter dans une petite partie du champ, ils auront du mal à coloniser l'ensemble du champ de proche en proche parce que les plantes résistantes constituent des sortes de barrière. Par ailleurs, la diversité au sein de la plante cultivée tend à augmenter la diversité génétique de l'agresseur, ce qui facilite la capacité de la culture à lui résister. Enfin, sur le plus long terme, la diversité génétique au sein de la plante cultivée limite la capacité de l'agresseur à s'adapter (par sélection naturelle) aux plantes résistantes. Là encore, processus écologiques et évolution des organismes sont en étroite interaction (voir chapitre 3). Il est logique de penser que ces mécanismes s'appliquent également à des échelles plus grandes : la diversité des cultures et des variétés au sein de chaque plante cultivée, à l'échelle du terroir ou du paysage, devrait permettre de limiter l'impact des agresseurs sur les cultures.

La synergie entre plantes légumineuses (soja, haricot, trèfle...), fixatrices d'azote, et plantes non-fixatrices (comme les céréales) est également étudiée. Les premières, nous l'avons vu, sont en symbiose avec des bactéries capables d'utiliser l'azote atmosphérique pour l'incorporer à leur métabolisme et, ainsi, au sein des écosystèmes, accroissant la fertilité des sols et bénéficiant finalement à toutes les plantes. En incluant dans les rotations de culture (chaque année on plante dans un même un champ donné des plantes différentes) des légumineuses, on peut également profiter de cet effet: si l'on plante, entre deux années de production de blé, du trèfle pouvant servir de nourriture au bétail, il enrichira le sol en azote et bénéficiera au blé planté l'année suivante. Pour la même raison, les jachères (on laisse le sol sans culture pendant plusieurs années pour reconstituer sa fertilité) sont souvent enrichies en trèfle. On pourrait également planter dans le même champ, en même temps, des légumineuses et des céréales pour bénéficier de la fixation d'azote des premières. Si la plante légumineuse n'est pas récoltée, on parle de plante de couverture (elle protège le sol entre les rangs de céréales et durant la partie de l'année où la céréale n'est pas présente). Si elle est récoltée (cela peut être du pois, du soja…), on parle de cultures associées. Il faut continuer à optimiser l'usage de la diversité cultivée, bien sûr. Il faut ainsi faire de nouvelles recherches. On peut aussi s'inspirer de toutes les pratiques agricoles traditionnelles qui sont généralement basées sur une diversification importante des plantes cultivées.

La biodiversité sauvage joue également un rôle fondamental pour l'agriculture. Le cas le plus évident est celui des pollinisateurs (abeille domestique, papillons, abeilles sauvages, bourdons, certaines mouches comme les syrphes…), indispensables à de nombreuses cultures comme la plupart des arbres fruitiers et de nombreux légumes. Les plantes produisent des fruits (et les graines qu'ils contiennent) pour se reproduire. Pour cela, les ovules doivent être fécondés par le pollen. De nombreuses espèces de plante nécessitent une fécondation « croisée » par le pollen d'un autre individu dont le transport est alors assuré par des insectes pollinisateurs (qui se nourrissent du nectar et du pollen fournis par les fleurs mais transportent du pollen de fleur en fleur). De ce fait, une partie des fruits (au sens botanique, les pommes, les cerises mais aussi les poivrons, les tomates...) que nous consommons nécessite des pollinisateurs. Cependant, ces derniers sont de moins en moins abondants et leur diversité diminue du fait de la réduction des habitats naturels et des ressources florales qu'ils représentent au sein des paysages agricoles intensifiés et de l'usage des pesticides (qui n'ont pas pour cible les pollinisateurs mais qui tuent de nombreuses espèces non ciblées)[45]. On sait aussi que les abeilles domestiques qui sont des pollinisateurs importants connaissent des difficultés dans de nombreux pays : elles sont touchées par certains pesticides, des parasites (comme le varroa, un acarien) ou le frelon asiatique (une espèce invasive en Europe) qui les consomme directement. Le développement de l'agroécologie et le maintien des cultures nécessitant des pollinisateurs dépendent donc de la sauvegarde des pollinisateurs et, inversement, l'agroécologie qui devrait conduire à une diminution de l'usage des pesticides devrait être favorable aux pollinisateurs. Dans le cadre de l'agroécologie, maintenir des habitats naturels (bosquets, friches...) ou semi-naturels (prairies permanentes) au sein des paysages agricoles est une bonne solution pour protéger les pollinisateurs.

Une autre nécessité pour l'agroécologie, et le développement d'une agriculture durable, est le maintien de la fertilité des sols et le bouclage des cycles du carbone et des nutriments minéraux. Cela signifie, entre autres, qu'il faut conserver la structure des sols et leur contenu en matière organique et nutriments minéraux, malgré leur exportation à chaque récolte, sans avoir recours à des engrais de synthèse. Il faut donc protéger les sols et en limiter l'érosion en diminuant l'usage du labour et en maintenant un couvert végétal le plus permanent possible. Pour les écologues, les agroécosystèmes fondés sur des plantes annuelles sont maintenus artificiellement dans un état « infantile ». Dans les écosystèmes naturels, sous la plupart des climats, une végétation pérenne tend toujours à se développer, souvent avec des arbres, au moins avec des herbacées pérennes. Elle protège les sols de l'érosion et développe des systèmes racinaires durables et denses absorbant efficacement les nutriments minéraux, tout en en limitant les pertes. Les plantes pérennes ont aussi tendance à faciliter le stockage de plus de matière organique dans les sols. Leurs systèmes racinaires profonds, comme ceux des arbres et de certaines herbacées, exploitent les nutriments minéraux (et l'eau) dans les couches profondes du sol, éventuellement au contact avec la roche mère, là où certains nutriments comme le phosphore sont libérés[46]. Cette approche peut être développée en utilisant des plantes de couverture, des pratiques d'agroforesterie ou du semis direct sous couvert. Dans ce dernier cas, l'idée est de cultiver dans l'intersaison des plantes de couverture formant une espèce de prairie, et d'y semer la plante qui sera récoltée par la suite. Les plantes de couverture peuvent être détruites mécaniquement avant de semer la céréale pour éviter une trop forte compétition, mais il n'y a pas de labour. La solution la plus difficile à mettre en œuvre, pour obtenir un couvert de plante permanent, serait la création de variétés pérennes à partir des espèces annuelles actuellement cultivées[47]. Mais cela reste, pour le moment de la science-fiction.

De nouveaux flux de ressources

Les écosystèmes naturels conservent assez bien leurs nutriments minéraux et la matière organique de leurs sols. Leur fonctionnement est cependant également lié aux flux de matière entre écosystèmes. C'est l'idée de méta-écosystèmes[48] et l'agriculture peut ainsi bénéficier d'une gestion spatiale et temporelle de la fertilité à l'échelle de la ferme ou du terroir[49]. On peut, par exemple, concentrer le fumier produit par le bétail à un endroit pour renforcer la fertilité d'une parcelle. D'une manière générale, l'élevage peut permettre des transferts de fertilité, en laissant les animaux se nourrir dans certaines zones du terroir (prairies permanentes, écosystèmes semi-naturels) et en les parquant la nuit là où on pourra bénéficier de leurs déjections. La jachère est aussi une manière de reconstituer la fertilité en arrêtant l'exploitation d'une parcelle durant plusieurs années et en cessant l'exportation de la production : un couvert végétal permanent se forme alors, comprenant souvent des légumineuses fixant l'azote. Ces pratiques maintiennent la fertilité sur le long terme à l'échelle du terroir. D'autres techniques créent une fertilité hétérogène à très petite échelle. Il peut s'agir de concentrer la matière organique dans des taches de quelques décimètres carrés et de planter chaque année les plantes dans ces tâches[50] ce qui peut augmenter l'efficacité du recyclage des nutriments et de la matière organique.

Partout dans le monde, des systèmes agricoles couplent culture et élevage contribuant au recyclage des nutriments dans les (méta-) agroécosystèmes, au maintien de la fertilité des sols et à la biodiversité au niveau du paysage. Dans ces zones, l'importance de ce couplage peut justifier le maintien de l'élevage, et donc de la consommation de viande, tant qu'elle baisse mondialement. Cependant, dans certains espaces géographiques, et notamment en Europe où les premiers agriculteurs employaient de tels systèmes intégrés[51], la spécialisation (soit élevage, soit culture) de l'agriculture à l'échelle des régions et des exploitations a souvent rompu ce couplage, provoquant des conséquences désastreuses : les régions spécialisées dans l'élevage industriel importent la nourriture du bétail (parfois en provenance d'autres continents ce qui nécessite beaucoup d'énergie, du pétrole, et augmente la production de gaz à effet de serre). De plus, dans le cas de l'élevage hors-sol, ces régions doivent ensuite gérer toutes les déjections du bétail qui, trop concentrées, deviennent une source de pollution par les nitrates à cause de leur forte concentration en azote, alors qu'épandues dans un champ sous forme de fumier ou de lisier elles sont une source de fertilité. L'organisation économique de la production, les filières, la recherche de bénéfices toujours plus élevés sont en partie responsables de la déconnexion entre élevage et culture, et des problèmes de durabilités liés.

L'agriculture crée des flux « horizontaux » de matière organiques et de nutriments minéraux comme ceux étudiés dans les méta-écosystèmes naturels. C'est notamment le cas des flux d'engrais et des denrées alimentaires à grande échelle. Ainsi, les engrais phosphorés, puisés dans des mines de phosphate de quelques pays (la Chine, le Maroc et les Etats-Unis), sont transportés vers tous les pays (en utilisant des combustibles fossiles comme source d'énergie). Des denrées alimentaires, la matière organique correspondante et les nutriments minéraux qu'elle contient, sont expédiées de la même façon d'un bout à l'autre de la planète (toujours en utilisant des combustibles fossiles).

Dès lors, certains pays importent plus de nutriments minéraux qu'ils n'en exportent, d'autres perdent au contraire des nutriments.

On retrouve le même phénomène avec l'exode rural de la population entamé à la fin du XIXe siècle et dont on constate l'impact aujourd'hui : à l'échelle mondiale, environ 54 % des humains vivaient en ville en 2014, et on prédit que ce pourcentage atteindra 64 % en 2050[52]. Cela signifie qu'il y a également une spécialisation dans la répartition du travail (de moins en moins d'humains produisent la nourriture pour un nombre croissant d'humains) et qu'il faut exporter de plus en plus de nourriture des zones agricoles vers les villes. Dès lors, le transport nécessite des sources d'énergie non durable et la production de gaz à effet de serre. De plus les villes concentrent des flux de matière organique et de nutriments minéraux contenus dans la nourriture qui se retrouvent ensuite, au moins en partie, dans les égouts des villes. Les déjections et les urines humaines des villes deviennent une source de pollution et obligent au retraitement des eaux usées très riches en nitrates, un processus coûteux qui favorise la dénitrification (voir chapitre 8) dans ces eaux. Cela conduit à extraire le nitrate des eaux usées et, paradoxalement parce que c'est une source de fertilité, à la réémettre vers l'atmosphère sous forme de gaz à effet de serre. De nouveau, la concentration des humains en ville, comme la concentration spatiale de l'élevage, transforme une source de fertilité en pollution. L'utilisation des eaux usées et de la matière organique qu'elles contiennent dans les champs est une solution potentielle qui a été en partie adoptée mais elle pose des problèmes sanitaires car elles tendent à être chargées en métaux lourds et traces de médicaments. De plus, l'éloignement des villes et des champs a découplé, là encore, différents processus du recyclage de la matière organique et des nutriments minéraux qui sont nécessairement couplés dans les écosystèmes naturels. Le développement d'une agriculture périurbaine et urbaine pouvant bénéficier du recyclage des déchets urbains, par exemple par le compostage des déchets organiques, permettrait d'y remédier au moins partiellement en diminuant la distance entre les « déchets » et leur utilisation pour maintenir la fertilité des sols cultivés.

De nombreux enjeux pour le développement d'une agriculture durable tournent autour des variétés qui sont cultivées et de la manière dont on les sélectionne et les choisit. Cette sélection des variétés de plantes cultivées (ou de « races » pour l'élevage) correspond à une forme d'évolution darwinienne fondée sur une sélection artificielle plutôt que naturelle (voir chapitres 3 et 12). Tandis que cette dernière repose sur la capacité des individus à avoir des descendants, le critère de choix pour la sélection artificielle est l'intérêt pour les humains de critères phénotypiques. Initialement, par exemple, les agriculteurs repéraient les plantes individuelles dont les fruits avaient le meilleur goût ou qui produisaient le plus de graines et les utilisaient pour ensemencer leur champ pour la récolte suivante. Comme pour la sélection naturelle, ces individus ont donc plus de descendants et leurs caractéristiques, appréciées par les humains, se généralisent au moins localement, pouvant conduire à la création d'une nouvelle variété. Depuis cette première forme de sélection, dite « massale », de nombreuses méthodes ont été développées. On utilise désormais toutes les connaissances génétiques qui ont été rassemblées et qui permettent de lier le génotype des plantes et leurs caractéristiques (phénotype). Ces méthodes sont, dans leur principe, proches de l'évolution telle qu'elle se produit dans la nature : il s'agit de trouver des méthodes efficaces pour choisir les plantes (et leurs génotypes) qui seront utilisées, les laisser se reproduire entre elles et garder les descendants qui ont les caractéristiques souhaitées (un meilleur rendement, une résistance à une maladie...). Les connaissances en génétique et les outils permettant par exemple de décrire les variantes d'un gène, de les détecter dans différentes plantes et de les lier à des caractéristiques phénotypiques (par exemple de résister à une maladie) ont permis d'accélérer et de rendre plus efficace la sélection de nouvelles variétés. Les progrès de la génétique ont aussi débouché sur les organismes génétiquement modifiés qui posent en eux-mêmes beaucoup d'autres questions, que je n'aborderai pas ici. En tout cas, ces méthodes de sélection variétale ont contribué fortement à l'augmentation des rendements agricoles privilégiant des variétés résistantes à des maladies ou à des sources de stress comme la sécheresse. Par exemple, les variétés de blé ont eu au cours des années des tiges de plus en plus courtes, ce qui augmente la production de grains par pied de blé (voir chapitre 13). Cependant, il est difficile de dissocier la part due à l'utilisation de nouvelles variétés sélectionnées avec des méthodes de plus en plus sophistiquées, de celle due à une augmentation de l'usage des intrants (pesticides, engrais) dans l'augmentation des rendements[53]. En effet, les variétés modernes ont été sélectionnées dans les conditions de l'agriculture intensive, avec beaucoup d'intrants. Elles ont été privilégiées, en partie, pour avoir des rendements élevés dans des conditions optimales de croissance, peu agressées par d'autres organismes (grâce aux fongicides, aux insecticides), avec peu de compétition avec des « mauvaises herbes » (du fait des herbicides) et en n'étant pas limitées par la disponibilité de nutriments minéraux (par l'usage intensif des engrais de synthèse).

Quelles variétés pour une agriculture durable ?

Comme évoqué précédemment, les variétés modernes sont très homogènes génétiquement alors que, bien sûr, dans la nature les populations d'organismes sont très diverses. Cela leur permet non seulement de continuer à évoluer au sens darwinien, mais aussi d'avoir toujours une partie des individus adaptés aux conditions environnementales qui varient d'année en année (par exemple, il y a des années plus ou moins sèches). On peut alors penser que, même si la sélection variétale moderne a permis d'augmenter les rendements, elle risque de fragiliser les systèmes agricoles si les conditions environnementales deviennent plus variables (c'est ce qu'on observe avec le changement climatique) ou si on ne peut plus utiliser autant d'intrants. C'est ce qui se produit actuellement avec l'augmentation des prix des engrais et le fait qu'il parait de plus en impossible de continuer à utiliser autant de pesticides.

Il existe des débats nourris pour déterminer à quel point les nouvelles formes d'agriculture cherchant plus de durabilité comme l'agriculture biologique, en utilisant par définition moins d'intrants, peuvent utiliser avec succès les variétés « élites » modernes qui ont été sélectionnées pour avoir des rendements élevés[54]. Évidemment, les entreprises qui commercialisent les semences de ces variétés « élites » ont intérêt à convaincre qu'elles sont optimales pour tous les types d'agriculture. Cependant, les connaissances rassemblées en écologie et sur l'évolution des organismes suggèrent qu'il n'y a aucune espèce ou génotype qui soit parfaitement adapté à toutes les conditions environnementales possibles. Ainsi, la sélection dans un environnement donné conduit à une spécialisation de l'espèce ou de la variété s'adapte parfaitement à cet environnement mais pas aux autres. Des espèces généralistes peuvent apparaître mais elles sont, a priori, moins performantes que les espèces spécialisées parfaitement adaptées à chaque environnement. C'est dû aux fameux compromis (*trade-off*) déjà évoqués. Dans les écosystèmes naturels, pour leur approvisionnement en nutriments minéraux, les plantes dépendent de la décomposition de la matière organique, qui dépend d'interactions avec les bactéries du sol, les champignons, les vers de terre… Les plantes sauvages ont donc développé au cours de leur évolution plein de mécanismes écologiques spécifiques pour interagir avec ces organismes du sol et être approvisionnées en nutriments minéraux[55]. On peut facilement imaginer qu'à l'inverse une variété « élite », qui a été sélectionnée pour être très performante quand des doses importantes d'engrais minéral sont utilisées, a tendance à perdre ces mécanismes qui ne lui sont plus utiles. Il semble donc essentiel, aujourd'hui, de sélectionner spécifiquement des variétés adaptées à l'agriculture plus durable comme l'agriculture biologique et s'appuyant, par exemple, sur une présence plus importante de vers de terre[56]. D'une manière générale, les pratiques agricoles plus durables vont aussi dépendre des conditions locales dans un territoire donné (climat, type de sol, organismes vivants non cultivés). Il paraît ainsi logique de choisir plus localement les variétés et que les agriculteurs redeviennent des acteurs importants du processus de sélection, comme c'est le cas les systèmes agricoles « traditionnels ». Cela peut par exemple passer par l'utilisation et la sélection de variétés diverses génétiquement. On parle alors de « variétés populations »[57]. Elles peuvent évoluer « naturellement » au sein des exploitations agricole : l'agriculteur ressème une partie des semences qu'il a lui-même produit. Les pieds de blé étant le mieux adaptés aux conditions locales produisent plus de grains et sont ressemés préférentiellement d'année en année, leur génotype devient donc dominant dans la variété de population. Comme elle est diverse génétiquement, de nouveaux génotypes apparaissent par des mutations et du fait de la reproduction sexuée (le pollen d'un pied avec un génotype particulier va féconder aléatoirement un autre pied qui a un autre génotype). Cela maintient un certain niveau de diversité génétique et permet, potentiellement, de faire apparaître de nouveaux génotypes mieux adaptés aux conditions environnementales. C'est d'autant plus nécessaire que ces conditions changent au cours du temps. Renouveler ainsi le mode de sélection variétale conduit, ici, à augmenter la diversité cultivée avec tous les avantages que cela peut apporter (voir le début du chapitre). Ces modes de sélection variétale s'opposent évidemment à la sélection par les entreprises semencières qui pose, de plus, de nombreux problèmes économiques et d'autonomie des agriculteurs[58].

Les pratiques modernes de sélection ont essentiellement visé à développer des variétés permettant à l'agriculture de fournir un seul service : la production de nourriture. Une agriculture plus durable doit en fait produire une plus grande diversité de services écosystémiques[59]. Ces services désignent l'ensemble des bénéfices tirés des écosystèmes par les humains. On distingue les services d'approvisionnement (nourriture, bois, fibres...), de régulation (régulation du climat, de la qualité des eaux...), de support (processus alimentant le fonctionnement des écosystèmes comme le recyclage des nutriments minéraux permettant aux écosystèmes de rendre tous les autres services) et les culturels (apports non directement matériels des écosystèmes liés à des aspects esthétiques, culturels...). L'agriculture doit produire notre nourriture, mais elle doit aussi maintenir la fertilité des sols sur le long terme, limiter la production de gaz à effet de serre (et pourrait même contribuer à compenser les émissions de CO_2 dues aux combustibles fossiles), permettre l'arrivée d'eaux de pluie propres dans les nappes phréatiques et les rivières... Ces services dépendent en partie des caractéristiques des plantes cultivées et donc de la sélection de nouvelles variétés. Par exemple, si on veut maintenir la fertilité des sols sur le long terme, il faut maintenir leur teneur en matière organique morte qui est issue des résidus de culture : les racines, les tiges et les feuilles qui ne sont pas exportées avec la récolte. Cela signifie qu'il faudrait des variétés qui en produisent suffisamment. Alors que les variétés de blé modernes ont des tiges courtes et peu de racines, il serait intéressant, pour le carbone du sol, de cultiver des variétés qui ont des tiges plus longues et plus de racines afin de mieux exploiter les nutriments minéraux du sol, ce qui limiterait aussi probablement le lessivage de nitrate. Cela conduirait à des apports de matière organique plus élevés aux sols et donc à des sols plus fertiles. Enfin, le stockage de carbone dans cette matière organique contribuerait à diminuer la teneur en CO_2 de l'atmosphère (les plantes produisant la matière organique de leur tige, de leurs racines... par la photosynthèse en fixant le CO_2). Il faut cependant dire que, si des nouvelles variétés permettent de maintenir la fertilité des sols et d'y stocker plus de carbone, il est possible qu'elles conduisent à des rendements inférieurs à ceux des variétés qui ont justement été optimisées pour avoir des rendements très élevés. Cela pourrait être une nouvelle illustration de la notion de *trade-off* : la matière qu'une variété alloue à ses racines et à sa tige ne peut être cédée à ses grains, ce qui change à la fois le rendement et le retour de matière organique morte au sol. Autrement dit, le *trade-off* à l'échelle d'une plante individuelle peut aussi se répercuter à l'échelle de l'écosystème dans son ensemble.

Les ressorts du système alimentaire mondial

J'insiste sur le rôle important de l'écologie parce qu'il s'agit de ma discipline, mais l'agriculture n'est pas juste la manipulation de systèmes écologiques pour produire de la nourriture. Le système alimentaire et la production de nourriture sont essentiels pour nos sociétés. Ils découlent de nombreux types d'activités et de modes d'organisation collective, multipliant les mécanismes impliqués (psychologiques, sociaux, économiques, politiques...) depuis l'exploitation agricole jusqu'à l'échelle mondiale et ses flux de denrées alimentaires intercontinentaux, en passant par toute l'industrie agroalimentaire.

Le système alimentaire mondial est fortement lié à un système économique capitaliste et est influencé par la doctrine libre-échangiste. Il fait aussi intervenir toute la diversité des types d'agriculture à l'échelle mondiale. De nombreux leviers d'action existent pour rendre ce système plus durable. Par exemple, l'agriculture et le commerce de denrées alimentaires sont soumis à une législation et un système de subvention qui favorisent plus ou moins tel ou tel type d'exploitation ou de pratique agricole. L'agriculture doit permettre de nourrir l'ensemble des humains mais aussi de dégager des revenus suffisants pour les agriculteurs afin qu'ils travaillent dans de bonnes conditions (c'est leur santé qui est souvent la plus directement menacée par l'usage des pesticides). Les pouvoirs publics et la volonté politique ont une grande responsabilité dans l'état actuel du système alimentaire et dans la non-durabilité d'une partie importante de l'agriculture. Cela signifie que les pouvoirs publics ont la capacité de rendre ce système plus durable au moins aux échelles nationales. Les solutions ne peuvent venir de la seule science écologique. Pour promouvoir une transition vers une agriculture durable, il faut prendre en compte tous les mécanismes humains mis en jeu par le système alimentaire et trouver la meilleure façon d'agir sur ces mécanismes pour favoriser la transition. Bien sûr, le sujet est extrêmement politique : il s'agit du bien-être de nos sociétés (la vie de la cité) et il touche à de nombreux intérêts particuliers et enjeux de pouvoirs. Cela conduit, par exemple en France, à une lutte entre différents syndicats agricoles, qui sont plus ou moins favorables à la transformation de l'agriculture, quand ils n'appuient pas la conservation du système actuel, non durable. Force est de constater que le pouvoir politique en France ou au niveau européen n'appuie pas assez fortement la voie de la transition, quand il ne s'y oppose pas complètement. La transition vers un système alimentaire durable requiert donc, en termes de connaissances, l'appui de toutes les sciences humaines (y compris l'économie et les sciences politiques) et de l'interdisciplinarité entre ces sciences et les sciences de l'environnement (dont l'écologie) ainsi que l'agronomie !

Indépendamment de la production des connaissances nécessaires, la transformation de l'agriculture bute sur toutes les composantes de la société n'ayant pas intérêt à cette transformation et sur le manque de volonté politique. Former le monde politique et économique, qui est en général très peu cultivé scientifiquement et encore moins dans le domaine des sciences écologiques, expliquer et démontrer à un large public que l'agriculture intensive n'est pas durable et que, de ce fait, la transformation de l'agriculture n'est pas optionnelle, sont les premiers piliers sur lesquels agir. C'est aussi une solution avec laquelle un chercheur comme moi peut se sentir à l'aise : dans le monde académique nous sommes formés pour enseigner, expliquer et nous le faisons de plus en plus en dehors des universités et des écoles. Cependant, étant donné l'urgence de la situation, penser que l'on ira assez vite en utilisant uniquement la diffusion des connaissances serait naïf. Les solutions viennent aussi du militantisme, de tous les individus, agriculteurs et simples citoyens qui sont convaincus que tout doit changer et qui participent à ce changement, individuellement ou dans différents mouvements collectifs comme les Soulèvements de la terre.

Nous, les humains, et nos sociétés sommes indissociablement liés au reste de la biodiversité et de la biosphère par des interactions réciproques. L'agriculture et notre alimentation en sont une nouvelle preuve. Nous dépendons de la biodiversité végétale et animale que nous mangeons et nous devons préserver celle que nous cultivons, que nous élevons et que nous avons contribué à créer par la domestication et la sélection artificielle. Nous dépendons aussi de toute la biodiversité, souvent invisible, qui permet à l'agriculture de fonctionner. Nous avons besoin des vers de terre, des champignons et des bactéries du sol pour que les plantes continuent à pousser dans nos champs. Nous avons besoin des pollinisateurs pour produire des fruits et légumes. Comme tous les organismes vivants, nous sommes liés aux grands cycles biogéochimiques : les presque 8 milliards d'êtres humains (2022) produisent nécessairement des flux très importants de carbone, d'azote, de phosphore… Nos systèmes alimentaires et nos agricultures dépendent de et contrôlent de nombreux flux de matière[60]. On peut penser aux flux de biomasse, à la nourriture, au carbone et à l'azote correspondant, vers nos villes ou encore aux flux d'engrais et à tous les nutriments minéraux qui se retrouvent dans l'eau de nos égouts. Tous les êtres vivants conduisent à des flux équivalents (en absorbant des ressources et en produisant des déchets), mais, contrairement à ces organismes, nous sommes arrivés à un tel déséquilibre, un tel accaparement des ressources, que cela menace à la fois notre survie et celle des autres organismes vivants. C'est pour répondre à cette menace que nous devons impérativement rendre notre système alimentaire durable, développer toutes les formes d'agroécologie.

8

L'ingénierie écologique et l'écologie urbaine

Le garage souterrain de mon immeuble est couvert d'une toiture végétalisée. Pour y monter, je descends dans le garage, je déplie l'échelle, je l'escalade, j'ouvre la trappe et j'arrive dans 400 mètres carrés de « nature ». Je peux passer des heures sur ce toit à regarder toutes les plantes et les insectes qui viennent les visiter. C'est un fouillis de plantes sauvages (des graminées diverses, quelques ombellifères, de la grande cardère, de la chélidoine, des coquelicots au printemps…) et de plantes ornementales fleuries (lavande, sauges, gueules-de-loup, roses, roses trémières…) qui cachent aussi quelques légumes (tomates, courgettes, rhubarbe…). Ces derniers sont là parce qu'ils sont jolis et parce que j'apprends, ainsi, à les cultiver. Il y a aussi deux ou trois arbres qui sont encore assez petits dont un pommier. De nombreux oiseaux y passent régulièrement, surtout des mésanges charbonnières, des mésanges bleues et des merles mais, de temps en temps, apparaissent aussi un rouge-gorge, un rouge-queue, un chardonneret ou un pouillot véloce. Je peux y voir une foultitude de petites bestioles. Des limaces, des escargots, plusieurs espèces d'araignée (araignée crabe, lycoses et parfois une argiope fasciée), de nombreux pollinisateurs (hyménoptères sauvages, quelques papillons), des punaises... Tout ce petit monde cohabite, se multiplie, entre en compétition et évolue d'année en année. Cette toiture végétalisée a plus de cinquante ans, elle a été créée avant même que l'idée de toiture végétalisée ne soit formalisée. Quand je suis arrivé dans la copropriété, c'était une grande pelouse (avec une seule espèce de graminée) tondue régulièrement avec en plus deux ou trois plantes ornementales. J'ai convaincu la copropriété que je pouvais m'en occuper « mieux » (en tout cas gratuitement !) que l'entreprise initialement payée pour cette tâche. Je suis, de toute façon, le seul habitant de l'immeuble à avoir envie de monter régulièrement l'échelle. Du coup, j'ai commencé par arrêter toute tonte, laissant les graines apportées par le vent germer et se développer. Puis, j'ai apporté les graines d'autres plantes sauvages et j'ai semé quelques plantes avec de grosses fleurs visibles des étages au-dessus. C'est vraiment jouissif de chercher dans la nature et les jardins pour trouver des plantes que j'aurais envie d'adopter et de récolter leurs graines. Bien sûr, cela ne marche pas toujours. Certaines plantes ne poussent pas ou seulement plusieurs années plus tard. La toiture est orientée presque plein Sud, il y fait très chaud en été, mais certaines zones sont un peu plus à l'ombre. De ce fait, la communauté de plantes s'autoorganise. Seules celles qui sont capables de s'y débrouiller et de s'y multiplier sans aide (qu'elles soient cultivées ou sauvages) se maintiennent puis, petit à petit, les plantes trouvent la partie du toit qui leur est le plus favorable. Bon, je dois avouer que j'oriente parfois un peu ce petit monde en coupant une plante qui commencerait à prendre trop de place. Mais, la plupart du temps, j'observe et je suis très content quand je vois une nouvelle plante pousser, surtout si je ne l'avais pas prévu. L'ensemble du processus crée petit à petit une forme d'intimité entre moi et l'ensemble des plantes et des animaux de la toiture. C'est aussi très agréable d'agir en sachant que je ne contrôle pas tout.

Ce qui me plaît, c'est qu'il s'agit vraiment d'une démarche expérimentale (non scientifique mais inspirée par mes connaissances). J'essaye, j'ajuste et je prends plaisir à voir la biodiversité en action et la manière dont elle interagit avec mes petites actions. Peut-être est-ce un peu une toiture-jardin punk suivant les préceptes du jardinier paysagiste Éric Lenoir ? Évidemment, en bon écologue des sols, j'ai rajouté plusieurs espèces de vers de terre et j'essaye d'enrichir le sol en matière organique : il accueillera ainsi plus de biodiversité et permettra aux plantes de mieux pousser. Comme je récolte les quelques légumes qui poussent, je recycle tous les déchets organiques de la famille (sous forme de lombricompost bien sûr !) et une partie de mes urines (au moins à la belle saison) pour compenser la perte de nutriments minéraux (qui partent avec la récolte). Cela devrait aussi contribuer à augmenter la quantité de matière organique du sol. Plein de petites synergies se mettent en place et augmenteront à terme, normalement, l'autonomie de la toiture végétalisée et de ses plantes.

Historiquement, les chercheurs en écologie ont commencé par étudier les écosystèmes naturels mais ils étudient de plus en plus des écosystèmes modifiés à divers degrés par les humains (on parle d'écosystèmes anthropisés) comme cette toiture végétalisée. L'artificialisation des écosystèmes et l'impact général des sociétés humaines sur la biosphère ont pris beaucoup d'ampleur au cours du temps, à l'échelle de la planète. Juste après la seconde guerre mondiale, il était facile pour les pionniers de l'écologie scientifique de trouver des écosystèmes peu touchés par les humains, mais cela est beaucoup plus difficile de nos jours. Clairement, à l'heure actuelle, l'ensemble de la planète est affecté par les activités humaines, au moins du fait du changement climatique qui touche par définition toute l'étendue des continents et des océans. De nombreuses autres perturbations humaines ont une portée globale. L'intérêt croissant des chercheurs en écologie pour les écosystèmes anthropisés est aussi dû au fait que l'écologie a souvent été vue à ses débuts comme une science fondamentale, une science de la nature, s'appliquant à décrire et analyser « la nature » imaginée comme indépendante des humains[1]. Peut-être s'agissait-il aussi, pour une partie de la communauté des écologues, de construire une nouvelle science, d'en fonder les bases, de démontrer qu'elle était au même rang que la biologie et la physique. Pour cela, les chercheurs se sont beaucoup focalisés sur des systèmes écologiques « naturels » et tous les mécanismes sous-jacents déjà très complexes, avant même de prendre en compte leurs interactions avec les sociétés humaines. À l'inverse, l'augmentation des impacts humains sur le fonctionnement de la biosphère a conduit, petit à petit, à une double prise de conscience, appuyée par des données scientifiques de plus en plus nombreuses : les sociétés humaines détruisent de manière difficilement réversible la biodiversité et dégradent le fonctionnement des écosystèmes et, comme elles dépendent de la biodiversité et du fonctionnement des écosystèmes, nos sociétés sont menacées. Les chercheurs écologues ont compris qu'ils avaient la responsabilité cruciale d'analyser les relations entre la « nature » et les humains et étudient de plus en plus l'agriculture (d'où le développement de l'agroécologie, voir chapitre 7), l'écologie des écosystèmes urbains et les moyens à mettre en œuvre pour préserver la biodiversité…

Ce cheminement, c'est celui que j'ai suivi durant ma thèse sur le palmier Rônier (chapitre 2). J'ai d'abord « seulement » cherché à comprendre la démographie de ce palmier étudié dans une réserve de savane considérée comme très peu touchée par les humains. Travailler dans ce contexte, passer beaucoup de temps à réfléchir à des questions assez théoriques, essayer d'interpréter des résultats de terrain compliqués et de déduire les mécanismes écologiques, démographiques et évolutifs responsables de ces résultats m'a beaucoup plu. Dans la plupart des cas, les raisonnements que nous utilisions et les mécanismes impliqués étaient complètement indépendants des humains. On pouvait considérer les mécanismes découverts comme « universels ». On ne s'occupait pas directement de savoir si les résultats pourraient un jour nous servir. Je me souviens avec délectation de longues séances d'interprétation des résultats devant un tableau noir dans le bureau de Luc Abbadie, avec Jean-Claude Menaut, Jacques Gignoux et Jean-Christophe Lata. Les séances étaient très animées et pouvaient durer tard le soir. Les arguments étaient souvent fondés sur des schémas bizarres qui recouvraient vite tout le tableau comme une enquête policière. On cherchait le jeu d'hypothèses le plus simple, compatible avec tous les indices récoltés par le travail de terrain et les expériences. Les données de terrain étaient parfois incomplètes ou il était souvent impossible de trancher entre différentes hypothèses alternatives. Dans le cas du Rônier, une difficulté particulière vient du fait qu'il vit très longtemps (plus de cent ans) : on devait faire des déductions à partir de leur répartition spatiale (décrite par des cartographies des individus palmiers sur quelques hectares) et de « seulement » quelques années de données démographiques. Ce travail passionnant demandait beaucoup de persévérance. Je pense que toutes les chercheuses et chercheurs apprécient profondément leur travail, avant tout, du fait d'une curiosité insatiable et du plaisir de comprendre, de construire et de démontrer des théories complexes. J'éprouve une sensation toute particulière quand j'ai l'impression d'avoir mieux compris un nouveau phénomène, d'avoir éclairé d'un nouveau jour un petit domaine de connaissance, même si c'est en répondant à une question qui n'intéresse qu'une poignée d'humains. Généralement, le passage de l'interprétation de nouveaux résultats empiriques à la construction d'une nouvelle théorie ou l'amélioration de théories existantes passe par la création d'une forme de beauté : la théorie doit être simple, évidente, inspirante… Elle doit être capable d'expliquer en quelques mots ou quelques équations toute une gamme de phénomènes et de résultats, un peu comme les vers d'un poème suggèrent en quelques syllabes de nombreuses sensations et émotions.

Je ne sais pas exactement comment, ni pourquoi j'ai commencé à m'intéresser aux applications de mes recherches mais Luc Abbadie a sans doute joué un rôle déterminant. Après mon recrutement à l'IRD auprès de Patrick Lavelle et une fusion entre laboratoires, je me suis retrouvé dans celui que Luc dirigeait, Bioemco (Biogéochimie et écologie des milieux continentaux). Luc a toujours été un peu visionnaire. Il a compris avec beaucoup d'acuité les enjeux cruciaux pour les sociétés humaines en lien avec les connaissances produites par l'écologie scientifique. Il a su garder une vision large et ouverte des interactions entre science et société et a ainsi réussi à faire collaborer au sein du même laboratoire tous les domaines de l'écologie. Ce n'était pas gagné ! Il a aussi tendance à refuser la distinction stricte entre science fondamentale, qui chercherait librement à comprendre le fonctionnement de la nature, et science appliquée qui serait inféodée aux besoins sociétaux[2]. Je pense qu'il a raison. Bien sûr, il est légitime d'effectuer des recherches ne répondant pas directement à un besoin de la société. La recherche a toujours fonctionné ainsi, en partie. Cela permet d'améliorer notre compréhension du monde tous azimuts et d'assouvir notre curiosité, notre besoin de sens. C'est aussi indispensable de s'appuyer sur cette compréhension pour répondre aux besoins concrets de nos sociétés et développer des applications ou trouver des solutions. Souvent, les recherches fondamentales débouchent fortuitement sur des applications, sans qu'il soit possible de le prédire.

Il ne faut pas hiérarchiser la valeur des différents types de recherche. Les recherches fondamentales n'ont pas plus de valeur que les recherches appliquées et réciproquement. Répondre à des questions théoriques ne demande pas aux chercheurs d'être plus créatifs que résoudre des problèmes pour répondre à une demande de la société. De plus, les recherches fondamentales et appliquées doivent être considérées comme étant en synergie. On rappelle tout le temps, à juste titre, que sans recherche fondamentale il n'y aurait pas de recherche appliquée. Il faut cependant bien comprendre que les recherches appliquées stimulent les recherches fondamentales. Sans l'une, il n'y a pas l'autre. En cherchant à résoudre un problème pratique, on se rend souvent compte de notre manque de connaissances plus fondamentales (quels sont les mécanismes importants ?) et on est amené à développer de nouvelles théories et à démarrer de nouveaux programmes de recherche. Cela signifie qu'il y a une continuité entre recherche fondamentale et appliquée, et que la faire vivre et relier de manière fluide tous les types de recherche, sans les opposer recherche fondamentale et appliquée est un enjeu important[3]. Cela ne veut pas dire que tous les chercheurs doivent individuellement développer à la fois des recherches appliquées et fondamentales mais, simplement, que la communauté des chercheurs et le système de recherche doivent collectivement prendre en charge tout le gradient des recherches et s'organiser pour développer au mieux les synergies nécessaires. Il n'est pas sûr que le système de recherche français fonctionne parfaitement pour atteindre ces objectifs.

L'ingénierie écologique

À partir de là, le laboratoire Bioemco, poussé par Luc Abbadie, a participé au développement du domaine de l'ingénierie écologique en France. Comme cette discipline s'est d'abord développée aux États-Unis, un séjour de Clive Jones[4] au laboratoire nous a aussi aidés à travailler dans cette direction.

Mais qu'est-ce que l'ingénierie écologique ? Pour moi, il s'agit du domaine scientifique (et sa mise en pratique concrète) regroupant toutes les applications de l'écologie[5]. L'idée générale est que les activités humaines sont très souvent dommageables pour la biodiversité et le fonctionnement des écosystèmes et que, quand les sociétés humaines manipulent des systèmes écologiques, elles le font très souvent sans prendre en compte explicitement les connaissances développées en écologie sur ces systèmes et permettant potentiellement de prédire l'effet de ces manipulations. De ce fait, l'ingénierie écologique vise explicitement à prendre en compte les connaissances développées par tous les domaines de l'écologie scientifique pour manipuler les systèmes écologiques (une forêt, un champ, une population de poisson que l'on pêche, un parc urbain…), a priori d'une manière plus durable, et pour atteindre des buts particuliers. Ces buts pouvant être très variés, il existe de nombreux domaines d'application et types d'ingénierie écologique. On peut penser en priorité à l'écologie de la restauration qui vise les écosystèmes dégradés, à l'écologie de la conservation (qui vise à préserver la biodiversité, même si je soupçonne que la plupart des écologues de la conservation ne se reconnaîtraient pas dans le terme d'ingénierie écologique), l'agroécologie (thème développé dans le chapitre 7) et toutes les recherches, souvent menées en zone urbaine, visant à construire des petits écosystèmes durables (parcs, toitures végétalisées…) et fournissant des services écosystémiques particuliers. En prenant en compte les connaissances écologiques, on peut essayer de tirer le meilleur parti des processus écologiques et, du coup, moins intervenir sur les systèmes écologiques manipulés. Pour l'agroécologie, cela veut dire qu'on utilise moins d'intrants (engrais, pesticides, sources d'énergie non durables…). On les remplace le plus possible, tout comme le travail humain et la mécanisation, par les processus écologiques. On essaye ainsi de créer des systèmes relativement autonomes, nécessitant moins d'entretien (et donc par exemple moins d'énergie venant de l'extérieure du système). Ils sont durables parce qu'ils utilisent moins de ressources non-renouvelables et qu'ils impactent moins la biodiversité et le fonctionnement des écosystèmes naturels.

Pour définir l'ingénierie écologique, on peut aussi parler de « services écosystémiques », c'est-à-dire l'ensemble des bénéfices des écosystèmes (et de la biodiversité qui sous-tend leur fonctionnement) reçus par les sociétés humaines. On y retrouve notamment les services d'approvisionnement, de régulation et les services culturels. Les premiers sont les plus faciles à comprendre : il s'agit de toutes les ressources renouvelables que nous fournissent les écosystèmes naturels ou anthropisés dont la biomasse, le bois, les fibres, les céréales, les légumes et les fruits cultivés, les animaux élevés, chassés ou pêchés, etc. Les services de régulation correspondent à la capacité des écosystèmes à réguler le climat et les inondations et les services culturels sont les avantages non-matériels que nous retirons des écosystèmes, par exemple les activités récréatives se déroulant dans la nature, le tourisme dépendant du patrimoine naturel ou les aspects culturels et spirituels de nos sociétés liés aux écosystèmes.

Une fois les services écosystémiques définis, on peut redéfinir l'ingénierie écologique comme le moyen de créer, restaurer ou transformer des écosystèmes pour qu'ils fournissent durablement certains de ces services. Par exemple, l'agroécologie vise bien à la mise en œuvre de services écosystémique de production (aliments, fibres…) : remplacer les intrants par des services écosystémiques « au sens strict », c'est-à-dire des mécanismes écologiques qui dépendent le moins possible du travail humain et de ressources extérieures (énergie, pesticides, engrais…) qui, de plus, ne sont pas produites durablement[6]. On peut aussi concevoir et favoriser des espaces verts en ville, fournissant des services importants de régulation (par exemple la régulation de l'îlot de chaleur urbain, voir ci-dessous) et récréatifs. L'écologie de la conservation ne vise pas la fourniture de services écosystémiques aux humains dans la mesure où la biodiversité ne constitue pas, en elle-même, un service. Cependant, elle est indispensable au bon fonctionnement des écosystèmes (chapitre 5) et constitue un patrimoine garantissant l'adaptation future de ces écosystèmes à des conditions changeantes. Protéger la biodiversité contribue ainsi indirectement à la fourniture durable de services. Bien sûr, il est primordial de protéger la biodiversité indépendamment de son utilité pour les humains et de l'utilisation que nous en faisons, à la fois parce que c'est l'ensemble de la biodiversité qui participe au fonctionnement de la biosphère et à sa régulation et parce que la biodiversité possède une valeur intrinsèque non-anthropocentrée (on peut même parler de valeur non-anthropogénique si on veut insister sur une valeur de la biodiversité qui ne serait pas pensée par des humains). Enfin, l'écologie de la conservation peut aussi être rattachée au reste de l'ingénierie écologique dans la mesure où il s'agit de manipulations (par exemple, la réintroduction locale d'une espèce) de systèmes écologiques (des espèces, des communautés d'espèces, des écosystèmes qui sont menacés) qui doivent être basées sur les connaissances les plus complètes possibles des mécanismes écologiques, démographiques et évolutifs (au sens darwinien) impliqués.

L'écologie de la restauration vise à faire revivre des écosystèmes qui ont pu être dégradés ou complètement détruits[7]. C'est un champ extrêmement important vu l'ampleur de la transformation des écosystèmes imposés par les sociétés humaines à la biosphère (par exemple, une forêt est transformée en champ) et la surface des écosystèmes dont le fonctionnement et la biodiversité ont été en partie dégradés. On estime ainsi que 70 % de la surface des écosystèmes continentaux et 40 % des océans ont été dégradés par les humains[8]. L'écologie de la restauration a donc, malheureusement, un bel avenir devant elle. Selon les cas, la restauration va insister sur la réintroduction des espèces clefs de l'écosystème concerné. Par exemple, pour restaurer ou recréer une forêt primaire équatoriale, il est indispensable de planter des arbres des espèces rencontrées dans la forêt que l'on veut reproduire. Elle passe aussi souvent par des modifications du milieu physico-chimique : pour restaurer une zone humide il faut souvent mettre en œuvre des travaux de terrassement importants pour en réguler la circulation de l'eau. En fait, comme toujours en écologie, on doit jouer à la fois sur les interactions entre les organismes, et entre ces organismes et leur milieu physico-chimiques. La restauration écologique (comme l'ensemble de l'ingénierie écologique) joue donc le plus souvent, de manière coordonnée, à la fois sur la réintroduction d'espèces clefs et sur des modifications de leur milieu. Dans beaucoup de cas, les sols des écosystèmes doivent être eux-mêmes restaurés parce qu'ils ont été pollués. Cela a conduit au développement de beaucoup de techniques de dépollution, comme la phytoextraction des métaux lourds (plomb, zinc...). On cultive sur le sol des plantes qui absorbent les métaux lourds par leurs racines et sont capables de les accumuler dans leur biomasse. En exportant cette biomasse on arrive à diminuer la quantité de métaux lourds dans le sol.

Comme dans tous les types d'ingénierie écologique, la restauration écologique doit permettre d'obtenir des écosystèmes les plus autonomes possibles. Le travail initial de restauration peut nécessiter beaucoup de travail humain, des machines... mais l'écosystème doit ensuite pouvoir fonctionner seul, sans intervention humaine, comme l'écosystème naturel qui lui sert de modèle. L'agroécologie vise à diminuer les interventions humaines et les intrants mais ne peut pas les éliminer. Par exemple, pour des cultures annuelles, il faut chaque année ressemer les plantes et il faut aussi, évidemment, les récolter. Une agriculture basée sur des plantes pérennes (des arbres fruitiers, par exemple) permettrait a priori ne diminuer les interventions humaines.

La restauration écologique pose de nombreux problèmes techniques et « philosophiques ». Premièrement, de nombreux écosystèmes sont pratiquement impossibles à restaurer « à l'identique » ou cela prend beaucoup de temps. Une forêt peut repousser en quelques dizaines d'années mais reconstituer une forêt primaire équatoriale, avec les mêmes sols, la même biodiversité végétale et animale, etc., est probablement complètement impossible à l'échelle de quelques générations humaines. Cela signifie en premier lieu que l'existence du champ de l'écologie de la restauration ne peut absolument pas justifier, dans le présent, la détérioration d'un écosystème par nos activités, sous prétexte qu'on pourra le restaurer dans le futur. Ensuite, différentes approches coexistent en écologie de la restauration et, même si elles ne sont pas antinomiques, on est souvent obligé de faire des choix importants. Ainsi, certaines opérations de restauration se focalisent sur la restauration d'un certain niveau de biodiversité, alors que d'autres se focalisent sur la restauration d'une certaine qualité de fonctionnement écologique (production primaire, capacité à rendre un service écosystémique particulier). Dans la même veine, restaurer un écosystème implique que l'on fasse référence à un état passé que l'on cherche à retrouver. Mais comment le choisit-on ? Avec quels arguments ? Cette question n'est pas du tout triviale parce que toutes les caractéristiques des écosystèmes changent au cours du temps. Restaurer à l'identique un écosystème donné tel qu'il était il y a 200 ans peut n'avoir aucun sens dans la mesure où le climat qui a changé durant ce temps va encore se réchauffer dans le futur, du fait des activités humaines émettrices de gaz à effet de serre. On risquerait, par exemple, de reconstruire un écosystème qui n'arrivera pas à se maintenir dans le climat futur. Sans rentrer dans les détails, cela montre aussi que la restauration écologique, comme toutes les manipulations de la biodiversité ou d'écosystèmes, pose de nombreux problèmes éthiques.

Si elle prend de l'importance de nos jours, il est tout de même important de comprendre que nous n'avons pas seulement modifié une partie des écosystèmes de la planète mais que nous les avons massivement transformés en des formes nouvelles sans équivalent[9]. C'est notamment le cas pour tous les systèmes agricoles ou les plantations d'arbres. Ces écosystèmes sont originaux à la fois par leurs caractéristiques physico-chimiques et par la composition des espèces qu'elles abritent. Un champ est un milieu homogénéisé par les pratiques agricoles, qui est occupé chaque année essentiellement par une seule espèce végétale, alors que les écosystèmes naturels tendent à être très hétérogènes et à abriter de nombreuses espèces végétales. Ces nouveaux écosystèmes ne restent cependant pas vides de toute vie. De nombreuses espèces animales, végétales et microbiennes s'adaptent pour y vivre et exploiter les ressources qui y sont disponibles. Ces nouveaux écosystèmes représentent des pressions de sélection très fortes pour les organismes vivants : ils font évoluer ces organismes au sens darwinien. C'est ainsi que de nombreux organismes se sont adaptés aux systèmes agricoles. On peut penser aux « mauvaises herbes » (les adventices des cultures) qui arrivent à pousser dans les champs, mais aussi aux « agresseurs des cultures » (insectes, champignons, nématodes…) qui s'attaquent aux plantes cultivées fournissant une source quasi inépuisable de nourriture très homogène (même variété cultivée sur de très grande surface) souvent très nutritive (enrichie en nutriments minéraux du fait des engrais). De la même façon, une fois ces organismes adaptés à se nourrir des plantes que nous cultivons, nous essayons de les protéger en utilisant massivement des pesticides, qui représentent une nouvelle pression de sélection pour ces organismes. Ces organismes développent très vite des résistances aux pesticides et nous devons alors trouver de nouvelles molécules pour créer de nouveaux pesticides et contourner ces résistances.

On peut se demander si l'ingénierie écologique bénéficie nécessairement à la biodiversité. D'un côté, elle est a priori une activité anthropocentrée puisqu'elle favorise la fourniture de services écosystémiques aux sociétés humaines. De ce fait, l'ingénierie écologique privilégie les humains et pas la biodiversité non-humaine. Cependant, comme l'ingénierie écologique met en œuvre des processus écologiques, elle ne peut fonctionner qu'en promouvant la biodiversité ou au moins certaines formes de biodiversité à l'origine des services écosystémiques que l'on souhaite promouvoir. De plus, comme le but de l'ingénierie écologique est aussi de rendre plus durables les activités humaines, elle doit permettre de diminuer l'impact de ces activités, comme l'agriculture, sur les écosystèmes qui ne sont pas manipulés et la biodiversité qu'ils abritent. Enfin, dans le cadre de l'écologie de la restauration ou de la conservation, il s'agit explicitement de rendre à des écosystèmes et à la biodiversité les états antérieurs qui ont été perdus. Le but est bien de réparer certains des dégâts que nous avons infligés à la biodiversité. On peut donc conclure que l'ingénierie écologique doit avoir, en général, des effets positifs pour la biodiversité.

Comme toute manipulation d'un système écologique, l'ingénierie écologique peut cependant conduire à des effets non désirés et non désirables. Ainsi, dans des contextes très variés, l'introduction d'espèces exotiques dans une région où elles ne vivaient pas a souvent conduit à des catastrophes (par exemple l'introduction des chats en Australie a des impacts très négatifs sur la faune locale endémique). Un principe de l'ingénierie écologique est donc de ne pas utiliser des espèces qui ne sont pas localement présentes et d'éviter à tout prix de jouer aux apprentis sorciers, même si les intentions sont bonnes au départ. L'étiquette de l'ingénierie écologique ne peut pas constituer une garantie. Aucune manipulation d'un système écologique ne peut être effectuée à la légère.

Organismes des villes, organismes des champs

Les systèmes agricoles nous permettent de nous nourrir. Nous avons aussi créé les villes où nous pouvons habiter en très grand nombre sur des surfaces réduites. Elles nécessitent la construction de nombreuses habitations mais aussi d'infrastructures variées : routes, moyens de transport, production d'énergie, traitement des déchets… Les villes abritent également une grande quantité d'organismes vivants et constituent une mosaïque d'écosystèmes interconnectés qui vivent en partie dans des « écosystèmes classiques » : dès qu'il y a, en ville, du sol non imperméabilisé, des plantes poussent et des animaux s'en nourrissent. C'est ce qui se passe dans les parcs et les jardins, mais aussi dès qu'il y a une plate-bande ou des interstices dans le goudron… Nous construisons aussi des écosystèmes originaux, complètement artificiels dans nos jardinières, sur les balcons, ou avec les toitures végétalisées. Même les parties les plus minérales et artificielles de la ville, comme une façade d'immeuble ou une surface de béton, peuvent abriter des organismes vivants, et beaucoup d'entre eux (les oiseaux, les insectes volants…) utilisent différentes parties de la ville, en dissociant par exemple les endroits où ils mangent et ceux où ils « nichent ». Les villes abritent sans doute des organismes qui ont des caractéristiques particulières leur permettant d'y survivre, avec de bonnes capacités de dispersion (par exemple pour arriver à passer d'un parc à un autre), et qui sont assez généralistes et opportunistes pour leurs conditions de vie et leur régime alimentaire. Les organismes urbains constituent une espèce de sous-échantillon des organismes vivant à l'échelle de la région et à l'échelle de la planète : comme les villes ont tendance à se ressembler, cela conduit à une forme d'homogénéisation mondiale des plantes et des animaux vivant en ville[10].

Le développement de l'écologie urbaine

La présence de tous ces organismes en ville a justifié le développement récent (depuis les années 2000) de l'écologie urbaine[11]. Toutes les questions que l'on se pose dans les milieux naturels sur l'écologie des populations et des communautés, des écosystèmes ou sur les interactions entre humains et biodiversité se posent aussi en milieu urbain. Décrire la biodiversité et comprendre comment le milieu urbain et les nombreuses contraintes qu'il représente impactent et déterminent cette biodiversité (les espèces présentes, leur abondance, les assemblages d'espèces…) est essentiel pour l'écologie des populations. De nombreux facteurs sont à prendre en compte comme la pollution lumineuse et sonore, ou celle des métaux lourds (issus des combustibles fossiles, des toits en zinc, des plaquettes de frein, des activités industrielles). Mais le facteur le plus important est la structure de la ville elle-même. Quelle est sa taille ? Quelle est sa densité ? Quelle est la surface d'espaces verts ? Comment sont-ils distribués dans l'espace ? Sont-ils interconnectés ? On peut ainsi étudier les métapopulations d'organismes au sein des villes (voir chapitre 7). Il est a priori favorable pour les organismes vivants en milieu urbain que les zones où ils peuvent vivre (souvent les parcs et les jardins) soient suffisamment grandes et connectées les unes aux autres. Cela donne lieu au concept de trame verte urbaine : on peut développer au sein d'une ville un réseau d'espace verts connectés (par exemple par des promenades plantées).

On peut également étudier comment les organismes évoluent au sens darwinien dans les milieux urbains[12] et, en particulier, comment ils s'adaptent à leurs contraintes. En effet, seuls certains organismes arrivent à survivre en ville, ce qui constitue un premier filtre. Mais ces organismes poursuivent alors leur évolution et peuvent, dans certains cas, parfaire leur adaptation à ces contraintes. Ainsi, des plantes arrivent à mieux résister aux métaux lourds rencontrés localement dans les sols des villes. Des petites plantes poussant au pied des arbres d'alignement ont vu la capacité de dispersion de leur graine très rapidement réduite par des processus évolutifs[13] : leurs graines portent des poils qui favorisent leur dispersion par le vent et, en ville, le nombre et la taille de ces poils ont diminué. Beaucoup des graines qui tombent à plus d'une dizaine de centimètres de la plante mère sur le goudron n'ont aucune chance de germer et de survivre. Cela a constitué une pression de sélection très forte, capable de conduire à une diminution de la capacité de dispersion des graines en quelques générations. Une étude compare aussi la stratégie de reproduction des mésanges charbonnières en ville et dans les bois autour[14]. Elle montre que les mésanges urbaines se reproduisent plus précocement au printemps et pondent moins d'œufs. On ne sait pas encore si cette différence est purement phénotypique ou si elle a une base génétique et serait ainsi l'indice d'une évolution particulière des mésanges en ville. Toutefois une autre étude montre qu'il y a bien des différences génétiques entre les mésanges urbaines et leurs parentes rurales[15].

Comment fonctionnent les écosystèmes urbains ?

L'écologie des écosystèmes urbains étudie aussi comment les contraintes des milieux urbains induisent des fonctionnements particuliers. Il s'agit de déterminer si les écosystèmes urbains fonctionnent différemment de leurs pendants en dehors des villes. Les travaux regardent souvent le fonctionnement de base des écosystèmes : par exemple, comment les plantes poussent en ville ! Clairement, la pollution atmosphérique, celle des sols ou l'îlot de chaleur urbain peuvent influencer leur croissance en ville. Une des particularités des villes est que les sols y sont extrêmement remaniés par les activités humaines. Au-delà de toutes les pollutions qui peuvent les toucher, ils ne se forment pas progressivement suivant les règles pédologiques (l'étude des sols) habituelles. Leurs différentes couches sont souvent retournées et mélangées. Des matériaux sont ajoutés (gravats, etc.). Les sols des parcs sont souvent tassés par la marche des promeneurs en cas de forte fréquentation. Ils sont également transportés d'un bout à l'autre de la ville ou de la campagne vers la ville en fonction des nouveaux aménagements et constructions. Comprendre le fonctionnement de ces sols suscite de nombreuses recherches[16].

De plus, comme ils sont à la base du fonctionnement de tous les écosystèmes terrestres, ils sont aussi à l'origine de la plus grande partie des services écosystémiques fournis par les écosystèmes urbains[17] avec l'aide des plantes qui y poussent.

Les sols et la végétation urbaine fournissent plusieurs services de régulation. Ils facilitent la gestion des eaux de pluie en permettant à une partie de s'infiltrer dans le sol et d'y être stockée. En cas de fortes pluies, cela peut limiter les risques d'inondation qui sont augmentés par l'artificialisation et l'imperméabilisation des sols. La végétation en ville peut aussi limiter l'îlot de chaleur urbain. En effet, les constructions et les revêtements sombres (goudron des rues…) augmentent la quantité de chaleur absorbée par rapport à la campagne et différentes activités produisent en plus de la chaleur (moteurs, climatisation…). De ce fait, la température moyenne est plus élevée au cœur des villes qu'autour et des écarts plus grands sont observés durant les périodes de canicule et la nuit. C'est d'autant plus inquiétant que ces températures vont augmenter du fait du dérèglement climatique. La végétation augmente, elle, l'albédo (la quantité de rayonnement solaire, et donc de chaleur, renvoyée vers l'atmosphère) et la transpiration (l'eau absorbée par les racines monte dans les tiges et s'évapore au niveau des feuilles), une réaction qui consomme de la chaleur et crée de la fraîcheur. On estime ainsi qu'une végétalisation importante des villes (espaces verts, arbres d'alignement…) peut permettre d'abaisser la température moyenne de plusieurs degrés (alors que dans les espaces verts la température peut baisser d'une dizaine de degrés)[18].

Bien sûr dans le cadre de l'agriculture urbaine, les sols et les écosystèmes urbains peuvent aussi produire de la nourriture, ce qui correspond à un service écosystémique d'approvisionnement.

Les citadins apprécient de plus en plus les espaces verts pour se promener, pratiquer un sport, se reposer (services écosystémiques culturels). De manière encore plus générale, il est démontré que le contact avec la nature fait du bien[19] et améliore à la fois le bien-être physique et psychique des citadins. Une étude suggère même que des patients convalescents se remettent plus vite d'une maladie si leur chambre donne sur un espace vert. Les mécanismes derrière ces effets ne sont pas complètement compris. Dans certains cas, la végétation peut avoir un effet concret en diminuant certaines pollutions atmosphériques. Les effets psychologiques du contact avec la nature peuvent être dus indirectement à ces effets concrets de la nature, mais pourraient bien venir aussi du fait que les humains n'habitent massivement les villes que depuis peu de temps à l'échelle de l'évolution humaine (notre espèce, *Homo sapiens*, est apparue il y a quelques centaines de milliers d'années). De ce fait, l'évolution de notre espèce dans la nature, nous conférerait une sorte de biophilie : nous nous sentons mieux (la plupart du temps inconsciemment) en contact avec la nature.

Au laboratoire IEES-Paris, nous avons aussi travaillé sur les arbres d'alignement des rues de Paris en nous focalisant sur les tilleuls qui ont un « mode de vie » très particulier. Lorsqu'on plante un arbre, on creuse un trou (un cube d'environ 2 mètres de côté) qui est rempli de sol fertile importé de la campagne autour de Paris. À la surface du sol, seule une petite fenêtre non imperméabilisée par du goudron est maintenue ouverte autour du pied d'arbre. Peu de pluie pénètre donc le sol et peut être absorbée par l'arbre d'alignement contrairement à ce qui se passe en forêt. A priori, l'arbre devra toute sa vie absorber des nutriments minéraux dans le sol qu'on lui a apporté initialement mais, en dehors de ce volume limité, il ne paraît pas facile pour lui d'en trouver (autour, sous le trottoir, sous la rue il y a essentiellement des remblais, du sable, des gravats). Une bonne partie des feuilles mortes sont ramassées et emportées alors que, dans un écosystème naturel, elles se décomposent sur place, fournissant une partie de l'alimentation minérale à l'arbre. En fait, personne ne sait bien où les arbres d'alignement trouvent leur alimentation hydrique et minérale ! Nous avons montré que ces tilleuls sont sensibles au manque d'eau et que leur croissance diminue quand les pluies sont moins abondantes (thèse d'Ambre David). Ce problème pourrait amplifier avec le réchauffement climatique et suggère, par exemple, qu'il faut dès maintenant réfléchir à planter des espèces peu sensibles à la sécheresse. Contrairement à nos hypothèses, nous avons montré que le sol apporté lors de la plantation s'enrichit en nutriments minéraux tout au cours de la vie de l'arbre (thèse d'Aleksandar Rankovic). Nous ne comprenons pas bien ce phénomène, mais il serait en partie dû à la capacité des arbres à puiser des nutriments minéraux en dehors du sol apporté, à l'accumulation de matière organique provenant de la décomposition des racines des arbres et à la pollution urbaine qui leur apporterait de l'azote. En tout cas, cela suggère qu'il faudrait réfléchir à ce que l'on fait quand un arbre meurt. Actuellement, le sol est jeté et remplacé par du « neuf » venant de la campagne (souvent récupéré sur le site de nouveaux chantiers et constructions), ce qui ne paraît pas durable et optimal si le sol jeté est fertile.

L'écologie urbaine permet de travailler sur les interactions et rétroactions entre la biodiversité et les humains. Quand nous décrivons la biodiversité urbaine ou quand nous étudions la croissance des arbres d'alignement, nous devons entrer en contact avec les habitants de la ville (qui se demandent ce que nous faisons quand nous prélevons des échantillons dans la rue !) et les services publics en charge, par exemple, des espaces verts afin notamment de comprendre quels sont les mécanismes humains (psychologiques, sociologiques, économiques, politiques) qui influencent la gestion de la biodiversité et des espaces verts en ville. On étudie également la perception qu'ont les habitants de la biodiversité urbaine et de ses différentes formes, des services ou des disservices (comme les allergies aux pollens ou les moustiques) qu'ils lui attribuent... Mes recherches n'ont jamais porté sur les aspects les plus humains que je viens de mentionner, mais il est intéressant de se rendre compte que la plupart des citadins n'ont pas vraiment conscience qu'il faut du sol pour faire pousser des arbres ou de la pelouse en ville, et que celui-ci est habité par une très grande diversité d'organismes vivants.

Même si la biodiversité urbaine est plus abondante et variée qu'on le pensait initialement, et même si on observe le retour en ville de « gros » animaux sauvages, comme le renard, on ne peut pas imaginer que promouvoir la biodiversité urbaine soit réellement un moyen de protéger la biodiversité à une échelle plus large. Cependant, cela peut favoriser une reconnexion entre les humains et la nature et permettre de lutter un peu contre l'« extinction de l'expérience » de la biodiversité[20]. Bien que les pertes de biodiversité soient assez rapides, aucun humain ne les perçoit d'une année sur l'autre. Il faudrait pour cela être capable de comparer la biodiversité que l'on perçoit maintenant à celle que l'on percevait quand on était enfant mais c'est souvent difficile. C'est ce que désigne l'expression « extinction d'expérience ». Ce problème est renforcé parce que la majorité des humains vivent en ville (en tout cas dans tous les pays développés) et sont en grande partie privés de relation avec la biodiversité. On peut donc espérer qu'en laissant plus de place à la biodiversité en ville, en effectuant des recherches en écologie urbaine associant les citadins, et en agissant pour la formation des citadins sur l'écologie et la biodiversité, on pourra au moins un peu contrecarrer l'extinction de l'expérience de la biodiversité et convaincre une plus grande partie de la population de l'urgence environnementale et de la nécessité de protéger la biodiversité.

Mise en application de l'ingénierie écologique

Par ailleurs, le milieu urbain est un champ d'application très important pour l'ingénierie écologique. Il est possible en ville de créer de nouveaux écosystèmes, d'améliorer la gestion de ceux qui existent déjà (afin de bénéficier de plus de services écosystémiques) et d'augmenter la biodiversité. C'est typiquement le cas avec les toitures végétalisées. Ces écosystèmes complètement artificiels sont mis en place sur des constructions : il faut pour cela recouvrir le toit de couches imperméables et résistantes aux racines, apporter un substrat qui peut être artificiel (mélange de différentes matières minérales et organiques) ou naturel (que l'on a récupéré ailleurs ou en creusant les fondations du bâtiment en question), choisir la profondeur du substrat et les plantes que l'on va planter. Les toitures végétalisées fournissent de nombreux services écosystémiques. En plus de contribuer à la gestion des eaux de pluie, diminuer l'îlot de chaleur urbain, stocker du carbone (dans le substrat) et produire de la nourriture (si on plante des légumes), elles peuvent aussi aider à protéger le toit et renforcer le confort thermique du bâtiment[21]. Toutefois, nos travaux sur les toitures végétalisées à IEES-Paris ont montré qu'il est impossible d'optimiser la fourniture de tous les services à la fois[22]. Il faut ici encore probablement faire des compromis. Il faut ainsi choisir les services, et donc les caractéristiques, que l'on veut privilégier. Évaluer de manière quantitative les services fournis par une toiture végétalisée nécessite encore des recherches, mais c'est indispensable pour l'optimiser (thèse de Lucille Valois).

L'agriculture urbaine et périurbaine est une forme d'ingénierie écologique urbaine pourvu qu'on la développe dans l'esprit de l'agroécologie et non dans le sens d'une agriculture hypertechnologique et, en mon sens, peu durable. Pour moi, l'exemple le plus dystopique est celui de l'agriculture hors-sol dans des conteneurs à la lumière de lampe électrique. Cependant, même s'il est clair que l'agriculture urbaine ne pourra pas nourrir l'ensemble des citadins, elle présente de nombreux atouts. Elle permet, d'une part, de redévelopper l'agriculture en ville (et autour des villes) et peut contribuer à la relocalisation de notre système alimentaire. De plus, l'agriculture urbaine, surtout quand elle les implique directement, peut permettre de reconnecter les citadins à leur système alimentaire, de transmettre des notions de base sur le fonctionnement d'un écosystème, sur ce qu'est un sol ou sur la biodiversité nécessaire à l'agriculture… Cela peut, par exemple, aider à faire prendre conscience de la nécessité de transformer notre système alimentaire pour le rendre plus durable. Enfin, rapprocher spatialement l'agriculture des personnes à nourrir peut diminuer les coûts énergétiques de transports et les coûts environnementaux que nous avons vus précédemment (voir chapitre 7).

Le milieu urbain est aussi une bonne occasion d'apprendre à faire de l'ingénierie écologique des sols. Dans le cadre de l'agriculture urbaine, comme pour les toitures végétalisées, il faut pouvoir créer des substrats capables de faire pousser durablement des plantes lorsque le sol naturel n'est pas accessible. Il paraît, de toute façon, plus durable de créer ces substrats plutôt que de les importer depuis les campagnes autour des villes (comme cela se fait pour les arbres d'alignement). Cette création peut être aussi l'occasion de recycler des déchets urbains[23]. En effet, les déchets organiques issus de notre alimentation fournissent la matière organique de ces substrats. Des déchets provenant de la construction (par exemple, la roche excavée pour construire des fondations, les gravats issus de la démolition de bâtiments) peuvent fournir la matière minérale. Ensemencer ces substrats avec des organismes ingénieurs des sols comme les vers de terre peut accélérer le processus de formation du substrat. La construction de ces substrats artificiels, des technosols, à grande échelle constitue un défi très important pour l'écologie des sols.

D'une manière plus générale, les villes représentent un enjeu très important pour les sciences écologiques qui doivent montrer qu'elles sont capables de comprendre les dynamiques de la biodiversité et le fonctionnement des écosystèmes en milieu urbain. Les villes fournissent une très grande diversité de situations, de configurations et d'écosystèmes contraints qui sont autant d'expériences qui tendent les bras aux écologues pour tester des théories. Similairement, les expériences d'ingénierie écologique, par exemple sur les toitures végétalisées, sont aussi l'occasion de tester des mécanismes écologiques généraux et des théories écologiques. Pour mettre au point des toitures végétalisées, il faut comparer des petits bouts de toitures indépendants en fonction de différents facteurs croisés (la biodiversité des plantes, la profondeur du substrat, la richesse du sol en matière organique...). Cela constitue un cadre idéal pour tester, entre autres, l'effet de la biodiversité végétale sur la fourniture de différents services écosystémiques. Comme toujours, les aspects les plus fondamentaux et les plus appliqués de l'écologie sont liés étroitement[24].

De nombreuses questions éthiques

Bien sûr, toute manipulation d'un système écologique (écosystème, biodiversité...) pose des problèmes éthiques. Il n'est pas facile de s'assurer que ces manipulations vont réussir, qu'elles vont atteindre l'objectif qu'elles visent sans conduire en même temps à des problèmes. On pourrait, par exemple, produire avec succès certains services écosystémiques localement (plus de nourriture) mais causer des pertes de biodiversité ou augmenter la production de disservices (hausse de la pollution par les nitrates). Il n'y a pas de solution absolue à ce type de problème. La meilleure façon d'y remédier est d'abord de prendre en compte tous les résultats des sciences écologiques et de continuer à faire des recherches pour les consolider. On a trop souvent manipulé des systèmes écologiques sans se préoccuper de ce que dit la science pertinente sur la question. Il faut également renoncer à une action d'ingénierie écologique dès qu'il y a trop d'incertitudes sur le résultat et tant qu'on n'a pas testé rigoureusement la technique à petite échelle. Le second problème est que l'ingénierie écologique passe par une forme d'instrumentalisation de la biodiversité qui est alors manipulée alors que, dans le contexte de la crise de la biodiversité, de nombreuses voix s'élèvent pour appeler à une forme de retrait des activités humaines, afin de laisser plus de place à la biodiversité non-humaine. C'est ainsi que certains poussent à la non-manipulation de la nature, à son réensauvagement. Je suis tout à fait en phase avec ce type de mouvement et d'aspiration. Je ne pense cependant pas qu'il y a une contradiction avec le développement de l'ingénierie écologique. Utiliser intelligemment l'ingénierie écologique, c'est l'appliquer à des systèmes écologiques déjà anthropisés. Dans ces systèmes, quand ils sont peu durables, elle devrait permettre de les rendre plus durables et, a priori, y réintroduire plus de biodiversité. De ce fait, les champs d'application privilégiés de l'ingénierie écologique sont l'agriculture et les milieux urbains où la prise en compte de connaissances en écologie a toutes les chances d'être favorable et devrait aboutir à une forme de désartificialisation. L'idée n'est évidemment pas de manipuler des bouts de forêt amazonienne un peu intacts pour qu'ils produisent plus de services écosystémiques. Cependant, la forêt française est en grande partie gérée et passablement artificialisée, les apports de l'ingénierie écologique pourraient donc y être très profitables ! Ils pourraient, par exemple, conduire à une hausse de la diversité des espèces d'arbre notamment dans les forêts plantées de manière monospécifique[25]. Cela aiderait aussi probablement à diminuer les risques d'incendie.

On parle de plus en plus souvent de géo-ingénierie. Il s'agit de mettre en œuvre des actions à grande échelle pour contrer le dérèglement climatique. Étant donné l'urgence climatique, cela ne paraît pas complètement absurde. Une partie de ce qui est proposé n'a pas vraiment de rapport avec l'écologie en tant que science dans la mesure où il ne s'agit que de jouer sur des aspects physico-chimiques. Par exemple, certains ont proposé d'injecter dans l'atmosphère de grandes quantités d'aérosol (des composés soufrés) qui intercepteraient une partie du rayonnement solaire et limiteraient ainsi l'effet de serre. D'autres, en revanche, s'intéressent directement aux interactions entre des organismes vivants et flux de matières et d'énergie. Cela touche donc aux connaissances écologiques et on peut assimiler ces propositions de pratiques à de l'ingénierie écologique à grande échelle : par exemple, la fertilisation de l'océan avec du fer dans des zones où la croissance du phytoplancton est limitée par ce nutriment. Il faut cependant trouver les ressources (en fer, en aérosols soufrés, en énergie...) pour arriver à mettre en œuvre ces projets. De plus, même si ces ressources sont disponibles, ces manipulations sont risquées et posent ainsi de nombreux problèmes éthiques. Il paraît assez difficile d'assurer, dans l'état actuel des connaissances, qu'elles ne poseront pas des problèmes en impactant négativement la biodiversité par rebonds successifs. Pour ma part, j'ai un faible pour un projet que je voie comme de l'ingénierie écologique : l'augmentation des stocks de carbone dans les sols (voir chapitre 4), en particulier des sols cultivés. Il ne serait alors plus dans l'atmosphère sous forme de CO_2 ce qui freinerait le dérèglement climatique[26]. Un des avantages du projet est qu'il s'agit essentiellement de restauration dans le sens où les sols agricoles ont eu tendance à perdre beaucoup de matière organique. Ensuite, augmenter la concentration en matière organique des sols est à la fois favorable à leur fertilité et donc à la durabilité de l'agriculture, et à leur biodiversité. Je ne vois pas vraiment de risque à ce projet, tant qu'on utilise des méthodes durables pour atteindre cet objectif. Par exemple, l'agroforesterie, l'utilisation de plantes de couverture et la culture de plantes qui ont des racines profondes peuvent aller dans le bon sens.

9

Les savanes, le cycle de l'azote et nous

Il y a une tradition à la station d'écologie de Lamto, à laquelle je me tiens et à laquelle j'essaye d'initier tous ceux qui viennent y travailler. À cette latitude, proche de l'équateur, la nuit tombe brutalement, toute l'année, avant 18h30. Avec elle vient un peu de fraîcheur, bienvenue après une journée de travail de terrain et après le dîner. Nous avons donc coutume de marcher sur la piste principale, de la station d'écologie à la station de géophysique pour digérer le surplus de bananes plantain frites (aloko). Le début du chemin conduit à traverser la « savane non-brûlée » qui entoure la station d'écologie. Un pare-feu y a été installé rapidement après la création de la station et l'absence de feu a conduit à un boisement rapide de cette zone, devenue une forêt en moins de soixante ans ! Comme la couronne des arbres recouvre complètement la piste il fait très noir. Aucun bruit humain ne se fait entendre, mais il ne faut pas imaginer un silence parfait. Au contraire, la forêt bruisse des appels d'animaux divers et variés. Cela donne un concert assez chaotique et il est très difficile d'identifier par qui les différents sons sont produits, surtout quand on n'a pas l'habitude des tropiques. Les repères naturalistes européens sont inutiles, ou presque.

En premier lieu, les grandes chauves-souris frugivores, les roussettes, produisent des espèces de claquements indescriptibles qui se répondent et résonnent dans le ciel. Ensuite, il y a toute une foule de batraciens qui font preuve d'une grande originalité dans leurs chants. Certains ressemblent même à des sifflements d'oiseaux. Évidemment, les grillons ne sont pas en reste. Ils sont même bruyants, en particulier l'espèce dont les individus peuvent facilement mesurer cinq centimètres de long. Pour finir, si on a de la chance, on peut entendre les damans des arbres. Ce sont des petits mammifères arboricoles et nocturnes de la taille d'un lapin qui constituent un groupe taxonomique à part dans la classification du vivant mais qui sont classés très près des éléphants. Leurs cris perçants sont assez peu harmonieux et même complètement effrayants, tant ils ressemblent à des cris humains. Leur nom baoulé, « ahua », est justement une onomatopée reproduisant ces cris.

Après une quinzaine de minutes de marche, on arrive à la station de géophysique et on sort de la savane non-brûlée. Pour peu qu'il n'y ait pas trop de nuages et que la lune brille un peu, le spectacle est merveilleux. Il ne fait plus du tout noir. On peut éteindre les lampes frontales et suivre sans difficulté la piste. Le ciel immense scintille d'une multitude d'étoiles que l'on voit rarement aussi bien en Europe du fait de la multiplicité des sources de lumière artificielle. Les silhouettes rassurantes des palmiers Rôniers se détachent clairement sur ce tapis lumineux et projettent quelques ombres sur la piste. On entend toujours le même concert animal. Il fait encore un peu chaud. Les odeurs sont fortes. Il y a toujours un fruit de Rônier qui pourrit non loin et libère un parfum un peu doucereux. Je ne sais pas comment mes collègues apprécient ce spectacle, mais il me met toujours dans un état de joie paisible, de rêverie un peu méditative, malgré le côté désordonné de la bande-son. L'absence de trace humaine, une fois éloigné de la station de géophysique, et la vivacité intense des signaux renvoyés par la nature font aussi réfléchir à notre place dans l'ensemble de la biosphère et au fonctionnement des écosystèmes, qui se débrouillent très bien sans nous. Il y a un réel plaisir à être face à une nature non contrôlée voire, paradoxalement pour un chercheur en écologie, à accepter de ne pas tout comprendre dans le fonctionnement de cette nature grouillante, multiforme et complexe. Ce spectacle nocturne et toutes les sensations l'accompagnant peuvent aussi me conduire à me reposer mes questions de recherche favorites, avec un peu de recul. Pourquoi pas des questions sur le cycle de l'azote ?

Le cycle de l'azote

L'azote est un des composants essentiels de tous les organismes vivants puisqu'il représente environ 10 % de la masse sèche des animaux. C'est un composant essentiel de tous les acides aminés et donc des protéines. De ce fait, l'azote et son cycle sont au cœur de nombreux problèmes environnementaux. On parle de cycle parce que chaque atome d'azote présent dans un écosystème peut être recyclé de nombreuses fois. L'azote minéral est indispensable pour les plantes : elles l'absorbent grâce à leurs racines, puis il est intégré à la biomasse des plantes, à leur matière organique, et, enfin, il retourne au sol via la matière organique morte quand les feuilles et les racines meurent. Une fois qu'elles sont décomposées (fig. 6), l'azote retrouve une forme minérale qui peut être de nouveau absorbée par les racines vivantes. C'est pour cette raison, et parce qu'un système agricole exporte beaucoup d'azote lors de la récolte (les grains de blé, les légumes, les fruits contiennent de l'azote sous forme organique et sortent de l'agroécosystème pour que nous les consommions), que les agriculteurs utilisent des doses massives d'engrais azoté (souvent plus de 150 kilogrammes d'azote par hectare de blé en France), au moins pour l'agriculture industrielle. En effet, il est indispensable de remplacer l'azote exporté pour maintenir la fertilité du sol et assurer les récoltes futures. Mais, on l'a vu, la production d'engrais azoté est coûteuse en énergie (du gaz naturel) et l'excès d'engrais dans les agroécosystèmes conduit à des émissions de gaz à effets de serre et à la pollution des écosystèmes par les nitrates (voir détails ci-dessous). Fondement de la vie terrestre et facteur clé dans le fonctionnement de tous les systèmes agricoles, le cycle de l'azote est un sujet de recherche de choix dans tous les types d'écosystème. Il a aussi été longuement étudié dans la savane de Lamto.

Les plantes absorbent les substances minérales dissoutes dans l'eau du sol par leurs racines. Elles fixent aussi le carbone atmosphérique (le fameux CO_2) par la photosynthèse pour fabriquer leur matière vivante (biomasse) et incorporent ces substances minérales aux molécules synthétisées. Les herbivores se procurent leurs substances minérales en mangeant des plantes, puis les carnivores en mangeant des herbivores. Dans la biomasse de tous les êtres vivants, les substances minérales sont intimement liées au carbone au sein des mêmes molécules organiques. Elles sont ensuite recyclées au cours de l'excrétion et de la décomposition de la matière organique morte qui est consommée par des organismes décomposeurs (bactéries, champignons, vers de terre...). Ils libèrent ainsi le carbone de cette matière sous forme de CO_2 par leur respiration et les substances minérales contenues dans cette matière, par leur excrétion. Elles peuvent alors être de nouveau absorbées par les plantes.

Le cycle de l'azote comporte deux particularités[1]. D'abord, l'azote minéral peut prendre deux principales formes absorbables par les plantes. La décomposition libère de l'ammonium (NH_4+, première forme) qui peut être transformé en nitrate (NO_3-, deuxième forme) au cours de la nitrification (fig. 6). Cette réaction est assurée par des bactéries et des archées (organismes voisins des bactéries en apparence mais formant un règne à part entière comme les plantes ou les animaux). Le nitrate est beaucoup plus mobile que l'ammonium : il peut, en particulier, être entraîné en profondeur par la pluie (on parle de « lixiviation ») et finit alors dans les nappes phréatiques et les cours d'eau. Il peut aussi être transformé par d'autres bactéries en gaz, en particulier en N_2O, un puissant gaz à effet de serre au cours de la dénitrification. Dans ces deux cas, l'azote est perdu pour l'écosystème. Ensuite, contrairement aux autres substances minérales issues de la dégradation des roches, l'azote provient essentiellement du N_2 contenu dans l'atmosphère. Les plantes et les animaux ne peuvent pas directement absorber cet azote sous forme gazeuse. En revanche, des bactéries du sol, souvent en symbiose avec les plantes légumineuses (trèfle, luzerne, acacia…), sont capables de récupérer le N_2 et de l'incorporer dans leur biomasse (on parle alors de fixation de l'azote atmosphérique), le rendant à terme disponible pour l'ensemble des organismes de l'écosystème. Cette fixation biologique de l'azote atmosphérique est une des fonctions écologiques les plus importantes à l'échelle de la biosphère. Par ailleurs, dans les écosystèmes aquatiques, la fixation de l'azote est effectuée par les cyanobactéries (un groupe de bactérie capable de faire de la photosynthèse) qui font ainsi rentrer de l'azote pour fertiliser ces écosystèmes de la même manière que les bactéries agissent sur la terre ferme.

Ce cycle est donc crucial pour les êtres humains. Pour augmenter la production agricole et nourrir une population humaine croissante, des quantités d'engrais azotés croissantes ont été utilisées au cours du développement de l'agriculture moderne intensive. L'azote atmosphérique est fixé industriellement en utilisant du gaz naturel (suivant la réaction $N_2 + ½\ O_2 + CH_4$ + énergie→$2\ NH_3 + CO_2$, CH_4 est le gaz naturel, NH_3 l'ammoniaque qui peut être facilement transformé en nitrate ou ammonium) qui sert à la fois pour fournir de l'hydrogène et comme source d'énergie. Dans les deux cas, le processus mène à la production de dioxyde de carbone, contribuant au dérèglement climatique. À l'inverse, les bactéries fixatrices utilisent la matière organique morte des sols comme source d'énergie pour fixer l'azote atmosphérique (suivant la réaction N_2 + 8e- + 8H+ énergie→$2\ NH_3 + H_2$, H+ est un proton et e- un électron), on peut donc considérer que cette fixation est neutre en termes d'émission de gaz à effet de serre (cette matière organique a été fabriquée par la photosynthèse en fixant du dioxyde de carbone). Pour fabriquer des engrais, les humains ont augmenté de 50 % la fixation d'azote à l'échelle globale par rapport à la fixation par les bactéries. Cela a un impact majeur sur le fonctionnement de l'ensemble des écosystèmes et de leur biodiversité à l'échelle de la biosphère[2]. L'agriculture produit 24 % des émissions humaines de gaz à effet de serre et la production d'engrais azoté est responsable d'environ 13 % de ces émissions. Par ailleurs, la quantité de gaz N_2O produit par l'agriculture a tendance à augmenter avec la quantité d'engrais azoté contribuant aussi à l'effet de serre et au dérèglement climatique.

Enfin, l'azote s'échappant des champs par lixiviation ou sous forme de poussière emportée par les vents conduit à un enrichissement généralisé de la biosphère en azote. On en parle beaucoup moins que des perturbations du cycle du carbone alors que les combustibles fossiles ne représentent que 8 % (voir chapitre 10) des échanges de CO_2 contrôlés par les écosystèmes (photosynthèse et respiration). Une telle augmentation de la disponibilité de l'azote pour les producteurs primaires et ses effets en cascade sur l'ensemble des réseaux trophiques a nécessairement un impact immense. Cela conduit à une eutrophisation qui perturbe à la fois les écosystèmes terrestres[3] et aquatiques[4]. Dans les écosystèmes aquatiques, cela mène à une multiplication des organismes photosynthétiques unicellulaires (algues microscopiques, cyanobactéries) causant des marées vertes. La biomasse abondante produite finit alors par se décomposer sur le fond de l'eau qui absorbe tout l'oxygène dissout dans l'eau, tuant une partie des organismes qui en ont besoin pour respirer. Certaines cyanobactéries produisent aussi des substances chimiques toxiques qui rendent l'eau impropre à la consommation et peuvent tuer des animaux comme des mammifères. Dans les milieux terrestres l'eutrophisation se traduit souvent par une perte de biodiversité végétale : seules les plantes les mieux adaptées à une forte disponibilité de l'azote se maintiennent.

Recherches en milieu naturel

Dans ce contexte général, nous apprenons beaucoup sur l'écologie du cycle de l'azote dans la savane de Lamto en Côte d'Ivoire. Nous avons ainsi montré, avec nos collègues ivoiriens, que la nitrification était extrêmement faible sous les graminées de Lamto du fait de leur présence. On dit en effet de ces graminées qu'elles inhibent la nitrification. Ces travaux ont commencé par la thèse de Jean-Christophe Lata (fin des années 1990, sous la direction de Luc Abbadie). À cette époque, personne ne croyait qu'une plante pouvait manipuler la nitrification et il a été difficile de publier les premiers articles. La démonstration n'était d'ailleurs pas si facile à faire. Comment déterminer la cause du faible taux mesuré ? Il pouvait être dû aux propriétés du sol de cette savane, défavorable aux micro-organismes nitrifiants, par exemple. Pour apporter des éléments de preuve, il fallait comparer des situations contrastées et décrire précisément le mécanisme de l'inhibition. Jean-Christophe a bénéficié du fait qu'à Lamto, dans les années 1990, il existait une petite zone où la nitrification était élevée. Des touffes de la graminée dominante, *Hyparrhenia diplandra*, ont été transplantées de la zone faiblement nitrifiante à la zone fortement nitrifiante et vice versa[5]. Il faut imaginer un groupe de quatre ou cinq personnes se dépêchant d'enlever proprement des grosses touffes d'herbe à la daba (pioche locale à manche court), les transporter dans des grosses bassines jusqu'à la station d'écologie pour avoir une source d'eau, laver le sol des racines pour ne pas biaiser l'expérience (mettre en évidence l'effet de la plante et pas celui du sol), et replanter les touffes dans un autre coin de la savane. Au bout d'un an, les graminées de la zone faiblement nitrifiante avaient induit une faible nitrification dans la zone fortement nitrifiante et vice versa. Cela suggérait fortement que l'intensité de la nitrification dans un sol est influencée directement par les plantes qui y poussent. À l'aide d'un échantillonnage plus fin, dans la zone faiblement nitrifiante où les graminées inhibent a priori la nitrification, Jean-Christophe a montré que plus la densité de racines de graminées était élevée plus la nitrification était faible, laissant penser que les racines étaient à l'origine de l'inhibition.

Une équipe japonaise en a décrit le mécanisme[6] : les racines relâchent de petites molécules organiques dans le sol, les fameux exsudats racinaires, qui bloquent la nitrification à l'intérieur des bactéries et archées. Pour cela, il a d'abord fallu cultiver des graminées (*Brachiaria humidicola*, une autre graminée africaine) en hydroponie. Les racines poussant dans l'eau, il est plus facile de récupérer dans cette eau les exsudats racinaires. Ces exsudats ont ensuite été appliqués à des bactéries nitrifiantes dans lesquelles un gène de luminescence avait été introduit de telle sorte que quand une bactérie nitrifiait elle devenait lumineuse ! En ajoutant les exsudats de la graminée, les bactéries s'éteignaient : les exsudats inhibaient bien la nitrification !

Mais pourquoi les graminées se fatiguent-elles à inhiber la nitrification ?

Émettre des molécules spécifiques dans le sol est coûteux pour une plante, elle doit dépenser des ressources pour les synthétiser, ce qui justifie l'utilisation du terme de « fatigue ». Mais alors, pourquoi le font-elles ? Pour répondre à cette question, nous avons construit de petits modèles mathématiques (thèses de Simon Boudsocq, de Sarah Konaré, puis d'Alice Ardichvili). Il s'agit d'un petit système d'équations différentielles qui représente le cycle de l'azote (fig. 6). Une équation différentielle est juste un outil mathématique permettant de décrire les variations d'une variable par rapport au temps (mathématiquement la dérivée de cette variable par rapport au temps). Ici, nous avons besoin de plusieurs équations différentielles (on parle alors de système d'équations), une pour chaque compartiment du cycle de l'azote (nitrate, ammonium, l'azote des graminées...). Comme la dynamique des différents compartiments est couplée, chaque équation différentielle exprime les variations d'un compartiment en fonction de la taille de tous les autres compartiments en décrivant les différents flux d'azote entre compartiments (quantité d'azote absorbé par les graminées, quantité d'azote minéral issu de la décomposition de la matière organique...). Nous avons ainsi montré d'une manière rigoureuse que l'inhibition de la nitrification limitait la quantité de nitrate dans les sols, ce qui paraît assez logique, et donc diminuait les pertes d'azote par lixiviation et dénitrification[7] : le nitrate ayant plus tendance « à sortir de l'écosystème » que l'ammonium (par la dénitrification et par la lixiviation, voir précédemment), maintenir l'azote minéral sous forme d'ammonium limite les pertes d'azote minéral. Cela augmente sur le long terme la quantité d'azote disponible dans l'écosystème et permet en retour une hausse de 20 % la croissance des graminées, ce qui contribue à expliquer la très forte production de biomasse de la savane de Lamto.

Les systèmes d'équations différentielles sont des outils universels utilisés dans toutes les sciences, par exemple en chimie, en physique, en climatologie... Elles permettent notamment de décrire la dynamique et le couplage entre différentes variables et facteurs, couplage qui peut avoir des conséquences difficilement prévisibles sans outil mathématique. Par ailleurs, ce modèle permet de rassembler au sein du même formalisme mathématique toutes les connaissances déjà acquises (ici, tous les flux d'azote entre les différents compartiments de l'écosystème). Réciproquement, il nécessite un jeu complet de connaissances (ou d'hypothèses) sur l'ensemble des processus (ici les flux d'azote) pertinents. Par exemple, il ne serait pas cohérent de ne pas inclure un flux parce qu'on n'a pas de connaissance précise sur ce flux. Du coup, quand Simon Boudsocq a commencé à construire ces modèles, nous nous sommes rendu compte qu'il nous manquait une information cruciale : on connaissait la quantité d'azote minéral absorbé chaque année par les graminées, mais pas la proportion qui est absorbée sous forme de nitrate ou sous forme d'ammonium. Les ions sont dissous dans l'eau du sol et absorbés par les racines fines grâce à ce qu'on appelle des « canaux ioniques » qui leur permettent de traverser la paroi des cellules racinaires. On sait aussi qu'il y a des canaux différents pour le nitrate et l'ammonium. De ce fait, les plantes peuvent en théorie « choisir » la proportion d'azote qu'elles absorbent sous forme de nitrate ou d'ammonium.

On a longtemps pensé que les plantes absorbaient nécessairement plus de nitrate que d'ammonium du fait de la plus grande mobilité du nitrate dans le sol (contrairement à l'ammonium, à cause de sa charge négative, le nitrate n'est pas adsorbé sur les argiles et la matière organique morte du sol) et du fait que l'ammonium peut devenir toxique à haute dose car, contrairement au nitrate, il ne peut pas être stocké en grande quantité dans les cellules végétales. En outre, pour des raisons d'équilibre ionique au sein de leurs cellules, à chaque fois qu'une plante absorbe de l'ammonium chargé positivement, elle doit rejeter dans le sol des protons (H^+, chargé positivement) qui contribuent à l'acidification du sol et peut rendre plus difficile l'absorption d'autres nutriments minéraux comme le phosphore. Cependant, le fait qu'une espèce de graminée inhibe très fortement la nitrification laisse penser qu'autour de ces racines l'azote sera surtout sous forme d'ammonium, et qu'elle doit donc être capable de l'absorber ainsi : elle doit « préférer » l'ammonium au nitrate. Nous n'avons pas encore mesuré cette préférence, mais les données préliminaires vont dans ce sens car les graminées poussent mieux quand on les fertilise avec de l'ammonium. Nous ne savons pas non plus, concrètement, quelles pourraient être les adaptations de ces graminées à une nutrition sous forme d'ammonium, mais un mécanisme déjà connu suggère que l'absorption d'ammonium est avantageuse au moins sur un point : lorsqu'une plante absorbe de l'azote, c'est pour l'intégrer à ces molécules organiques, par exemple à ces acides aminés et ces protéines. Cependant, cela ne peut pas être réalisé directement avec le nitrate. La plante doit d'abord le « réduire » et cela nécessite des enzymes et beaucoup d'énergie. Pour certaines plantes, on estime que le coût est d'environ 25 % de la matière organique qu'elles produisent par photosynthèse (transformée en énergie chimique). De ce fait, absorber l'azote sous forme d'ammonium, une forme déjà « réduite », permet à une plante d'économiser de l'énergie.

Étonnamment, le petit modèle mathématique, un peu théorique, que nous avons construit nous a amenés à réfléchir à des aspects très variés du monde réel et à imaginer, par exemple, que les plantes pouvaient avoir une préférence pour le nitrate ou l'ammonium. Il nous a aussi poussés à étudier les mécanismes biochimique (métabolisme de l'azote dans les plantes) et physico-chimique (dynamique du nitrate et de l'ammonium dans les sols) pouvant influencer cette préférence. Nous sommes ici au cœur de l'écologie : il faut à la fois prendre en compte des phénomènes purement biologiques (la biochimie des plantes) et des aspects purement physico-chimiques du fonctionnement des sol. On voit aussi que ce type de modèle mathématique est un outil de réflexion en interaction avec tous les éléments de connaissances déjà acquis sur le système étudié.

Dans ce contexte, Jean-Christophe a encadré la thèse de Tharaniya Srikanthasamy (soutenue en 2018) qui a repris le travail de thèse de Jean-Christophe en le généralisant. Au lieu d'étudier seulement la graminée *Hyparrhénia diplandra*, elle a étudié l'impact sur la nitrification des quatre espèces dominantes de graminées (*Hyparrhénia diplandra, Loudetia simplex, Andropogon canaliculatus, Andropogon schirensis*) et des quatre espèces dominantes d'arbres (*Bridelia ferruginea*, *Cussonia barteri*, *Crossopteryx febrifuga*, *Terminalia glaucescens*) de la savane de Lamto. Elle a pu aussi bénéficier de nombreuses méthodes de biologie moléculaire permettant d'étudier les micro-organismes du sol, qui n'en étaient qu'à leurs balbutiements durant la thèse de Jean-Christophe : les techniques ont énormément progressé en une quinzaine d'années !

Le premier résultat marquant de cette thèse est que les quatre graminées dominantes de Lamto inhibent toutes très fortement la nitrification[8]. Ce sont quatre espèces pérennes (vivant plusieurs dizaines d'années) formant de grosses touffes (jusqu'à 30 centimètres de diamètre). La stratégie d'inhibition de la nitrification semble donc générale et avoir été sélectionnée chez plusieurs espèces au cours de l'évolution : après tout, les mêmes contraintes (sol peu fertile, feu fréquent) et le même type de forme de croissance (plante pérenne en touffes) ont des chances de conduire aux mêmes adaptations. Nous pensons en particulier que des plantes pérennes formant des touffes bénéficient plus de l'inhibition de la nitrification que des plantes annuelles (qui ne vit qu'un an) ou des plantes pérennes que ne forment pas de touffes. En effet, une plante avec une plus forte longévité bénéficie plus longtemps de l'accroissement de disponibilité de l'azote résultant de l'inhibition de la nitrification et, en conjonction, le fait de pousser en touffe lui permet d'avoir, en dessous, un système racinaire plus dense, ce qui devrait faciliter la capacité d'inhibition.

De plus, les arbres étudiés par Tharaniya semblent en revanche stimuler la nitrification. Cette dernière est clairement beaucoup plus élevée (environ soixante-dix fois) sous les arbres que sous les graminées, ce qui ne démontre toutefois pas strictement que les arbres stimulent la nitrification, étant donné que l'inhibition par les graminées suffirait à expliquer cette différence. Pour aboutir à cette conclusion, il nous a fallu comparer la nitrification sous les arbres dans des parcelles de sol nu et sous les touffes de graminées. Nous avons enlevé toutes les plantes des parcelles de sol nu et désherbé pendant un an afin qu'elles ne soient plus directement influencées par celles-ci (sauf éventuellement par un effet relictuel de plantes passées, ou de quelques racines d'arbre à faible densité). Nous avons alors trouvé que la nitrification dans ces parcelles de sol nu a une intensité intermédiaire entre la faible nitrification sous les graminées et la forte nitrification sous les arbres. Cela suggère fortement qu'il y a deux mécanismes en action : une inhibition et une stimulation. Nous ne savons pas du tout à ce stade quel est le mécanisme de la stimulation de la nitrification par les arbres. L'hypothèse la plus simple serait que la plus grande fertilité du sol des bosquets d'arbres (plus de matière organique, plus d'azote)[9] favorise l'activité microbienne en générale et, par la même occasion, la nitrification. Il n'est cependant pas possible d'exclure qu'un mécanisme plus spécifique soit à l'œuvre : les arbres pourraient émettre des exsudats racinaires stimulant spécifiquement la nitrification. Quel que soit le mécanisme, on voit naître une nouvelle question : les arbres ont-ils intérêt à stimuler la nitrification ? S'ils préfèrent absorber l'azote sous forme de nitrate et pas sous forme d'ammonium, stimuler la nitrification paraît être une bonne stratégie pour ces arbres.

Pour donner une réponse plus précise, Sarah Konaré a développé au cours de sa thèse des modèles mathématiques proches de ceux de Simon Boudsocq mais appliqués à l'étude de la compétition entre graminées et arbres pour l'azote dans les savanes[10]. Ces modèles suggèrent que la coexistence entre les graminées et les arbres (et donc la stabilité de la savane) peut être favorisée par l'existence de l'azote minéral sous deux formes, nitrate et ammonium, et par la stimulation de la nitrification par les arbres et son inhibition par les graminées qui crée une hétérogénéité dans la disponibilité du nitrate et de l'ammonium (plus de nitrate sous les bosquets, plus d'ammonium en dehors des bosquets sous les graminées). Cela suggère que les mécanismes permettant à des plantes d'influencer la nitrification et ceux lui permettant de « choisir » d'absorber plus ou moins de nitrate ou d'ammonium ont évolué conjointement. Tout reste à faire, ou presque, pour comprendre comment et dans quelles conditions la capacité à influencer la nitrification est sélectionnée au cours de l'évolution. L'inhibition de la nitrification promeut un cycle de l'azote plus efficace et maintient ainsi une plus grande fertilité. On peut donc supposer que plus un sol et l'écosystème qu'il supporte conduisent à une forte limitation de la croissance des plantes par la disponibilité de l'azote minéral, plus cela devrait sélectionner facilement une forte capacité d'inhibition de la nitrification.

Notre travail à Lamto est assez unique, on ne sait presque rien sur la capacité des graminées et des arbres des autres savanes d'Afrique, d'Amérique du Sud, d'Australie et d'Asie à influencer la nitrification. Cependant, on peut faire dès maintenant l'hypothèse que les autres savanes humides d'Afrique de l'Ouest fonctionnent comme celle de Lamto. Elles partagent une partie de leurs espèces et de leurs conditions environnementales. Il n'est en revanche pas certain que les savanes plus sèches et celles d'Afrique australe fonctionnent de la même façon. Par ailleurs, la capacité d'inhibition de la nitrification de nombreuses graminées africaines (la plus grande capacité à produire de la biomasse et la plus grande compétitivité en découlant) et le fait que les graminées natives n'ont pas cette capacité pourraient expliquer pourquoi les graminées africaines sont plantées dans les pâturages sud-américains et pourquoi une espèce de graminées africaine (*Andropogon gayanus*) est invasive en Australie[11]. Étudier la capacité d'inhibition des graminées de l'ensemble des savanes à l'échelle mondiale permettrait de répondre à ces interrogations et d'avancer significativement dans la compréhension de l'évolution darwinienne de cette capacité[12]. A-t-elle évolué sur un seul continent ? Quelles conditions environnementales sélectionnent-elles pour l'inhibition ? La capacité d'inhibition a-t-elle évolué une seule fois ou de multiples fois ?

Quelles applications ?

Étudier l'inhibition de la nitrification pourrait avoir de nombreuses applications. Actuellement, de nombreuses recherches sont menées pour utiliser l'inhibition de la nitrification en agriculture en « imitant » les savanes. On pourrait chercher à développer des jachères à base de graminées inhibitrices ou les cultiver en mélange avec une céréale. C'est ce que Fatoumata Dramé a testé au cours de sa thèse en mélangeant du maïs et des *Hyparrhenia diplandra*. La solution ultime serait de sélectionner des nouvelles variétés de céréales capables d'inhiber la nitrification[13]. Certaines variétés plus anciennes semblent d'ailleurs avoir gardé partiellement cette capacité. Cela permettrait d'augmenter énormément l'efficacité des engrais azotés, de diminuer la production de gaz à effet de serre, d'améliorer la potabilité de l'eau des nappes phréatiques et de diminuer l'eutrophisation des écosystèmes. En effet, si les plantes que nous cultivons inhibent elles-mêmes la nitrification, les grandes quantités d'engrais azoté épandues sous forme d'ammonium resteront sous cette forme et ne seront pas lixiviées ou dénitrifiées. Deux approches sont possibles dans l'absolu : sélectionner de nouvelles variétés par des méthodes classiques ou trouver les gènes responsables de l'inhibition et les utiliser pour créer de nouveaux OGMs. Sans rentrer frontalement dans les nombreuses polémiques liées au développement et à l'usage des OGM, ma préférence va aux méthodes de sélection classique qui, finalement, reviennent à redonner aux céréales modernes une capacité qu'elles ont perdue au cours de la sélection variétale moderne.

L'inhibition de la nitrification est un exemple de mécanisme très commun. D'une part, les plantes influencent les cycles des nutriments à leur profit dès qu'elles en ont la possibilité[14] ; d'autre part, encore plus généralement, les plantes influencent les organismes du sol qui, en retour, changent les propriétés du sol, ce qui peut finalement favoriser la croissance des plantes. Toutes les plantes ont ainsi développé au cours de leur évolution des stratégies créant des boucles de rétroaction entre elles, le sol et ces organismes. Par exemple, la capacité des plantes à stimuler des bactéries du sol par leurs exsudats racinaires (petites molécules organiques sortant des racines et diffusant dans le sol) augmente la minéralisation de la matière organique du sol et la libération de nutriments minéraux que les plantes peuvent alors absorber[15]. Tous ces mécanismes permettent aux plantes d'interagir au mieux avec le sol et ces organismes devraient être exploités le plus possible en agriculture.

Dans beaucoup d'œuvres de science-fiction (films, romans…), des aliens sont décrits comme en symbiose avec leur planète ou au moins les organismes vivant sur leur planète. Cela se concrétise souvent par des modes de communications exotiques permettant à tous ces organismes d'échanger des informations en temps réel, touchant ainsi à l'idée d'une planète comme super-organisme (Gaïa !). Un bon exemple est le film *Avatar* et sa planète Pandora (probablement pas le meilleur film de science-fiction que j'ai vu) où les humanoïdes bleus communiquent avec les autres organismes de la planète par des espèces de filaments. Bien sûr, tous les organismes vivants que nous connaissons sur Terre (des grands mammifères jusqu'aux plantes ou aux bactéries) ont développé au cours de leur évolution des mécanismes très variés leur permettant d'acquérir des informations sur leur environnement physico-chimique et biotique (quels sont les organismes vivant autour d'eux ? que font-ils ?). Cela conduit souvent à des formes de communication entre organismes (entre plantes, entre plantes et micro-organismes du sol…) qui se traduisent par de simples échanges de molécules. Cependant, aucun moyen de communication sophistiqué n'est nécessaire pour lier tous les organismes de notre bonne vielle planète Terre : nous sommes tous fondés sur la même biochimie, nous sommes composés globalement des mêmes molécules et de mêmes atomes et nous dépendons tous du cycle de l'azote (mais aussi celui du phosphore ou du carbone). Tous les organismes de notre planète sont donc reliés par le cycle de l'azote (mais aussi par le cycle du phosphore, du carbone…) et dépendent des autres organismes qui influencent le cycle de l'azote. Je dépends des animaux et des plantes que je mange et qui me fournissent l'azote dont j'ai besoin pour fabriquer mes protéines. Je dépends également des organismes décomposeurs (champignons, bactéries, vers de terre…) qui décomposent la matière organique morte et fournissent de l'azote minéral aux plantes, et donc des bactéries fixatrices d'azote, souvent en symbiose avec des plantes, qui permettent à l'azote de l'atmosphère de rentrer dans les écosystèmes et les réseaux trophiques, bénéficiant plus ou moins directement à tous les êtres vivants. La morale de cette histoire est que nous devons protéger la biodiversité, mais que nous devons aussi « protéger le cycle de l'azote » à toutes les échelles, de l'hectare de terre agricole à la biosphère. Bien sûr, en tant qu'êtres vivants nous nous sentons plus proches des autres êtres vivants que du cycle de l'azote qui est un concept assez abstrait et qui est lié à des processus physico-chimiques. Il est pourtant en lien avec de nombreux processus biologiques et écologiques : toute la vie sur terre dépend du cycle de l'azote. Pour citer B. Morizot, nous devons avoir des « égards ajustés » pour le cycle de l'azote.

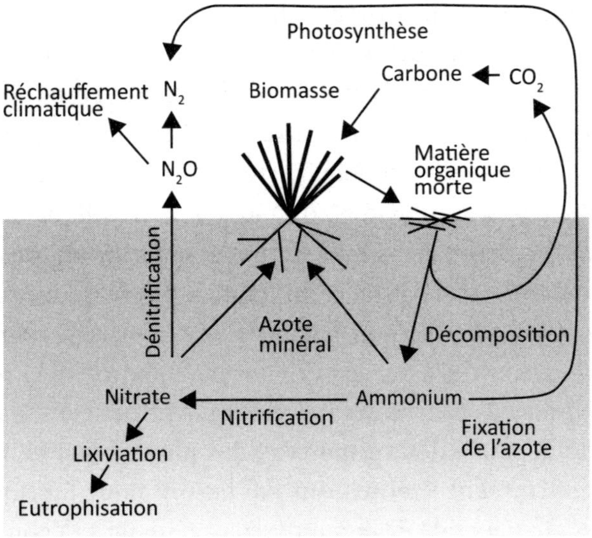

Fig. 6 : Représentation simplifié du cycle de l'azote.

10

La crise climatique et de la biodiversité

Je devais avoir environ six ans, dans la vallée d'Orcières (Alpes) qui a bercé mon enfance et mon adolescence, et j'étais en vacances avec mes grands-parents paternels. Je me souviens encore du matin où mon grand-père m'a réveillé très tôt pour aller voir des marmottes. Le jour se levait sur les montagnes et il faisait frais. Il n'y avait presque personne sur le chemin qui me parut long. Les marmottes étaient faciles à observer sous la superbe cascade du Saut du Laire. J'en avais déjà vu avant et j'en ai vu beaucoup d'autres depuis. Mais, ce jour-là, l'ensemble de la situation m'a profondément touché : mon grand-père avait organisé cet événement exprès pour moi, il me considérait ainsi un peu « en adulte », pour me faire profiter de la beauté du paysage, de la tranquillité et de l'absence d'être humain. Nous avons mangé un bout de pain avec du chocolat. Les marmottes, dont les comportements sont toujours intéressants et drôles, étaient de la partie. Les guetteuses, dressées, émettaient des cris suraigus avant de plonger dans leurs terriers. Les jeunes jouaient. D'autres adultes cherchaient les meilleures plantes à manger. J'entendais l'eau qui tombe de la cascade bruyante et les premiers criquets, je sentais différentes fleurs et, un peu plus loin, le crottin de mouton. Bref, le spectacle était total.

Je garderai toute ma vie un amour immodéré des montagnes. D'abord parce que, dans les pays européens, c'est dans les montagnes qu'on trouve les écosystèmes les moins touchés par les activités humaines et la grande biodiversité qu'ils contiennent. Ensuite, même si j'aime les villes et les humains, s'en éloigner par moments, en montant en haut d'un col un peu isolé, fait beaucoup du bien. Ne plus entendre le bruit d'aucune voiture, profiter d'un paysage grandiose – exotique et dépaysant – d'un ciel immense, d'une solitude au moins partielle, des cinquante nuances de vert de la végétation – depuis la mosaïque de prairie et de champs au fond de la vallée, jusqu'aux différentes espèces d'arbres sur les flancs de la montagne (mélèze, sapin, quelques feuillus) en passant par le vert plus tendre des alpages. Je peux passer des heures à regarder les nuages, et leurs formes changeantes, passer au-dessus des sommets. Les montagnes restent une source assurée de dépaysement. Lorsqu'on arrive dans une zone où il n'y a plus que des rochers, quelques névés et un lac glaciaire, la fraîcheur et les jeux de lumière créent une nouvelle atmosphère. Il y a peu de bruits mais chaque son a une pureté particulière. On pourrait être sur une autre planète. Et puis, les montagnes obligent toujours à monter plus haut pour pouvoir découvrir ce qui se cache derrière. C'est un peu le jeu de la recherche.

Les montagnes, leurs écosystèmes et la biodiversité qu'ils contiennent, sont fortement touchées par les changements climatiques. Elles sont caractérisées par des températures basses, au moins une partie de l'année, mais ces dernières s'élèvent notablement avec le réchauffement climatique, diminuant la durée de la couverture neigeuse, qui fond plus tôt dans l'année. Les glaciers reculent très rapidement provoquant des changements hydrologiques profonds qui touchent aussi les vallées (avec des risques d'inondation ou de manque d'eau en été). L'augmentation des températures permet aux espèces végétales de monter de plus en plus haut en altitude. Les arbres ne peuvent pas dépasser une certaine altitude au-delà de laquelle les températures sont trop basses et la saison de végétation trop courte. Avec l'élévation des températures la «ligne des arbres» a tendance à remonter[1]. Cela menace en même temps les espèces végétales adaptées aux climats les plus froids qui ont tendance à monter de plus en plus en altitude et risquent de disparaître quand elles ont atteint le sommet des montagnes où elles habitent, ne pouvant monter plus haut !

D'une pierre, deux coûts

La crise de la biodiversité et celle du climat sont intrinsèquement liées. Nous devons impérativement résoudre ces deux crises simultanément. En fait, parce que les causes profondes des deux crises (modes de vie, système de consommation, système de production) sont en grande partie les mêmes, en lien avec nos systèmes sociaux, politiques et économiques, nous pouvons contribuer à résoudre les deux en même temps en agissant dessus. De plus, comme les changements climatiques menacent la biodiversité et que les atteintes à la biodiversité (perte d'espèces, dégradation des écosystèmes) peuvent accentuer les changements climatiques (par exemple en renvoyant dans l'atmosphère le carbone stocké dans les écosystèmes), la résolution des deux crises doit se faire en synergie. Cependant, il faut éviter que la résolution de la crise climatique ne prenne le pas sur celle de la biodiversité.

En effet, dans la communauté des chercheurs en écologie, nous avons parfois l'impression que les messages sur l'urgence climatique commencent à être assez connus (ce qui n'empêche pas que nous sommes loin de suivre une trajectoire de réduction des émissions de gaz à effets de serre satisfaisante pour maintenir l'augmentation des températures moyennes annuelles à + 1,5 °C), mais que les messages sur la crise de la biodiversité ont encore du mal à faire leur chemin. Les messages sur le climat peuvent se « réduire » à la quantification des émissions de gaz à effet de serre et à leur résultante en termes d'augmentation de la température moyenne mondiale, mais ceux sur la biodiversité peuvent paraître plus compliqués. Il faut étudier et décrire les pertes de biodiversité à l'échelle mondiale (la disparition des espèces), les changements de biodiversité à l'échelle locale, la nature des changements de biodiversité (quelles espèces disparaissent, que devient leur diversité génétique, comment change la diversité fonctionnelle, c'est-à-dire l'ensemble des fonctions écologiques remplies par la biodiversité, comment le fonctionnement des écosystèmes est modifié). Pour le moment, la communauté des écologues n'a probablement pas réussi à simplifier de manière à la fois juste et intelligible l'ensemble des explications nécessaires. Une difficulté supplémentaire vient du fait qu'une partie importante de la biodiversité paraît complètement inutile pour les humains ou comme « nuisible » (les moustiques, les requins…) mais que l'ensemble de la biodiversité doit être protégé. Enfin, la perception de la biodiversité par les humains est forcément partielle, individualisée, et souffre du problème d'extinction de l'expérience (on ne se souvient pas du niveau de biodiversité présent dans notre enfance, voir aussi chapitre 8). Cela signifie qu'il faudrait en fait éduquer l'ensemble de la société aux outils nécessaires pour comprendre et analyser la complexité de la biodiversité. Il est important, par exemple, de comprendre des graphiques un peu complexes, des statistiques où la moyenne et la variabilité sont représentées simultanément ou le fait que de nombreux facteurs sont à prendre en compte. Ce déficit de culture de la complexité, du grand public aux décideurs, s'est nettement fait sentir lors de la pandémie du Covid 19. Le développement d'une pandémie et la capacité à la stopper dépendent de nombreux mécanismes à petites échelles (le comportement des individus, la transmission du virus…) qui se propagent de manière complexe et difficile à prédire à plus grande échelle (ville, pays…). C'est de l'écologie ! On peut penser qu'une culture plus importante sur ce type de processus et les conséquences en termes d'incertitude sur les prédictions aurait au moins permis des prises de décision dans une ambiance collective plus apaisée.

De l'importance de la culture scientifique

J'insiste ici sur l'importance de donner au plus grand nombre une culture scientifique sur l'écologie et l'évolution darwinienne des organismes. Cela fait partie de mon travail ! Je me rends bien sûr compte que les connaissances et leur partage ne sont pas suffisants pour régler « automatiquement » la crise environnementale profonde que nous avons déclenchée et que cela ne constitue pas non plus le seul levier pour lutter contre cette crise. Quel que soit leur niveau de connaissance sur la crise environnementale ou les mécanismes écologiques, de nombreuses personnes poussent dans le mauvais sens, freinant la transition environnementale parce qu'elles n'ont pas intérêt à cette transition à court terme. C'est le cas, par exemple, pour toutes les entreprises produisant des pesticides ou exploitant et vendant des combustibles fossiles. De nombreuses personnes peuvent aussi ne pas avoir le choix et garder un mode de vie qui va à l'encontre de la transition environnementale par nécessité. Il peut être, par exemple, difficile pour un agriculteur de changer ses pratiques agricoles si ce n'est pas accompagné d'une manière collective (notamment par la législation). La connaissance ici ne suffit clairement pas. À l'inverse, un courant de pensée important met en avant la nécessité de la reconnexion à la nature et à la biodiversité par tous les aspects possibles du sensible. Cela tombe sous le sens que pour changer notre relation matérielle, concrète, à la biosphère et à la biodiversité il faut aussi changer la façon dont nous la percevons. Il faut être capable de la voir, de la sentir, de l'écouter et de la toucher. Il est crucial de réapprendre à voir, sentir, écouter, toucher. Et cela peut s'enseigner en même temps ou à côté de l'écologie scientifique. Compréhension (y compris scientifique), sens, sensibilité et imaginaire ne sont pas en opposition et peuvent se renforcer.

Cela étant, la seule sensibilité ne suffit pas à résoudre la crise environnementale. Cela requiert aussi une compréhension fine des mécanismes impliqués, ainsi qu'une capacité de quantification et de prédiction importantes. Tout ce qu'apportent les sciences de l'environnement, l'écologie... La sensibilité à l'environnement est un levier important pour déclencher des réactions collectives, notamment pour augmenter la pression sur nos gouvernements et nos entreprises pour accélérer la transition environnementale. Mais cette transition requiert aussi des ajustements complexes et collectifs et l'intervention de nombreux aspects complémentaires, dont un système de valeurs et la prise en compte de tous les mécanismes humains (qu'apportent les sciences humaines), y compris psychologiques. Il est clair, par exemple, qu'un individu peut être très sensible à la biodiversité mais émettre beaucoup trop de gaz à effet de serre. Par ailleurs, la sensibilité à l'environnement et à la biodiversité a peu de chances d'être universelles. Par exemple, les agriculteurs ivoiriens avec lesquels je travaille un peu, qui exploitent directement la biodiversité (les sols, les plantes cultivées…), la connaissent mieux que moi par bien des aspects. Ils doivent sans doute faire évoluer leurs pratiques agricoles pour qu'elles soient plus productives et durables, mais je ne suis pas du tout sûr que des arguments sur l'émerveillement vis-à-vis de la biodiversité aient un sens pour eux et que cela aide dans l'évolution du système agricole ivoirien. Cela s'applique aussi probablement à de nombreux agriculteurs français qui connaissent des difficultés financières importantes et qui sont prisonniers d'un système économique internationalisé.

En parallèle, les conséquences du changement climatique peuvent paraître plus tangibles que celles de la crise de la biodiversité, pour le moment. On sait que des populations humaines entières migrent déjà parce que l'île, ou la région côtière, où ils habitent est recouverte par l'océan dont le niveau monte du fait de la fonte des glaciers continentaux. On peut énumérer la liste des « événements naturels », tempêtes, sécheresses, canicules, inondations, etc., qui tuent des humains et que l'on relie au dérèglement climatique (même si ce lien n'est pas toujours facile à démontrer). On comprend aussi que le dérèglement climatique et les changements de pluviométrie perturbent déjà l'agriculture, demandant des mesures d'adaptation urgentes[2]. Ces dommages causés par le changement climatique sont souvent quantifiés en termes monétaires et il est alors possible de montrer que les coûts cumulés du changement climatique dépassent les coûts nécessaires aux transformations de nos sociétés pour limiter ce même changement. On peut aussi estimer l'augmentation de la mortalité qui sera due à l'augmentation des températures et aux épisodes caniculaires[3]. Peut-on effectuer un exercice comparable pour la biodiversité ? En quoi les atteintes à la biodiversité menacent-elles les populations humaines ?

L'impact de la crise de la biodiversité sur les humains

On sait que la biodiversité rend de nombreux services aux humains, les fameux services écosystémiques. Mais quel niveau de biodiversité est-il nécessaire pour fournir tous ces services et allons-nous prochainement en perdre tout ou partie ? Il est très difficile de répondre à cette question, au moins d'une manière précise.

En effet, il est important de maintenir suffisamment d'écosystèmes fonctionnels qui rendent « les services de base ». Il faut, pour cela, a minima, un vrai sol fonctionnel et un couvert végétal permanent, contribuant dès lors à la régulation du cycle de l'eau (par son infiltration) et du climat (au moins en constituant un stock de carbone dans le sol et dans la biomasse). Bien sûr, la transformation des écosystèmes naturels menace ces services : c'est le cas dès qu'on imperméabilise les sols (en construisant des bâtiments, des routes, des parkings…) ou qu'on transforme un écosystème naturel d'une manière trop radicale : par exemple quand on remplace une forêt par de l'agriculture intensive.

Le champ pourra encore participer à la régulation du cycle de l'eau, mais la déforestation va déstocker une bonne partie du carbone initialement emmagasiné dans la biomasse de la forêt (les arbres !) et dans son sol : les pratiques intensives risquent alors de limiter la capacité du sol à restocker du carbone. De ce fait la transformation des écosystèmes naturels par les activités humaines conduit souvent à une diminution des services rendus par ces écosystèmes.

On comprend aussi que, pour que les écosystèmes fonctionnent correctement, ils doivent contenir un certain niveau de biodiversité : il faut au moins que les principaux groupes fonctionnels écologiques soient représentés. Ainsi, les producteurs primaires fabriquent leur matière organique par la photosynthèse en fixant le CO_2 grâce à l'énergie de la lumière, mais il faut également des organismes décomposeurs qui consomment cette matière organique quand les producteurs primaires (ou certains de leurs organes comme les feuilles) meurent. Ce faisant, ils minéralisent la matière organique libérant du CO_2 qui repart vers l'atmosphère et des nutriments minéraux (azote, phosphore…) qui sont ainsi de nouveau disponibles pour les producteurs primaires (voir chapitre 4). Si les consommateurs (herbivores qui mangent les producteurs primaires) et les carnivores (qui mangent les herbivores ou d'autres carnivores) ne sont pas strictement nécessaires au fonctionnement des écosystèmes, ils jouent des rôles clefs dans la régulation de la production primaire. D'autres groupes fonctionnels remplissent des fonctions particulières, jouant ainsi des rôles très importants. Leur disparition entraînerait des conséquences en cascades radicales sur l'ensemble de l'écosystème. C'est, par exemple, le cas des organismes qui créent un habitat, à eux seuls, pour tous les autres organismes ou qui conditionnent leur survie. La mort des coraux provoque ainsi la disparition des récifs coralliens et de tous les organismes (environ 25 % des espèces marines) qui en dépendent pour se nourrir, s'abriter, se reproduire. Or, les coraux sont fortement menacés par le réchauffement des océans. La symbiose entre des polypes (organismes coloniaux appartenant aux cnidaires et construisant les structures calcaires constituant les récifs coralliens) et les algues microscopiques (zooxanthelles) qui forment les coraux est perturbée par l'augmentation de la température de l'eau. Souvent, les algues se retrouvent « expulsées » par les polypes qui colonisent le récif corallien. Le corail en meurt. Cela menace toute la biodiversité qui en dépend, mais aussi les humains qui ont besoin de cette biodiversité pour la pêche notamment. D'autres groupes jouent des rôles clefs. C'est le cas de micro-organismes impliqués dans le cycle de l'azote (voir chapitre 9) ou des vers de terre qui jouent un rôle clé pour l'ensemble du fonctionnement des sols et la croissance des plantes (voir chapitre 6). L'exemple des pollinisateurs est édifiant. Les insectes pollinisateurs (abeilles, bourdons, papillons…) sont nécessaires pour la reproduction de nombreuses plantes (ils les fécondent en transportant le pollen d'une fleur à l'autre et des étamines au pistil, permettant ainsi la production de graines). S'ils disparaissent, de nombreuses plantes disparaîtront avec eux et la production agricole de nombreux fruits et légumes ne sera plus possible. De même, bien qu'aucun groupe de micro-organismes impliqué dans le cycle de l'azote ne paraisse vraiment menacé, la présence des vers de terre diminue dans de nombreux écosystèmes agricoles par rapport aux écosystèmes naturels voisins. Cette réduction conduit nécessairement à une diminution des services écosystémiques[4] qu'ils rendent. Une baisse de la biomasse de nombreux groupes d'espèces pose ainsi un problème important pour le fonctionnement des écosystèmes même si les espèces concernées ne sont pas nécessairement menacées.

En parallèle de ces pertes quantitatives, de nombreuses espèces disparaissent. Il est difficile d'estimer précisément les taux d'extinction actuels, du fait des activités humaines, et de les comparer aux taux d'extinction passés. Des calculs suggèrent cependant que les taux actuels des espèces vertébrées sont cent fois plus élevés que les taux d'extinction passés[5]. Cela signifie que nous élaguons violemment l'arbre du vivant. Les espèces qui ont disparu ne réapparaîtront jamais. Nous perdons en même temps tout leur potentiel d'évolution (au sens darwinien) : nous perdons toutes leurs évolutions possibles, toutes leurs capacités d'adaptation et toutes les interactions écologiques possibles en découlant. De plus, nous sommes le fruit des mêmes processus évolutifs que le reste de la biodiversité et nous partageons des ancêtres communs avec toute cette biodiversité. Cela signifie qu'en la détruisant, nous détruisons « nos cousins » (à des degrés divers). C'est injustifiable d'un point de vue éthique mais la question est aussi de déterminer les conséquences de telles extinctions sur le fonctionnement des écosystèmes et de la biosphère dans son ensemble. La crainte générale chez les écologues est qu'au-delà d'un certain seuil (encore inconnu) de perte d'espèces, les écosystèmes pourraient ne plus fonctionner correctement et « s'effondrer ». Comme expliqué dans le chapitre 5, même si certaines espèces paraissent en partie « redondantes » (elles remplissent plus ou moins la même fonction dans un écosystème), augmenter la biodiversité a tendance à améliorer le fonctionnement des écosystèmes et à les rendre plus stables. La réduire devrait aboutir au résultat inverse. Puisque la pollinisation est plus efficace quand les pollinisateurs sont diversifiés[6], la disparition d'une partie d'entre eux menace la pollinisation et doit conduire à des difficultés de reproduction chez une proportion importante de plantes à fleurs (et à des baisses de rendement pour une partie des plantes cultivées).

L'impact du climat sur la biodiversité…

Revenons maintenant sur le sujet des interactions climat-biodiversité. Le changement climatique affecte la biodiversité de bien des façons. En premier lieu, comme tout changement des caractéristiques de l'environnement, le changement climatique influence de manière réversible les caractéristiques des organismes (leur phénotype, on parle alors de «plasticité phénotypique»). Les organismes changent, par exemple, la date des grands événements rythmant leur cycle de vie comme la floraison ou la chute des feuilles à l'automne. On parle de «phénologie» pour qualifier l'étude de ces modifications. Les animaux et les plantes perçoivent différents signaux dans leur environnement en lien avec les saisons, la longueur du jour, la température, etc., et ajustent en retour leur biologie et leurs comportements. C'est une adaptation au climat et à sa variabilité d'une année sur l'autre. On comprend ainsi facilement que, si la température augmente, les plantes peuvent fleurir plus tôt comme si le printemps devenait plus précoce. De la même manière, les oiseaux migrateurs peuvent effectuer leur migration plus tôt et, par exemple, arriver plus tôt en Europe de retour d'Afrique où ils ont passé l'hiver.

Le changement climatique modifie de nombreuses caractéristiques des animaux et des plantes. Ainsi, les plantes (en fait tous les organismes photosynthétiques) sont sensibles à la concentration de l'atmosphère en dioxyde de carbone (CO_2) qui augmente du fait de la combustion de combustibles fossiles (charbon, pétrole, gaz nature) par les humains. En effet, elles fixent le CO_2 par la photosynthèse et, plus la concentration du CO_2 est élevée, plus la photosynthèse est efficace. Cela facilite la production de biomasse par les plantes et leur croissance. C'est pour cette raison que, dans certaines serres, on augmente artificiellement la concentration en CO_2 pour augmenter la production agricole (par exemple de tomates). Elle favorise aussi la croissance des plantes dans les régions froides, par exemple en allongeant la saison de végétation. À l'inverse, elle défavorise la croissance des plantes dans les régions chaudes ou durant l'été. Le changement climatique conduit aussi à des changements dans l'abondance et la distribution des pluies au long de l'année. Cela influence nécessairement la croissance des plantes en bien ou en mal (en mal, par exemple, si le climat devient trop sec). En plus, parce qu'il faut prendre en compte simultanément tous ces aspects du changement climatique pour prédire comment il va influencer la croissance des plantes, d'autres facteurs peuvent devenir importants. Par exemple, la photosynthèse apporte de la matière carbonée aux plantes mais elles ont aussi besoin de nutriments minéraux (voir chapitre 4) et, si la croissance est stimulée par le CO_2, alors les besoins en nutriments minéraux augmentent. Cette croissance peut donc être limitée par les nutriments qui sont fournis en quantité limitée par le sol, si bien que, dans la durée, l'effet de fertilisation par le CO_2 peut disparaître.

En modifiant la croissance des plantes et des animaux, le changement climatique influence aussi nécessairement la survie de ces organismes ainsi que leur capacité de reproduction. C'est pour cette raison que, dans l'hémisphère nord, les organismes ont tendance à remonter vers le nord pour suivre leur niche climatique : leur survie augmente au nord et diminue au sud où les températures deviennent trop élevées. Le même principe conduit les espèces à remonter vers le haut des montagnes. Cependant, tout dépend de la mobilité des organismes[7] : s'ils sont très mobiles parce qu'ils volent ou qu'ils ont des courtes durées de vie (les organismes font des déplacements à longue distance seulement durant certaines phases de leur cycle de vie), ils pourront se déplacer aussi vite que leur niche climatique ; si, au contraire, ils se déplacent moins vite que le changement climatique, ils ne pourront pas survivre et se reproduire et les espèces seront conduites à l'extinction. Même si le changement climatique apparaît comme un facteur d'extinction moins important que la transformation des écosystèmes (comme la déforestation) et l'exploitation directe des espèces (la pêche, la chasse), de nombreuses espèces sont menacées. On estime ainsi qu'avec une augmentation de la température moyenne globale de 2 °C, 18 % des espèces d'insecte, 16 % des plantes, et 8 % des vertébrés sont menacés[8].

En causant des extinctions d'espèces et en changeant leur distribution géographique (au moins parce que les espèces ont des mobilités différentes), le changement climatique crée aussi de nouveaux assemblages d'espèces et des nouvelles communautés qui n'existaient pas auparavant. Il change donc profondément les interactions écologiques au sein des écosystèmes et l'ensemble du fonctionnement des écosystèmes d'une manière assez difficile à prédire. Ce faisant, le changement climatique crée, directement et indirectement, de nombreuses pressions de sélection sur tous les organismes vivants. J'ai décrit comment de nombreuses espèces changeaient leur phénologie en réponse directe au climat et comment elles pouvaient changer leur aire de répartition géographique. L'autre possibilité est qu'elles s'adaptent au nouveau climat en changeant d'une manière plus profonde les caractéristiques qui dépendent de leurs gènes[9]. Il s'agit alors d'un phénomène évolutif au sens darwinien. Les pressions peuvent être directes : les espèces s'adaptent aux nouvelles conditions climatiques. Par exemple, une plante pourrait développer des racines plus profondes pour aller chercher de l'eau plus profondément et s'adapter à un climat plus chaud et plus sec. Les pressions peuvent aussi être indirectes : comme le changement climatique crée de nouvelles communautés d'espèces et change de nombreux aspects du fonctionnement des écosystèmes, cela pourrait modifier de très nombreuses pressions de sélection et jouer sur l'ensemble des caractéristiques des espèces, y compris celles qui ne sont pas directement liées à l'adaptation au climat. Même si de tels phénomènes ont été mis en évidence, le sujet requiert encore de nombreux efforts de recherche.

Et réciproquement, l'impact de la biodiversité sur le climat

Comme annoncé, la biodiversité et les écosystèmes rétroagissent également sur le climat. En effet, ils abritent et contrôlent de nombreux flux de carbone, de nutriments minéraux, d'eau et d'énergie impliqués dans les changements climatiques.

Par exemple, un écosystème peut stocker ou déstocker chaque année une certaine quantité de carbone. Si des arbres font beaucoup de photosynthèse et que leur forêt est en croissance, cette dernière va puiser du CO_2 dans l'atmosphère et stocker le carbone correspondant dans la biomasse des arbres ou éventuellement dans la matière organique morte des sols. Cela constitue un puits de carbone. À l'inverse, si la forêt se dégrade ou si on la rase, elle va relâcher une partie du carbone qu'elle a stocké dans l'atmosphère. Une forêt rasée a tendance à perdre le carbone de ses sols et une forêt dégradée ou subissant de mauvaises conditions climatiques en perd plus qu'elle n'en fixe par la photosynthèse. En effet, les plantes fixent du CO_2 par la photosynthèse mais, comme les animaux, elles respirent pour produire de l'énergie qui sert au fonctionnement de leurs cellules et de leur métabolisme. Cette respiration libère du CO_2. Une forêt « à l'équilibre » est composée d'un mélange d'arbres de différentes tailles qui se renouvellent au fur et à mesure que les plus vieux arbres meurent ou sont coupés. Elle représente un stock de carbone important qu'il faut maintenir sous peine d'accélérer le changement climatique et elle en relâche autant dans l'atmosphère qu'elle en absorbe. Ce n'est pas un puits de carbone.

Un exemple de rétroaction bien connu est lié au pergélisol (des sols gelés en permanence parce qu'ils se trouvent à des latitudes élevés). Certains de ces sols, par exemple en Sibérie, sont dégelés par le réchauffement climatique, réactivant les micro-organismes qui s'y trouvent et qui recommencent dès lors à se nourrir activement de la matière organique morte qui avait été stockée. Ce pic de minéralisation relâche beaucoup de CO_2 et constitue une boucle de rétroaction positive, pas dans le sens où cela serait positif pour nous, mais dans le sens d'un phénomène qui s'auto-amplifie, d'un emballement. Les émissions anthropiques de CO_2 réchauffent le climat, ce qui dégèle les sols. Cela conduit à de nouvelles émissions de CO_2, donc à un réchauffement plus important…

Bien sûr, d'une manière intéressante et compliquée, un hectare d'écosystème ne peut à avoir, à lui seul, un impact significatif sur le climat, mais l'ensemble des écosystèmes continentaux et marins de la planète le peut. Collectivement, ces écosystèmes, par l'ensemble des stocks des carbones qu'ils représentent et tous les flux de gaz à effet de serre qu'ils contrôlent, ont une influence cruciale sur le climat. Il faut raisonner en termes de stock et flux pour le comprendre. On estime ainsi qu'il y a environ 38 000 gigatonnes (Gt) de carbone (sous forme de CO_2) dissout dans l'eau des océans, 2 000 Gt sous forme de matière organique morte dans les sols des continents, 900 Gt dans l'atmosphère (sous forme de CO_2), 500 Gt sous forme de biomasse végétale sur les continents et 3 Gt sous forme de biomasse dans les océans. Cela montre déjà que la quantité de carbone dans l'atmosphère est du même ordre de grandeur que celle de la biomasse végétale, et que la quantité de carbone contenue dans les sols est un peu plus de deux fois plus grande que celle de l'atmosphère. Cela confirme aussi que le rôle des écosystèmes dans la régulation du climat est important. Quand on examine les flux, on se rend compte que la combustion des combustibles fossiles (pétroles, gaz naturel, charbon) conduit à des émissions d'environ 8 Gt de carbone par an. Or, le flux de fixation de carbone par la photosynthèse des écosystèmes est d'environ 100 Gt par an. Il est compensé plus ou moins parfaitement par un flux de respiration réémettant 100 Gt de carbone par an. Pour les écosystèmes marins, le flux de photosynthèse et de respiration est d'environ

80 Gt par an. Les deux flux (terrestres et océaniques) sont du même ordre de grandeur mais, en pourcentage du stock, cela correspond à 100 / 500 x 100 soit 20 % pour les continents et 80 / 2 x 100 soit 4000 % pour les océans. On comprend donc que le carbone de la biomasse des océans est renouvelé deux cents fois plus vite que celui de la biomasse des écosystèmes terrestres. Dans les océans, la photosynthèse est assurée par des organismes unicellulaires à courte durée de vie (le phytoplancton composé de microalgues, diatomées, cyanobactéries...) et sur les continents par des plantes qui ont, et dont les organes ont, en moyenne une plus longue durée de vie. C'est particulièrement le cas avec le carbone stocké dans le tronc des arbres puisqu'ils peuvent vivre plusieurs centaines d'années et que la décomposition des troncs d'arbres morts peut encore prendre des années. Toujours est-il que le stock de biomasse terrestre (et les flux de carbone liés, la photosynthèse, la respiration des plantes) est très sensible à de nombreux facteurs dont le climat et de nombreuses activités humaines (déforestation). La biomasse contenue dans les océans peut paraître moins influente du fait de sa petite taille, mais tous les processus conduisant à son renouvellement sont très importants du fait de sa rapidité. En fait, une petite proportion du carbone fixée par la photosynthèse dans les océans descend au fond de ces derniers sous forme de matière organique morte, au lieu de retourner rapidement dans l'atmosphère par la respiration des micro-organismes photosynthétiques et des décomposeurs qui s'en nourrissent une fois morts. Cette matière organique (et le carbone qu'elle contient) est alors stockée pour des millénaires dans les sédiments, de la même manière que du carbone peut être stocké pendant des millénaires dans les sols. On parle de « pompe biologique océanique ». Du fait de la très

grande taille des flux concernés, de petits changements dans le fonctionnement de la pompe océanique suffisent à modifier la quantité de carbone stocké au fond des océans, rétroagissant ainsi sur le climat.

Actuellement, du fait de l'augmentation de la teneur en CO_2 atmosphérique, un certain nombre des flux décrits ci-dessus est modifié. Quand la teneur atmosphérique en CO_2 augmente, la teneur en CO_2 dissous augmente également dans les océans. Ainsi, comme le CO_2 facilite la photosynthèse, la production de biomasse par les producteurs primaires augmente à la fois dans les océans et sur les continents. Et elle n'est pas parfaitement compensée par une augmentation des flux de respiration. On obtient un « déséquilibre » qui conduit à un stockage de 6 Gt de carbone par an sur les 10 Gt qui sont déstockés par la combustion des combustibles fossiles. Cela signifie que les écosystèmes arrivent à compenser environ 50 % des émissions de gaz à effet de serre anthropiques. Sans ces écosystèmes, la crise climatique serait bien pire. Mais vont-ils pouvoir continuer à absorber une si grande part du carbone émis par les combustibles fossiles ? Pendant combien de temps ?

Si la photosynthèse a tendance à augmenter avec la teneur en CO_2, la croissance des plantes peut être limitée par d'autres facteurs que le CO_2. Par exemple, au fur et à mesure de l'augmentation de la disponibilité du CO_2, les besoins des plantes en nutriments minéraux deviennent plus élevés car, nous l'avons vu, elles doivent maintenir la proportion de nutriments minéraux (azote, phosphore…) par rapport au carbone dans certaines limites imposées par la biochimie. Cette augmentation des besoins conduit à une diminution radicale de la disponibilité de ces nutriments dans le sol. Le CO_2 perd alors son effet fertilisant et les écosystèmes n'arrivent plus à stocker plus de carbone. Cependant, il faut également tenir compte de la rétroaction des sols. Les nutriments minéraux sont rendus disponibles par la décomposition de la matière organique des sols. Ainsi, la possible limitation de l'augmentation de la croissance des plantes par le CO_2 dépend de la réponse de cette décomposition au changement climatique. L'augmentation des températures peut, a priori, accélérer la décomposition parce qu'elle augmente l'activité des micro-organismes décomposeurs. Le réchauffement climatique s'accompagne de changements dans la pluviométrie avec, selon les régions, des pluies plus ou moins importantes. L'ensemble de ces interactions est très complexe, ce qui donne encore lieu à de nombreuses recherches visant à mieux les analyser et à les incorporer dans les modèles climatiques pour prendre en compte leurs effets sur les flux de CO_2[10].

Les émissions humaines de gaz à effet de serre

Bien qu'elle soit la plus connue du grand public, l'usage des combustibles fossiles n'est pas la seule activité humaine conduisant à des émissions de gaz à effet de serre. La transformation des écosystèmes naturels en zones agricole et urbaine provoque ainsi une émission d'environ 1 Gt par an. C'est en particulier le cas avec la déforestation (voir le début du chapitre). Ce chiffre signifie cependant qu'on peut potentiellement restocker du carbone et freiner le changement climatique en restaurant les écosystèmes dégradés, en replantant des forêts ou en changeant les pratiques agricoles pour augmenter la quantité de matière organique dans les sols agricoles. Mais il faut faire attention à ce que ces actions ne se fassent pas au détriment de la biodiversité, par exemple en construisant des « forêts » qui ne sont que des plantations monospécifiques, et qui ont des chances d'être plus fragiles vis-à-vis de tous les aléas (dont les aléas climatiques, voir chapitre 5), et de stocker moins de carbone que des forêts plus biodiverses. C'est aussi une raison avancée par certains chercheurs pour augmenter la surface des aires protégées marines et terrestres afin de protéger des écosystèmes en bonne santé capables de limiter le réchauffement climatique et la biodiversité[11].

Ce type de raisonnement a conduit à l'initiative dite du « 4 pour 1000 ». Elle s'appuie sur l'idée que le stock de carbone dans les sols est très gros et qu'une faible augmentation annuelle permettrait de stocker beaucoup de carbone et de freiner le réchauffement climatique. Si on considère un stock de carbone dans les sols d'environ 2 000 Gt, une augmentation de ce stock de 0,4 % ou « 4 pour 1000 » conduirait, en théorie, à un flux de stockage de carbone de 2000 x 0,4 / 100 soit 8 Gt par an qui compenserait les émissions de CO_2 dues aux combustibles fossiles[12]. Cette opération serait donc très intéressante ! Cette théorie s'appuie particulièrement sur l'augmentation de la teneur en matière organique des sols agricoles qui a souvent diminué. Pour cela, il faut réduire le labour, faire progresser les amendements de matière organique, incorporer les résidus de culture (tiges et feuilles des plantes qui ne sont pas récoltées et exportées) au sol et diversifier les cultures[13]. Malheureusement beaucoup de problèmes techniques font qu'atteindre complètement et rapidement l'objectif du « 4 pour 1000 » est probablement difficile même dans les sols cultivés[14] et ce, malgré le fait qu'augmenter la teneur du sol en matière organique augmente aussi la fertilité du sol (voir aussi le chapitre 4).

Même si les écosystèmes pouvaient stocker un peu plus de carbone en fonction des traitements que nous leur faisons subir, nous ne savons pas avec certitude si leur rétroaction sur le climat va être positive ou négative. De plus, des mécanismes conduisant à une accélération du réchauffement du climat, suite à la réponse des écosystèmes au réchauffement déjà en cours, ont clairement été identifiés. L'atténuation de la crise climatique passe forcément par le développement de sources d'énergie durables et non-carbonées. Il faut remplacer les combustibles par d'autres sources d'énergie. Comme cela prend du temps et que toutes les sources d'énergie ont des coûts environnementaux (elles ont des effets négatifs sur la biodiversité, requièrent d'autres ressources), il faut aussi diminuer considérablement notre consommation totale d'énergie (au moins pour les pays comme la France à forte consommation d'énergie par habitant).

Si on prend un peu plus de recul nous pouvons réfléchir à la signification de l'utilisation intensive que nous avons fait des combustibles fossiles. Bien sûr, les combustibles fossiles ont eu une très grande influence sur l'évolution des sociétés humaines. Ils ont permis d'améliorer à bas coûts (en terme monétaire et pas environnemental !) nos conditions de vie. D'une certaine manière, ils ont aussi permis de démultiplier le travail musculaire humain et animal. Nous pouvons nous en réjouir. Les combustibles sont ainsi très liés aux développements technologiques des sociétés occidentales qui sont donc responsables au premier chef du dérèglement climatique. On sait cependant que l'impact des combustibles fossiles sur le climat a été envisagé depuis au moins la fin du XXe siècle et a commencé à être démontré et prédit dans les années 1970. Le dérèglement climatique est donc aussi l'histoire des choix de société faits malgré les alarmes de nombreux chercheurs qu'une partie des décideurs (compagnies pétrolières, monde politique) connaissent[15].

Par-delà tous ces aspects sociaux, économiques, politiques et technologiques, on peut aussi voir, avec un peu d'ironie, l'utilisation massive des combustibles fossiles et le réchauffement global en découlant comme une « simple rétroaction » entre la biodiversité et le climat. En effet, les combustibles fossiles sont de la biomasse produite par des écosystèmes, il y a des millions d'années. Le pétrole provient de la biomasse d'organismes marins (planctons) produite essentiellement entre - 350 et - 20 millions d'années, tandis que le charbon a surtout été produit au Carbonifère (entre - 360 et - 295 millions d'années) par des forêts tropicales humides très productives. Sa formation dépendrait également de processus évolutifs au sens darwinien : certains résultats suggèrent que la biomasse morte des forêts du Carbonifère s'est accumulée parce que les champignons n'avaient pas encore développé la capacité à dégrader la lignine (il faut des enzymes spécifiques). Le charbon se serait donc formé grâce à la biomasse créée alors que les plantes terrestres avaient déjà acquis (par l'évolution darwinienne) la lignine et la capacité de former des tiges rigides (et donc des forêts) et jusqu'au moment où les champignons, avec un certain retard, ont acquis la capacité à dégrader la lignine et donc à décomposer le bois avant qu'il ne se fossilise sous forme de charbon. L'évolution darwinienne et l'évolution du climat sur le temps long s'entrechoquent !

La transformation de ces biomasses en charbon et pétrole a alors requis des conditions géologiques particulières : la biomasse devait être immergée sous l'eau pour échapper à la décomposition, puis être enfouie sous des sédiments. Les humains en brûlant ces biomasses fossiles ont plus ou moins agi comme les vers de terre qui nourrissent de la matière organique morte des sols : nous avons relâché du carbone sous forme de CO_2 et il a été fixé par des organismes vivants grâce à la photosynthèse. Cependant, les vers de terre utilisent l'énergie produite par la digestion de la matière organique pour leurs besoins individuels (se mouvoir, leurs réactions biochimiques...) alors que les humains utilisent l'énergie de la combustion de la matière organique fossilisée pour démultiplier leurs capacités individuelles, contrôler leur environnement et produire des artefacts extrêmement complexes... De plus, la matière organique morte consommée par les vers de terre a été produite très récemment ou jusqu'à il y a quelques centaines d'années, conduisant dès lors à une forme d'équilibre ou de recyclage qui peut se perpétuer indéfiniment. La formation des combustibles fossiles a créé une forme de déséquilibre durant des millions d'années (tendant à diminuer la teneur de l'atmosphère en CO_2 et à refroidir le climat) et la combustion très rapide de ces combustibles « corrige » ce déséquilibre et réchauffe le climat. Enfin, les humains sont censés être en grande partie conscients de ce qu'ils font et des conséquences à différentes échelles temporelles. Ce n'est probablement pas le cas pour les vers de terre ! Nous savons qu'utiliser, en un siècle, des ressources qui ont mis des millions d'années à se former n'est pas durable. Tout a une fin...

Il est impératif que nous réussissions à décarboner nos énergies suffisamment vite pour diminuer les impacts de la crise climatique. Une solution pourrait être de développer la production d'agrocarburants à partir de la biomasse qui vient d'être produite : en brûlant les agrocarburants, on relâche du CO_2 qui vient d'être fixé, ce qui peut conduire à un bilan neutre pour la teneur de l'atmosphère en CO_2. Se priver de pétrole requiert aussi de se priver des matières plastiques tirées du pétrole. C'est d'autant plus vrai que les plastiques, qui ne se décomposent que très, très, lentement, sont une source de pollution importante impactant l'ensemble des écosystèmes et de leur biodiversité. Nous pouvons développer des matériaux biosourcés, plus facilement recyclables, et fabriqués à partir de biomasse végétale. Les technologies existent déjà en partie. La difficulté est qu'il faut trouver de la biomasse disponible pour fabriquer des agrocarburants et des matériaux biosourcés, mais aussi pour nous nourrir… et qu'il faut laisser suffisamment de matière organique dans les écosystèmes pour maintenir la fertilité de leurs sols. Enfin, si on produit les agrocarburants et les matériaux biosourcés par les mêmes méthodes agricoles que notre nourriture (cas de l'agriculture intensive basée sur de nombreux intrants, voir chapitre 7), il est clair que ces productions ne seront pas durables. Il est aussi clair que ces nouveaux besoins conduisent à un accaparement par les humains encore plus fort de la biomasse produite par la biosphère[16]. En retour, cela menace aussi la biodiversité car on peut transformer des écosystèmes naturels en agroécosystèmes pour produire les agrocarburants et les matériaux biosourcés. C'est ce qui se passe par exemple quand on détruit des forêts tropicales pour planter des palmiers à huile. Ces différents besoins et problèmes devraient nous conduire à effectuer des compromis subtils et à diminuer d'une manière générale notre consommation d'énergie, de biens en tous genres, de viande…

11

L'écologie, la recherche et la société

J'ai toujours aimé les travaux physiques. Je tiens probablement cela de mon père. J'apprécie donc particulièrement la recherche de terrain dans la savane de Lamto. Récolter des échantillons de sol dans cette forte chaleur humide est très fatigant : il faut enfoncer une tarière dans le sol, un tube en acier assez lourd, puis le remonter pour extraire le sol qui y est resté. Il faut pousser de tout son poids vers le bas tout en tournant la tarière à l'aide de son manche pour le faire descendre, puis travailler avec le dos en tension pour le remonter. Le bruit de cloche désaccordée, métal contre métal, lorsqu'on cogne la tarière avec le dos d'une machette pour extraire le sol est caractéristique et résonne clairement dans la savane.

Récemment, j'ai encadré la thèse d'une doctorante ivoirienne (Fatoumata Dramé) qui a travaillé sur des cultures de maïs en mélange avec des graminées de savane inhibitrices de la nitrification (chapitre 9). Son hypothèse est que les graminées pérennes pourraient aider à maintenir la fertilité sur le long terme en diminuant les pertes d'azote et grâce à leur système racinaire permanent. Nous avons mis en place de nombreuses petites parcelles de 3 mètres par 3 dans un hectare de terres restées en jachère pendant longtemps (probablement plus de vingt années) et qui ressemblait ainsi à une savane boisée. La méthode traditionnelle pour mettre en culture une telle parcelle consiste à couper à la machette tous les buissons et les jeunes arbres, puis à les brûler. Il faut ensuite encore couper une partie des arbres plus grands pour laisser de la lumière aux futures cultures et enlever le plus possible les souches des buissons et des arbres qui ont été coupés. Pour l'expérience, nous avons aussi installé une double clôture : une de barbelés pour protéger la culture du bétail et une de grillage pour la protéger d'animaux plus petits comme les aulacodes (des gros rongeurs appelés « agoutis » en Afrique de l'Ouest). Cela demande de fabriquer des piquets à partir des arbres que nous avons coupés et de les enterrer à 50 centimètres dans le sol. Je n'ai participé que modestement à tout ça. Les agriculteurs du village d'Ayérémou embauchés pour l'occasion, et les étudiants ivoiriens qui ont participé, étaient bien plus aptes que moi à ces travaux. Mais je me suis quand même rendu compte à quel point ce travail était physiquement exténuant et coûteux en temps. En tant qu'écologue, je me suis souvent dit qu'il vaudrait mieux ne pas utiliser le feu pour nettoyer les parcelles à cultiver : couper la biomasse et l'incorporer au sol permettrait de mieux maintenir la fertilité du sol à long terme alors que le feu conduit à des pertes de matière organique et de nutriments minéraux. Et pourtant, même avec l'utilisation du feu, la préparation d'une parcelle de jachère pour la culture sans aucune aide mécanique (tronçonneuse, petit bulldozer) représente un travail monstrueux. D'une certaine façon, cela a aussi constitué pour moi une expérience philosophique. Cela m'a obligé à me réancrer dans la réalité matérielle, dans les processus fondamentaux contraignant l'agriculture.

La jachère est indispensable pour reconstituer la fertilité du sol qui a diminué du fait de l'exportation des récoltes conduisant à des pertes de matière organique et de nutriments minéraux. La fertilité se reconstitue durant cette période car des plantes non cultivées s'installent et produisent de la matière organique qui est incorporée au sol. Les plantes pérennes (buisson, arbres) qui poussent dans la jachère jouent probablement un rôle important parce qu'elles ont des racines profondes et produisent de la biomasse ligneuse. Mais, du coup, quand on veut remettre en culture une jachère il faut se « débarrasser » de toute cette biomasse. Cela implique aussi qu'une part importante des terres n'est pas utilisée pour les cultures durant ce temps, diminuant donc la productivité par hectare pour l'agriculteur. Bien sûr, il y a des solutions pour esquiver ces contraintes matérielles. On pourrait utiliser des engrais industriels pour reconstituer la fertilité et des machines mues par du combustible fossile pour nettoyer les jachères. Ce ne sont pas des pratiques durables (voir chapitre 7). Il n'y a pas de solution parfaite et les agriculteurs d'Ayérémou n'ont pas le choix parce qu'ils n'ont pas les moyens financiers pour mécaniser leurs pratiques ou acheter des engrais et qu'ils ont un niveau de vie très bas : ils produisent assez de nourriture pour se nourrir et en vendre une partie pour acheter quelques produits manufacturés mais ils n'ont que très peu accès à la médecine et aux médicaments et leurs logements sont très loin des standards occidentaux. Dès lors, l'évolution des systèmes agricoles et la différence entre les différentes zones du monde peuvent nous interroger. Le système agricole mondial doit devenir durable, il doit nourrir une population humaine encore en croissance mais il doit aussi fournir des revenus suffisant aux agriculteurs et s'adapter à leurs différentes contraintes.

Ce système est imbriqué dans des systèmes politiques, économiques et sociaux à la fois locaux et mondialisés. Ces questions impliquent des disciplines très différentes de l'écologie, notamment l'histoire, l'économie, les sciences politiques… Que vient faire un écologue dans tout ça?

J'ai cherché à montrer que l'écologie était une science comme les autres qui essaie de comprendre les systèmes écologiques (des populations d'organismes à la biosphère) afin de faire des prédictions sur la dynamique future de ces systèmes. Est-ce que la biomasse d'une forêt va changer? Est-ce que les espèces d'arbres vont rester les mêmes? Atteindre ce type d'objectif est en soi très compliqué. Cela demande d'identifier tous les mécanismes impliqués dans le fonctionnement de ces systèmes alors qu'ils sont de natures très variées: mécanismes démographiques au sein des populations, évolution darwinienne des organismes, interactions trophiques (le fait que des organismes en mangent d'autres) et non trophiques (par exemple, les arbres fournissent un habitat à de nombreux animaux qui, pour la plupart, ne mangent pas les feuilles des arbres) entre organismes, les symbioses (par exemple les champignons mycorhizes qui fournissent aux plantes des nutriments minéraux et reçoivent en échange de la matière organique), les impacts du milieu physicochimique sur les organismes et inversement, cycle de l'eau et des grands nutriments (azote, phosphore…)… Une fois qu'ils sont identifiés, il faut hiérarchiser les mécanismes selon l'écosystème ou l'espèce: il faut évaluer leur influence respective et déterminer lesquels sont vraiment importants. Il faut, finalement, prédire l'impact d'une gamme très variée de «perturbations» sur les systèmes écologiques. Que se passe-t-il si on introduit une espèce d'arbre exotique dans une forêt? Que se passe-t-il si la température moyenne augmente de 1 °C ou si on ajoute chaque année 10 kilogrammes d'azote par hectare ?

En parallèle, de nombreuses recherches en écologie sont menées pour proposer des « solutions » aux sociétés humaines. Parler de solutions sous-entend qu'il y a des problèmes et il faut dire que ceux pour lesquels l'écologie est une science pertinente sont nombreux. C'est le cas de tous les scénarios dans lesquels on souhaite manipuler un système écologique pour en retirer des services particuliers (on parle de services écosystémiques). Les applications de l'écologie à l'agriculture, conduisant au cadre plus général de l'ingénierie écologique (chapitre 8) en sont une bonne illustration ; tout comme l'écologie de la conservation qui vise à développer des méthodes pour conserver la biodiversité et les écosystèmes naturels. Il s'agit, par exemple, d'optimiser les réseaux de réserves naturelles (emplacement et taille des réserves, gestion des écosystèmes dans les réserves), de rendre efficace les réintroductions d'individus d'espèces menacées ou ayant disparu d'une zone géographique (cas de l'ours en France), etc. La finalité de cette discipline n'est pas centrée sur les besoins immédiats des humains mais il s'agit, comme pour l'ingénierie écologique ou l'agroécologie, de manipuler des systèmes écologiques pour atteindre des objectifs spécifiques en termes de conservation de la biodiversité.

Si l'écologie a des problèmes concrets à résoudre, c'est parce que les activités des sociétés humaines ont un impact profond et négatif sur la biodiversité, le fonctionnement des écosystèmes et la biosphère dans son ensemble. En outre, le démontrer, le décrire et l'analyser est, en soi, déjà un résultat scientifique : les chercheuses et les chercheurs en écologie, depuis la création de cette science, ont concentré une partie de leurs efforts pour décrire la biodiversité et ses dynamiques. Cela a permis de montrer qu'à l'échelle de la planète les sociétés humaines ont tant réduit la biodiversité et tant dégradé le fonctionnement des écosystèmes que cela menace la survie même des sociétés humaines. Il s'agit d'un travail colossal parce qu'il faut décrire et suivre dans le temps (de quelques années à des millénaires) la biodiversité à toutes les échelles d'organisation possibles (diversité génétique ou spécifique (nombre d'espèces), diversité et fonctionnement des écosystèmes) et ce à des échelles spatiales variées (de l'écosystème à la biosphère). Il faut suivre à la fois la présence des espèces et leur abondance (par exemple un nombre d'individus par hectare). Cela demande un travail monstrueux qui n'est encore que très imparfaitement réalisé, notamment parce que certains groupes (les organismes du sol…) sont beaucoup moins bien suivis que d'autres (les grands mammifères) et qu'une bonne partie de la biodiversité n'a même pas été décrite : il y a probablement plus d'espèces inconnues que d'espèces connues. On considère, en effet, n'avoir décrit qu'entre un quart et un quarantième de toutes les espèces présentes sur terre[1]. Comment décrire la dynamique de la biodiversité quand on n'est même pas capable d'identifier toutes les espèces qui la composent ? Il faut dire que la dynamique de la biodiversité, de manière contre-intuitive, peut-être complètement différente selon l'échelle considérée. On dénombre un grand nombre d'espèces disparaissant à l'échelle de la planète mais cela ne nous empêche pas de voir apparaître localement des espèces qui étaient auparavant absentes de la zone. Des espèces assez communes, présentes dans une grande zone géographique, peuvent voir leurs densités fortement diminuer, sans que ces espèces soient nécessairement menacées d'extinction.

On estime qu'un million d'espèces végétales et animales sont menacées d'extinction durant les prochaines décennies. Par exemple, 40 % des amphibiens sont menacés ainsi que 30 % des mammifères marins. Les insectes sont moins bien connus mais on estime que 10 % de leurs espèces sont menacées également. On estime aussi que le taux d'extinction actuel des espèces vertébrées (mammifères, oiseaux, reptiles...) sous l'effet des activités humaines est environ cent fois plus élevé que les taux moyens d'extinctions passées[2]. Enfin, l'abondance des espèces de vertébrés a diminué en moyenne de 69 % depuis environ 50 ans (indexe planète vivante du WWF)[3]. On peut discuter à l'infini des conséquences de ces pertes pour le fonctionnement de la biodiversité et nos sociétés humaines. Ma première réaction reste quand même la stupeur et l'effroi. Comment en est-on arrivé là ? Quelle tristesse d'imaginer toutes ses espèces disparaissant en si peu de temps et perdues à jamais ! Quel désespoir de prendre conscience que nous avons en partie dépeuplé les écosystèmes de leurs mammifères, de leurs oiseaux, de leurs insectes...

Cinq causes pour une même conséquence

Les causes directes des pertes de biodiversité sont maintenant bien identifiées et très bien synthétisées par les travaux de l'IPBES[4]. Le facteur menaçant le plus la biodiversité est la transformation des écosystèmes naturels. Quand on transforme une forêt tropicale ou tempérée en un champ pour produire notre nourriture, on perd une bonne partie de la biodiversité de l'écosystème initial et celle qui peut désormais y vivre est qualitativement très différente de la biodiversité initiale.

De plus, l'exploitation directe de la biodiversité par la chasse, la pêche, l'abattage d'arbres… ont aussi un impact très important sur certaines espèces. On l'a vu, les changements climatiques menacent également, de plus en plus, la biodiversité. Avec une augmentation de 0,2 °C de la température moyenne de l'atmosphère par décade (pour une augmentation d'environ 1,1 °C en 2021 depuis l'époque préindustrielle) et une augmentation d'environ 0,1 °C par décade de la température de la surface des océans, les changements climatiques touchent l'ensemble des écosystèmes et donc potentiellement l'ensemble des espèces. Par ailleurs, la pollution est aussi un facteur clé des pertes de biodiversité. La pollution par les plastiques touche l'ensemble des écosystèmes terrestres et aquatiques et impacte négativement leur biodiversité[5]. De même, l'usage massif des pesticides en agriculture contribue fortement aux pertes de biodiversité[6]. Enfin, les sociétés humaines exercent une dernière pression importante sur la biodiversité mondiale par l'intermédiaire des espèces exotiques envahissantes. Les organismes vivants se sont toujours déplacés naturellement, cela leur permet de coloniser de nouvelles zones géographiques. Cependant, les activités humaines conduisent à de très nombreuses introductions d'espèces dans des zones où elles ne se trouvaient pas naturellement[7]. Ces introductions peuvent être volontaires quand nous voulons utiliser une espèce absente d'un pays (des espèces européennes de vers de terre ont ainsi été introduites en Nouvelle-Zélande et Australie). Elles sont parfois involontaires et ont lieu via le transport de marchandises diverses, de plantes avec leur sol, de l'eau dans le ballast des navires… Les espèces introduites perturbent souvent la biodiversité locale quand elles se multiplient de manière excessive aux dépens d'espèces autochtones.

On dit d'elles qu'elles sont « envahissantes ». Cela arrive souvent parce que les espèces introduites ne le sont pas avec le cortège d'espèces prédatrices et parasites qui contrôlent leur abondance dans leurs aires géographiques d'origine.

Quelle influence de la science sur la société ?

Tout ce qui est écrit ci-dessus sur les pressions anthropiques sur la biodiversité et le fonctionnement des écosystèmes, en fait l'ensemble de ce livre, conduit à une unique conclusion : les préoccupations environnementalistes de nombreuses associations environnementalistes et des partis verts sont entièrement justifiées scientifiquement, elles sont confirmées par un ensemble cohérent de résultats qui convergent. Nous avons un impact sur l'ensemble de la biosphère d'une ampleur qu'aucune autre espèce n'a jamais pu avoir (et n'aura jamais). Cela menace une bonne partie de la biodiversité et perturbe le fonctionnement de la biosphère si bien que les sociétés humaines elles-mêmes sont menacées.

En écrivant cela, est-ce que je fais mon travail de chercheur ou est-ce que je franchis une ligne rouge en sortant de mon rôle et en devenant militant ? Il n'y a pas de réponse simple à cette question. En fait, de nombreux chercheurs ont défendu, et défendent encore, une recherche autonome presque indépendante de la société. Cette indépendance serait un gage de la capacité des chercheurs à trouver la « vérité », on pourrait dire à rester « pure ». Et donc en prenant une position « politique » je risquerais de perdre cette pureté, de ne plus être objectif, de ne plus être crédible.

Personnellement, je pense que cette position n'est plus tenable. Il reste important de laisser aux chercheuses et chercheurs une part d'auto-organisation, une capacité à explorer librement le champ des connaissances en choisissant leurs thèmes de recherche pour des raisons de simple curiosité ou d'envie de comprendre. Il faut reconnaître à la méthode scientifique la capacité à développer une connaissance, une représentation du monde de plus en plus proche de ce qu'il est. Nous disposons d'une capacité à concevoir des théories, à les améliorer petit à petit pour qu'elles soient toujours plus conformes aux données et aux résultats d'expérience, et à la possibilité de collecter encore et toujours de nouvelles données pour mettre en question les théories existantes (c'est la méthode expérimentale !)[8]. Elle permet aussi de faire des prédictions qu'on peut vérifier sur ce qui est et ce qui sera. Cela dit, la science est aussi une activité humaine et sociale comme les autres[9]. La recherche n'est plus une activité individuelle telle qu'elle a pu l'être, par exemple, au XIXe siècle. Malgré une méthode rigoureuse, il est difficile de ne pas voir que les connaissances produites dépendent de la société où les recherches sont menées. C'est au moins vrai parce que la société finance des recherches de plus en plus coûteuses (il faut beaucoup de temps de travail, des équipements compliqués…) et que les modes de financement ont nécessairement un impact sur le type de recherche mené, même quand il s'agit de recherches fondamentales. C'est également dû, en partie, au fait que le champ des connaissances à explorer est infini, alors que les ressources que la société peut leur allouer sont nécessairement limitées. En fait, une fois que les crédits de recherche ont été affectés il y a gros à parier que la façon dont les recherches sont menées et celles dont les données sont interprétées dépendent, même marginalement, de la société et de nombreux facteurs humains. Par exemple, Kuhn[10] a bien montré qu'il fallait plus que des nouvelles données contredisant une théorie pour qu'elle soit immédiatement rejetée. Et Latour a décrit comment le fonctionnement concret de la recherche dans tous ses détails, les processus humains, les structures de recherche, le système de publication et la façon dont on évalue la recherche influençaient les résultats de la recherche. De ce fait, en affirmant que les sciences écologiques confirment le diagnostic effectué par les partis verts, je ne fais qu'affirmer un peu plus fortement le lien que la grande majorité reconnaît entre la recherche et la société, je ne fais que remplir le rôle pour lequel la société me paye. Je suis bien payé pour produire des connaissances et faire que ces connaissances soient utilisées. D'une certaine façon, nous aurions eu besoin depuis longtemps dans les sciences de l'environnement de plus de chercheuses et de chercheurs engagés auprès de la société. Et, de fait, cette voie est actuellement suivie par de nombreuses personnes dans le milieu académique.

Se pose ensuite la question du rôle de la recherche dans la société et des liens entre « science fondamentale » et « science appliquée ». Il me semble qu'il y a une continuité très forte entre les aspects les plus fondamentaux (comprendre le cycle de l'azote dans une savane) et les plus appliqués des sciences écologiques (utiliser les connaissances sur le cycle de l'azote pour gérer durablement la fertilité des sols agricoles). Ce lien pousse à dire qu'il faut absolument financer l'écologie fondamentale pour pouvoir développer des applications écologiques s'appuyant sur ses résultats et qu'il faut maintenir des recherches dans tous les domaines possibles de l'écologie sans fixer de priorité ou sans privilégier les recherches visant à résoudre les problèmes immédiats[11] car on ne sait pas à quels problèmes nous serons confrontés dans le futur. Cela paraît raisonnable. Sans les travaux initiaux de Jean-Christophe Lata qui visaient « juste » à comprendre pourquoi la nitrification était si faible sous les graminées de la savane de Lamto, nous n'aurions jamais pensé à utiliser la capacité d'inhibition de la nitrification par ces graminées en agriculture. Mais il ne faut pas oublier que l'inverse est aussi vrai : les sciences appliquées obligent à se poser de nouvelles questions fondamentales et peuvent pousser au développement des sciences fondamentales. Par exemple, vouloir mélanger des variétés cultivées dans un même champ dans un esprit d'agroécologie renvoie à de nombreuses questions fondamentales sur l'écologie des plantes non encore résolues[12]. Et puis, clairement, quand on est face à la crise environnementale actuelle, il paraît logique d'orienter explicitement une partie de nos recherches en écologie pour participer à la résolution de cette crise. En fait, d'une certaine façon, on connaît déjà depuis longtemps (des dizaines d'années) les problèmes environnementaux auxquels nous devons faire face et nous n'avons probablement pas suffisamment investi dans des recherches pour les résoudre. Par exemple, nous aurions pu développer beaucoup plus tôt et plus intensément des recherches sur des formes alternatives d'agriculture fondées sur une diminution radicale des intrants (engrais, pesticides, énergie…). Tous ces arguments suggèrent pour moi qu'il est primordial de maintenir et probablement de développer des interactions les plus fluides possibles entre écologie appliquée et fondamentale sans les opposer[13]. Cette conclusion peut paraître assez triviale mais ne l'était pas du tout, par exemple, quand je faisais ma thèse à la fin des années 1990. Je soupçonne aussi qu'aborder plus explicitement ce type de questionnement sur le rôle des recherches en écologie, sur la façon de choisir des sujets et d'interagir avec la société, serait encore très profitable actuellement dans la plupart des laboratoires d'écologie (au moins en France).

Dans ce contexte, comment la science peut-elle et doit-elle influencer la société ? Une vision, probablement un peu dépassée, serait que les résultats de la science devraient s'imposer naturellement à la société et que cette dernière devrait suivre les décisions prises par les scientifiques. Cela n'est visiblement pas ainsi que ça se passe et ce ne serait pas souhaitable. Cela est très bien expliqué par Roger A. Pielke dans son livre *The Honest Broker*[14] où il montre que le chercheur ne peut être qu'un « honnête courtier » des résultats de la recherche. Il explique que, dans certaines situations très rares, les solutions aux problèmes sociétaux proposées par la recherche peuvent s'imposer tout naturellement. C'est le cas quand il y a une seule solution immédiate qui ne supporte pas de compromis, qui n'offre aucun désavantage et que tout le raisonnement sous-jacent n'est entaché d'aucune incertitude. D'une certaine façon, c'est ce qui pourrait arriver pour certains traitements médicaux « classiques » et sans aucune contre-indication. Cela pourrait aussi arriver quand on prévoit une catastrophe (tornade, inondation…) suffisamment de temps à l'avance et que des mesures simples, comme une évacuation des personnes menacées, peuvent être prises et n'ont pas d'alternative. Dans la plupart des cas, les décisions à prendre par la société sont beaucoup plus complexes, et c'est le cas pour la plupart des problèmes liés à l'environnement et à la biodiversité. Toutes les prédictions scientifiques sont faites avec un certain degré d'incertitude qui peut être lui-même difficile à évaluer. Ensuite, les sciences peuvent indiquer ce qui est possible, à quelle condition, et ce qui n'est pas possible. En gros, on peut évaluer les conséquences de telle ou telle décision, mais il y en a de nombreuses à prendre simultanément. La science fournit des éléments pour évaluer leurs conséquences mais ces éléments ne suffisent généralement pas à choisir la « meilleure » décision. La difficulté vient, entre autres, du fait que ce sont la plupart du temps des compromis. Par exemple, quand on veut protéger la biodiversité, il faut déjà décider de l'ordre des priorités (quel type de biodiversité) ; de plus, il est impossible de protéger tous les types de biodiversité et toutes les espèces en même temps : plutôt des espèces emblématiques comme les éléphants ou les grands singes, la biodiversité spécifique (le nombre d'espèces) tous groupes taxonomiques confondus, des bactéries aux arbres, la biodiversité fonctionnelle, les écosystèmes indemnes de toute influence humaine, ou ceux qui nous rendent beaucoup de services ? Par ailleurs, les choix effectués peuvent nous impacter. Protéger intégralement une forêt parce qu'elle abrite une biodiversité importante et qu'elle stocke beaucoup de carbone dans les troncs de ses arbres et dans ses sols défavorisera les humains qui ont besoin de sols à cultiver ou qui voudraient exploiter les arbres pour vendre le bois. On voit là une difficulté supplémentaire : les décisions prises pour protéger la biodiversité n'impactent pas également tous les humains (groupes sociaux, pays de différentes zones géographiques, pays plus ou moins développés). Typiquement, ce genre de difficulté apparaît très clairement dans les négociations des textes des grandes conventions internationales comme celle sur la biodiversité[15]. Il est évidemment crucial de prendre en compte tous les résultats scientifiques et, en particulier, ceux élaborés par les écologues et les climatologues pour ce qui est de la résolution de la crise environnementale. Mais, pour toutes les raisons évoquées ci-dessus, les choix finaux doivent être pris par la société, démocratiquement, en fonction d'un système de valeurs explicite et en prenant en compte les incertitudes scientifiques. C'est vrai pour de très nombreux sujets. On l'a particulièrement vu lors de la pandémie de Covid-19 et, même s'il y avait de très nombreuses choses à dire sur la façon dont les sociétés y ont répondu à toutes les échelles d'organisation, il était tout à fait logique que les chercheurs ne soient que conseillers, et que les décisions soient prises par les gouvernements.

Il nous faut cependant constater que, pour les problèmes environnementaux, le lien entre la recherche et la société ne fonctionne pas correctement. Sinon, les cris d'alarmes des climatologues et des écologues qui retentissent depuis au moins cinquante ans auraient été entendus : nous aurions diminué les émissions de gaz à effet de serre limitant très fortement le dérèglement climatique, ainsi que les pressions que nous exerçons sur la biodiversité limitant fortement la disparition d'origine anthropique des espèces et la dégradation de nombreux écosystèmes. Les chercheurs n'ont été que très peu entendus et cela continue. Même si on peut observer actuellement un certain fléchissement allant dans le bon sens dans les politiques nationales et internationales, nous sommes très loin d'une trajectoire nous assurant d'échapper aux catastrophes environnementales majeures prédites. Analyser en détail le pourquoi de cette faillite va au-delà de mes compétences et des objectifs de ce livre mais je peux quand même esquisser quelques pistes de réflexion.

Les limites du système

Le système économique dominant qui s'est imposé mondialement a une part de responsabilité énorme et indéniable vis-à-vis de la crise environnementale. L'économie néoclassique ne s'est que peu préoccupée d'environnement et, quand elle l'intègre dans ses théories, elle part du principe que le capital naturel est entièrement remplaçable par les autres formes de capital (capital humain, capital technologique). De ce fait, l'économie n'a pas été capable de s'inquiéter des atteintes à l'environnement et à la biodiversité. Ensuite, la vision économique libérale vise à une maximisation des bénéfices des individus et des organisations à court terme ne permettent pas de prendre en compte le maintien impératif de l'environnement sur le long terme par différentes formes de régulation (législation...). La mondialisation d'une partie importante de l'économie limite encore plus la capacité de régulation et rend, par exemple, plus difficile le contrôle des effets négatifs de l'économie d'un pays sur l'environnement d'autres pays même si, localement, l'environnement est relativement préservé. Cela se produit notamment quand les importations d'un pays conduisent à la déforestation dans un autre ou quand une entreprise française comme Total exploite du pétrole au Nigeria. Un facteur aggravant est que certaines entreprises concentrent des quantités de capitaux incroyables et agissent pratiquement sans aucun contrôle possible des États.

Par ailleurs, le système politique, qui devrait contrôler le système économique, a aussi un fonctionnement par trop « court-termiste ». En effet, pour accéder au pouvoir et le garder, les formations politiques tendent à résoudre les problèmes immédiats (quand il ne s'agit pas juste de faux problèmes) pour faire plaisir à l'électorat, ce qui rend beaucoup plus aléatoire la résolution des problèmes qui se développent sur le long terme (même s'ils sont prédictibles), et particulièrement quand elle implique des mesures peu populaires (restriction sur l'usage des combustibles fossiles...). De plus, pour des raisons que je ne suis pas vraiment capable d'expliquer (mais qui sont liées à la doctrine économique néoclassique et au néolibéralisme), le monde politique et une bonne partie des systèmes démocratiques ont, en grande partie, renoncé à contrôler le fonctionnement économique qui, en roue libre, a peu de chance de favoriser le bien-être collectif sur le long terme et de prendre en compte les enjeux environnementaux. Les décideurs économiques et politiques souffrent en général, et dans tous les pays, d'un déficit de formation dans les sciences de l'environnement et, en particulier, en écologie. De ce fait, ils ne se rendent pas compte de l'importance de la biodiversité ou de l'ensemble des contraintes matérielles (les flux d'azote, de carbone, la conservation de la matière et de l'énergie) qui lient d'une manière bidirectionnelle toutes les activités humaines à la biodiversité et au fonctionnement de la biosphère. Alors que, par exemple, les enjeux liés au maintien de la biodiversité et de l'abondance des pollinisateurs commencent à être un peu plus connus dans le monde politique et économique, ceux liés à l'évolution darwinienne des organismes sont complètement inconnus des décideurs, ce qui explique la presque totale impréparation des pays face aux émergences de nouvelles maladies infectieuses comme le Covid-19 qui dépend fortement de processus évolutifs et sont prédites par les épidémiologistes évolutionnistes depuis longtemps.

Une difficulté supplémentaire est que, bien sûr, tous les humains et tous les groupes d'humains (pays, classes sociales, entreprises…) n'ont pas les mêmes intérêts immédiats ou sur le long terme. Clairement, une partie d'entre nous n'a pas du tout intérêt à ce qu'on rende plus durable les interactions entre nos sociétés, la biodiversité et la biosphère dans son ensemble, parce qu'elle a des intérêts économiques dépendant de pratiques qu'il faudrait justement arrêter ou remplacer (production de pesticides, exploitation des combustibles fossiles…). Ces humains, ces entreprises, souvent très bien organisés, représentent une force de persuasion très importante et ils ont facilement accès aux dirigeants politiques. D'une manière encore plus générale, la transition environnementale implique des changements très importants dans l'organisation de nos sociétés, ce qui remet forcément en cause les équilibres de pouvoirs et bouscule les personnes qui ont du pouvoir et veulent le garder. Cela signifie que pour convaincre les décideurs de la nécessaire transformation de nos systèmes (systèmes socio-économiques liés à nos modes de production et de consommation…) il faut franchir un double obstacle : être plus convaincant que les groupes n'ayant pas intérêt à cette transformation tout en comblant le manque de formation en écologie (et les autres sciences de l'environnement) des décideurs.

Un problème fondamental empêchant de prendre en compte, convenablement et rapidement, les appels des chercheurs pour une transformation de nos systèmes est la croyance en la toute-puissance des technologies. De plus en plus de personnes participant aux décisions collectives importantes (par exemple, les parlementaires) sont désormais convaincues de l'importance des crises climatiques et de la biodiversité mais elles pensent que les technologies fourniront toujours des solutions ad hoc efficaces. Par exemple, des solutions technologiques pourraient permettre de stocker du carbone dans les couches géologiques en récupérant directement le CO_2 émis pour produire de l'énergie, on pourrait remplacer la biodiversité (et les services qu'elle rend) par des technologies (des drones pollinisateurs…) ou sélectionner des nouvelles variétés de plantes cultivées adaptées à la fois au changement climatique, à des sols moins fertiles et résistantes à tous les agresseurs possibles. Cette vision pose plusieurs problèmes cruciaux. Ces solutions (ou la simple idée que ces solutions pourraient exister) évitent de remettre en cause le système actuel et toutes les causes indirectes des crises climatiques et de la biodiversité. Pourtant, il est primordial de s'attaquer aux causes profondes des crises actuelles, sinon on ne pourra pas réellement les résoudre sur le long terme. De plus, étant donné l'urgence, puisque les trajectoires (par exemple d'émission de CO_2) n'ont pas été infléchies à temps, il paraît primordial de jouer simultanément sur tous les leviers à notre disposition pour résoudre les crises actuelles et en atténuer les conséquences négatives. Cela signifie, par exemple, qu'il faut diminuer tout de suite notre consommation d'énergie, de biens de consommation, de viande… et ne pas imaginer que de nouvelles technologies miracles vont nous permettre de faire l'économie de ces changements. Enfin, toutes les technologies ont des coûts environnementaux parce qu'elles nécessitent de l'énergie (et pour le moment il n'existe aucune source d'énergie complètement propre, et sans impact sur la biodiversité) et des ressources non-renouvelables ou plus ou moins difficiles à recycler (des métaux…). Il n'y a donc pas de solution technologique magique idéale ne présentant aucun inconvénient.

Bien évidemment, j'espère que de nouvelles technologies vont nous aider à résoudre, ne serait-ce que très partiellement, les crises auxquelles nous devons faire face. On en a évidemment besoin pour développer notamment des énergies durables, non-carbonées et impactant le moins possible la biodiversité. Mais, on ne peut plus penser que toute technologie est bonne parce qu'elle est nouvelle et que certains sont prêts à l'acheter. Aller dans cette direction ne revient pas du tout à penser qu'il faut revenir à l'époque préhistorique, au Paléolithique quand nous vivions de chasse et de cueillette. Cela signifie juste qu'il faut que la société choisisse démocratiquement les technologies qui ont le plus de chance de conduire au plus grand bénéfice collectif pour l'ensemble de la société, qui sont a priori les plus durables et ont les impacts environnementaux les plus faibles. Je n'arrive pas à comprendre la fascination exercée par les nouvelles technologies. Peut-être peut-on encore y trouver une raison dans le système économique. Certains expliquent que, par essence, les technologies qui se développent le plus vite sont les plus « vendables » (dans le sens où elles nécessitent la production de nouvelles machines, de nouvelles substances...) parce que justement des entreprises ont intérêt à les développer pour les commercialiser. Cela pourrait expliquer, par exemple, le fait qu'on a du mal à développer des formes alternatives d'agriculture utilisant moins d'intrants[16] : elles ne permettent pas ou peu de vendre de nouveaux outils, des nouvelles technologies. Ces formes d'agriculture dépendent de l'expertise de l'agriculteur, sa capacité à piloter finement un système écologique complexe. Ces arguments montrent aussi que la transition environnementale ne peut se faire que sans des formes d'organisation collective à l'échelle des états et entre eux, ce qui demande une volonté politique forte.

Même si les chercheurs alertent depuis longtemps sur la crise environnementale en appuyant leurs messages sur les résultats de leur recherche, le monde académique n'est pas monolithique.

Ils participent à l'ensemble de la vie de la société. En particulier des chercheurs et des courants entiers de recherche ont aussi, d'une certaine façon, accéléré la crise environnementale en développant certaines technologies, comme la « société » (des entreprises, les États qui les payent...) leur demandait. Par exemple, les pesticides sont conçus par des chercheurs ! Ils sont souvent les premiers à croire aux solutions technologiques et sont aussi pris dans un réseau de jeux de pouvoir et d'intérêts collectifs et personnels. Cela renforce l'idée qu'il est indispensable de maintenir et développer un service public de la recherche qui permet à des chercheuses et chercheurs de rester relativement indépendants. Cela peut par exemple consister à les faire bénéficier de salaires corrects et de postes permanents (pour diminuer les enjeux individuels et les conflits d'intérêts).

Pour transformer les sociétés humaines et aboutir à une relation plus durable avec la biosphère sur le long terme, il est primordial de développer les meilleures technologies. Cela signifie qu'il faut aussi faire des choix parmi toutes les recherches possibles à conduire. Bien sûr, certains évoqueront l'indépendance de la recherche et le fait qu'il faut maintenir des recherches dans tous les domaines, ce qui est sans doute important. Mais, dans le même temps, on sait qu'on a manqué pendant longtemps de recherches sur des formes d'agriculture plus durables ou sur les énergies renouvelables (puisqu'on s'est focalisé sur le nucléaire) en France. Maintenant que les crises climatiques et de la biodiversité ont éclaté au grand jour, on voit bien que ces choix dans la priorisation des recherches à mener étaient mauvais, voire criminels. Je ne prétends pas ici qu'il faut augmenter fortement le pilotage de la recherche mais avoir au moins une réelle réflexion sur la façon de choisir celles qui sont menées, collectivement, de manière démocratique et en impliquant le plus possible l'ensemble des parties prenantes, me paraît indispensable. Et il paraît évident qu'il serait maintenant urgent d'augmenter les ressources allouées aux recherches visant directement à résoudre la crise environnementale.

Tous les obstacles à la prise en compte des résultats de la recherche qui pourraient permettre de résoudre la crise environnementale impliquent un engagement particulier des chercheurs. C'est ce qui est montré humoristiquement dans le film *Don't look up* (2021, réalisé par A. McKay). D'une certaine façon, ma participation au défrichage d'une parcelle décrite plus haut est déjà une forme d'engagement, ou au moins de confrontation à une forme de réalité très matérielle. Mais il faut bien sûr aller beaucoup plus loin. Il faut participer à l'explication des résultats de la recherche pour qu'ils soient disponibles et compréhensibles pour un public très large. Il faut réfléchir au système de valeurs qui sous-tend nos recherches et éventuellement chercher à améliorer le fonctionnement du système pour qu'il soit plus en accord avec. Il faut orienter une partie importante de nos recherches pour participer directement à la résolution de la crise environnementale. Il faut participer directement aux mouvements de la société civile visant directement à infléchir les tendances néfastes et à résoudre la crise actuelle. Il faut essayer d'interagir directement avec les décideurs politiques et économiques. Aucun chercheur ne peut s'engager seul dans toutes ces voies à la fois, mais il est important que chacun s'engage dans certaines de ces actions et que, collectivement, nous arrivions à mener toutes ces taches à bien. Enfin, je ne décris pas ici un dévoiement «idéologique» de la recherche et de l'écologie en tant que science, je décris juste une recherche impliquée et soucieuse de ses responsabilités vis-à-vis de la société[17].

Inégalités sociales et résolution des crises

Les inégalités de revenus à l'intérieur des pays et entre pays complexifient également la résolution des crises environnementales. Comment pourrait-on demander à un petit agriculteur d'un pays en voie de développement de ne pas couper un bout de forêt dont il a besoin pour cultiver sa nourriture sous prétexte qu'il faut en protéger la biodiversité ? Comment demander, dans un pays développé, à un salarié qui gagne à peine le salaire minimum légal de payer des taxes supplémentaires sur les carburants alors qu'il a besoin d'une voiture pour aller travailler ? Comment demander à un pays en voie de développement de protéger ses forêts pour préserver le stock de carbone qu'elles constituent et freiner le changement climatique alors que ce pays a probablement beaucoup moins contribué aux émissions de gaz à effet de serre que la France, surtout en cumulant ces émissions depuis le XIXe siècle ? Comme pour la protection de la biodiversité, le problème est d'abord éthique. Il n'est pas juste de maintenir des inégalités aussi fortes mais, en plus, elles rendent nos sociétés totalement inefficaces et ralentissent encore plus les transformations nécessaires pour limiter la crise environnementale (fig. 7). De plus, dans de nombreux cas, préserver la biodiversité et l'environnement est une bonne façon de diminuer une partie des inégalités socio-économiques, tant la mauvaise qualité de l'environnement est de plus en plus vue comme source d'inégalités[18] : les populations humaines les plus défavorisées sont les plus touchées par la dégradation de l'environnement, ce qui pose par exemple de nombreux problèmes de santé. Une façon un peu différente de présenter ce problème est de dire que la résolution de la crise environnementale requiert de prendre collectivement et démocratiquement des décisions difficiles (impliquant des transformations profondes dans nos sociétés) et que les inégalités économiques et sociales réduisent les chances qu'on arrive à les prendre et, encore plus, à les prendre démocratiquement. Ainsi, les mouvements qui prônent des politiques conduisant au maintien des inégalités, et les aspects de notre système économique qui, de fait, contribuent aux inégalités, sont doublement criminels. Et, en définitive, ce sont les mêmes courants idéologiques et politiques qui prônent des politiques « de laisser faire », de non-réduction des inégalités et de non-résolution de la crise environnementale. Le slogan de Chico Mendes (leader syndicaliste des ouvriers récoltant le latex des hévéas en Amazonie et défenseur de la forêt, mort assassiné) « L'écologie sans luttes des classes, c'est du jardinage » est donc pleinement justifié. Mon raisonnement est ici centré sur la protection de la biodiversité, parce que c'est un sujet que je connais. Mais, bien sûr, le raisonnement reste valable pour la nécessaire atténuation du changement climatique qui est aussi intimement liée à la réduction des inégalités socio-économiques.

Deux arguments supplémentaires montrent qu'il faut à la fois résoudre la crise environnementale et diminuer les inégalités sociales à tous les niveaux. D'une part, les mêmes aspects du fonctionnement économique sont en partie responsables des deux problèmes : l'incapacité de nos systèmes à fixer des règles collectives imposant des limites plus strictes aux actions des individus ou de groupes d'individus (entreprises, pays...) qui ont les plus gros impacts sur l'environnement. Nous pouvons ici clairement viser le néolibéralisme économique, la forme de capitalisme débridé qui domine actuellement. D'autre part, il a été montré que les individus les plus riches, et donc les inégalités, tendaient à avoir un impact sur l'environnement bien plus élevé que les personnes les plus pauvres. En gros, si l'impact sur l'environnement est proportionnel aux revenus, réduire les inégalités et empêcher l'accumulation de la richesse d'un faible pourcentage des humains, ne ferait que mieux répartir les impacts individuels sur l'environnement. Par contre, l'impact sur l'environnement tend en réalité à croître disproportionnellement avec les revenus[19] : quand les revenus individuels augmentent une part de plus en plus élevée est utilisée pour acheter des biens et des services utilisant des ressources et des combustibles fossiles de manière non durable. Ainsi, la moitié la plus pauvre de la population mondiale émet chaque année 1,6 tonne de CO_2 par personne, contre 31 tonnes pour les 10 % les plus riches et 110 tonnes pour le 1 % des plus riches (alors qu'il faudrait un maximum de 2 tonnes par personne pour maintenir la température en dessous de 1,5 °C).

Je ne prétends pas pouvoir analyser précisément le rôle du système économique dans la crise environnementale, mais il y a un mécanisme qui me semble cependant assez clair. Le système économique actuel est devenu hégémonique parce qu'il est fondé, en lien avec la croyance en la toute-puissance des technologies, sur la fausse promesse d'une richesse infinie. Les richesses produites ont bien augmenté mais cela a été possible parce qu'on exploitait la planète d'une manière non durable, renforçant le système qui rend possible l'extension de cette exploitation. Il s'agit encore d'une boucle de rétroaction positive (pas dans le sens où les conséquences sont positives, mais dans le sens où cette boucle se renforce et conduit à un emballement). De la même façon, cette promesse de richesse a aussi permis de maintenir des systèmes très inégalitaires entre les pays et entre les humains au sein des pays. La création non durable de richesse a permis d'augmenter en moyenne le niveau de vie même des plus pauvres et mon intuition est que, jusqu'à un certain point, la promesse d'une amélioration a rendu un peu plus tolérable les inégalités. Comme les inégalités peuvent elles-mêmes être le prétexte pour une exploitation encore plus intensive des ressources, cela conduit à une nouvelle boucle de rétroaction positive : l'exploitation non durable des ressources facilite le maintien des inégalités qui, elles-mêmes, peuvent donner envie d'augmenter cette exploitation des ressources. Cela confirme donc qu'il faut résoudre conjointement le problème des inégalités et de nos modes de vie non durables.

Le rôle de la démographie humaine

Un aspect de la crise environnemental reste en partie tabou ou, en tout cas, me paraît difficile à aborder dans l'espace public, c'est celui de la démographie humaine. Clairement, la crise environnementale est due au mode de consommation et de production des pays développés qui contribuent au dérèglement climatique (surtout si on prend en compte le cumul historique des émissions de gaz à effet de serre depuis la première révolution industrielle) et aux pertes de biodiversité par habitant de manière plus élevée que celles des pays en voie de développement. Dans ces pays, les taux de consommation d'énergie, de biens de consommation (dont la production impacte la biodiversité) et de ressources naturelles par habitant sont bien plus faibles que, par exemple, en France où j'habite. Mais, tout aussi clairement, la crise environnementale est aussi liée au nombre d'humains par le simple fait que l'impact total des humains sur la biosphère doit pouvoir être estimé, tout comme le produit de l'impact par humain par le nombre total d'humains. La population humaine totale est passée d'environ 300 millions vers l'an 1000 à plus de 7 milliards en 2000 et devrait continuer de croître probablement jusqu'à atteindre au moins 9 milliards d'humains. Cela ne peut pas être anodin. De ce fait, on peut d'une certaine façon voir la crise environnementale actuelle, l'effondrement possible des ressources en résultant et l'impact consécutif sur les sociétés humaines, comme la résultante d'une dynamique ressource-consommateur telle que prédite par de nombreux modèles mathématiques en écologie ou par Malthus. En écologie, on sait très bien que la population d'une espèce ne peut pas augmenter de manière continue sur le long terme parce qu'elle finit par épuiser les ressources dont elle a besoin. Ce type de dynamique est nécessairement plus compliquée chez les humains parce qu'elle a été modulée par les développements technologiques et les choix de modèle de consommation (et tous les processus socio-économiques sous-jacents). Les technologies ont permis d'utiliser plus de ressources et ont mené à un accroissement plus rapide de la population (en augmentant la capacité à produire de la nourriture, en améliorant la santé...). En retour, cet accroissement de la population a conduit à une utilisation encore plus rapide des ressources.

A priori, on peut nourrir d'une manière assez durable une population mondiale élevée, pourquoi pas 10 milliards d'humains[20], pour peu qu'on diminue le gaspillage alimentaire, qu'on mange moins de viande et qu'on partage mieux la nourriture entre les humains. La difficulté, me semble-t-il, vient du fait qu'il sera nécessaire de prendre en compte simultanément de nombreuses contraintes sur le long terme. Il faudra préserver suffisamment d'écosystèmes naturels au moins pour les services écosystémiques qu'ils rendent. Même si on ne souhaite pas utiliser la biomasse comme source d'énergie, il se peut que la décarbonation de nos sources d'énergie passe en partie par l'usage de cette dernière. Se passer de plastiques et de toutes les matières synthétiques fabriquées à partir de pétrole est une très bonne idée mais qui impose d'utiliser plus de biomasse pour fabriquer d'autres matériaux biosourcés. Le changement climatique risque bien de rendre certaines zones géographiques incultivables, voire invivables. L'agroécologie est une bonne solution pour, par exemple, se passer d'engrais minéraux mais implique de gérer la fertilité des sols en utilisant plus la jachère des zones pâturées et les transferts de matières organiques, donc en utilisant des surfaces importantes. Il me paraît aussi probable que les conditions de vie dans les zones les plus densément peuplées (certaines mégalopoles, certaines zones rurales asiatiques) se trouvent fortement dégradées d'une manière telle qu'aucune amélioration des infrastructures ne pourrait suffire à les rendre acceptables. J'oublie certainement beaucoup de contraintes déjà identifiées et j'ai peur que de nombreuses autres apparaissent progressivement tant nous avons oublié à quel point les ressources terrestres sont limitantes et interconnectées.

La démographie humaine résulte de très nombreuses interactions avec les mécanismes socio-économiques et suit des trajectoires difficiles à prédire précisément. Les spécialistes de la démographie humaine ont tendance à penser que vouloir la manipuler, par exemple en diminuant la population humaine et son impact environnemental, est vain parce qu'elle a une inertie très élevée et qu'il est plus rapide et efficace dans l'urgence à laquelle nous faisons face de changer nos modes de consommation et de production. Évidemment, les politiques visant à atteindre ce type d'objectif sont difficiles à justifier en termes éthiques et ont laissé dans le passé de très mauvais souvenirs. Sans intervenir directement sur la démographie, il me paraît cependant important de réfléchir à la taille de la population humaine qui nous paraît possible et souhaitable dans le futur, de renoncer dans nos pays développés ultra-consommateurs à tous les discours natalistes (ayant souvent comme arrière-plan l'idée que la démographie est un enjeu pour la compétition et les guerres entre les populations et pays) et de s'assurer que nos systèmes (économiques...) sont capables de fonctionner aussi bien quand la population est en croissance que quand elle est en décroissance (ce qui est déjà le cas dans certains pays développés et pose parfois des problèmes importants). Je trouve aussi important de donner de la valeur à une humanité riche de sa diversité et de ses cultures multiples, et de la préserver. Cependant, une humanité de 5 milliards d'humains est-elle moins belle et intéressante qu'une humanité de 10 milliards d'humains à diversité culturelle égale ?

De manière générale, il est impératif de transformer nos modes de vie pour permettre la préservation de suffisamment d'écosystèmes en bonne santé et de suffisamment de biodiversité pour maintenir les régulations écologiques dont nous avons besoin et continuer à utiliser des ressources vitales comme des sols fertiles nous permettant de produire notre nourriture. Cela correspond à la préservation des services écosystémiques. À défaut d'autre chose, cette vision anthropocentrée devrait être une raison suffisante pour changer nos modes de vie puisque sans les transformations nécessaires nos sociétés s'effondreront. On peut aussi vouloir préserver la biodiversité et lui donner plus d'autonomie pour des raisons non-utilitaristes, parce qu'on lui attribue une valeur indépendante de nous, les humains, et de nos besoins. Cela peut vouloir dire que l'on souhaite garder des écosystèmes les plus indemnes possible de toute influence humaine, et dont les espèces évoluent (au sens darwinien) le plus librement possible de toute pression humaine. Il y a gros à parier que laisser à la biodiversité non-humaine un espace de liberté plus vaste qu'il n'est strictement nécessaire pour le maintien des sociétés humaines impliquerait des transformations encore plus fortes de nos sociétés et, probablement, une réduction du nombre d'humains. Certains pensent, sans doute à juste titre, que cette capacité à nous mettre en retrait serait une preuve de notre humanité[21], puisque justement toutes les autres espèces exploitent les ressources dont elles ont besoin au maximum de leur capacité et de ce qui est rendu possible par les régulations écologiques (la démographie de chaque espèce est aussi contrôlée par des prédateurs, des pathogènes...). Cette tendance a été acquise par la sélection naturelle au cours de l'évolution darwinienne. Les humains ont développé au cours de l'évolution des capacités cognitives ayant permis le développement de toutes les technologies qui nous ont permis d'échapper aux régulations écologiques en surexploitant les ressources naturelles en en menaçant l'ensemble de la biosphère. Ces mêmes capacités cognitives nous donnent aussi théoriquement la capacité de nous mettre en retrait et de laisser la place que nous souhaitons à la biodiversité non-humaine et à des écosystèmes aussi peu touchés que possible par les activités humaines.

Un peu plus haut, j'ai employé le terme d'effondrement que je n'aime pas car il reste souvent très flou et ambigu. Chacun se le représente à sa façon. Il faut se rappeler que, quelle que soit la catastrophe climatique à laquelle nous ne pouvons déjà plus entièrement échapper et quelles que soient les pertes de biodiversité futures, la vie va continuer sur Terre (avant l'explosion finale du soleil !). La diversité des organismes et leur capacité d'adaptation sont telles que de nombreuses espèces survivront et que des écosystèmes fonctionnels subsisteront. À vrai dire, je pense aussi que les humains subsisteront : le problème vient plutôt de la quantité de souffrance (et de morts) que la crise environnementale va causer et de la possibilité d'une destruction des sociétés que nous connaissons au lieu d'une transformation. La conjonction du dérèglement climatique, de la destruction des écosystèmes (et de la perte consécutive des régulations écologiques qu'ils pilotent), de la dégradation des sols, de l'effondrement de l'abondance de nombreux groupes écologiques d'organismes vivants risquent de rendre une partie de la planète inhabitable et de réduire la disponibilité de nombreuses ressources (nourriture, eau potable...). Comme nos sociétés ne s'adapteront pas immédiatement à ces nouvelles conditions et comme les humains sont très nombreux, cela conduira probablement à de nombreuses catastrophes. En observant ce qui se passe actuellement, je soupçonne fortement que la réponse de nos sociétés ne sera pas seulement tardive, elle amplifiera en fait la crise, causant encore plus de souffrance. Si certaines régions géographiques ne sont plus habitables et si certaines ressources deviennent beaucoup plus rares, la seule solution pour maintenir des sociétés fonctionnelles sera de partager ces ressources et ces zones habitables à la fois à l'intérieur des pays mais aussi entre eux. Pour le moment, nous assistons principalement à des conflits pour l'appropriation des ressources, ils risquent de devenir plus intenses et fréquents avec la diminution de la disponibilité des ressources. Certaines ressources comme les hydrocarbures (et en fait toutes les sources d'énergie) et les terres rares ne dépendent pas de la biodiversité, mais leur exploitation a souvent des conséquences négatives sur cette dernière (pollutions, changement climatique). De nombreuses autres ressources dépendent directement de la biodiversité et des écosystèmes : l'eau, les sols et leur fertilité, les produits agricoles, les poissons que nous mangeons... Entre pays, l'appropriation de ces ressources se concrétise par des flux commerciaux inéquitables, mais aussi par la diplomatie, la géopolitique, les guerres... À l'intérieur des pays, les couches de la population les plus favorisées (dont je fais partie) utilisent beaucoup plus de ressources que les couches de la population les moins favorisées et de nombreuses organisations (politiques mais pas seulement) poussent au maintien de ces inégalités (consciemment ou non). Et on voit notamment que Trump, le président des États-Unis, dès le début de son deuxième mandat, est prêt à porter la guerre contre tous les autres pays, contre ces citoyens les plus pauvres, contre le climat et contre la biodiversité...

Pour finir, ce qui me fait le plus peur ce sont les « mauvaises réactions » des sociétés humaines qui pourraient pousser encore plus vite à la catastrophe au lieu d'améliorer la situation. Même si je sais que les sociétés et les systèmes humains sont parfois capables de réajustements rapides, j'ai l'impression que la complexité de ces systèmes leur donne une inertie très forte qui rend difficile leur transformation. Cette complexité est largement aussi grande que celle des systèmes écologiques, étant donné l'empilement et l'emboîtement des structures sociales et la multiplicité des échelles d'organisation (du cerveau d'un individu à la gouvernance planétaire) et des processus (psychologiques, culturels, sociaux…). Cette complexité explique, en partie, notre incapacité à répondre à la crise environnementale suffisamment rapidement. Je l'ai aussi perçue avec le système de recherche français qui est peut-être la partie de la société que je connais le mieux. Il essuie de nombreuses critiques souvent assez unanimes, parmi l'ensemble des chercheurs et enseignants-chercheurs, depuis des dizaines d'années. Il est très clair que la complexité de l'administration de la recherche et l'inefficacité de son financement diminuent très fortement le temps consacré par les chercheurs à la recherche, et donc l'efficacité de l'ensemble du système à produire des connaissances. J'ai perçu ces problèmes dès le début de ma thèse et j'ai vu le système empirer depuis lors. Tous ces arguments montrent que, même si j'ai insisté tout au long de ce livre sur l'importance de l'écologie comme science (au moins parce que c'est la seule science que je connais un tant soit peu), il est bien possible qu'à ce stade de la crise environnementale les nouvelles analyses, les solutions et les innovations doivent venir des sciences humaines. L'écologie et l'ensemble des sciences de l'environnement ont déjà posé des diagnostics assez précis et peuvent proposer des solutions, ou au moins des directions générales à suivre et des séries d'outils pour agir. Les sciences humaines sont indispensables pour comprendre les interactions et rétroactions entre systèmes écologiques et sociétés humaines, comprendre le rôle des différents types de « mécanismes humains » impliqués dans ces dynamiques. De même, les technologies pour décarboner notre système de production et d'énergie ou rendre durable notre système agricole et alimentaire sont en grande partie déjà disponibles. La difficulté est plus d'arriver à mettre en œuvre les trajectoires politiques, économiques et sociales permettant de remplir cet objectif.

C'est ce type de raisonnement qui aboutit en ce moment (et depuis déjà plus de dix ans) au développement d'un nouveau type de science, les sciences de la durabilité[22]. Il s'agit d'une mise en œuvre systématique des recherches interdisciplinaires, alliant le plus souvent sciences de la nature et sciences humaines (et aussi parfois des sciences de l'ingénieur), pour rendre plus durables les relations entre les sociétés humaines et la biosphère. Les recherches dans le domaine demandent généralement l'implication forte, dans la conception et la réalisation des projets de recherche, des membres de la société concernés (agriculteurs, entreprises, pouvoirs publics, associations...). Il s'agit donc d'une science résolument appliquée et transformative. C'est une nouvelle posture permettant de systématiser l'interdisciplinarité dans l'urgence de la crise environnementale, ce qui paraît tout à fait essentiel. Il est possible que cela débouche réellement sur le développement d'une science à part entière avec de nouveaux concepts, des nouveaux outils, de nouvelles interprétations liant intimement environnement et sociétés humaines dans l'étude de ce que nous appelons maintenant les « socioécosystèmes », c'est-à-dire les systèmes qui associent les humains et toutes les composantes de la biosphère (organismes vivants, tous les facteurs physico-chimiques) et qui impliquent toutes les interactions possibles entre mécanismes humains et non-humains.

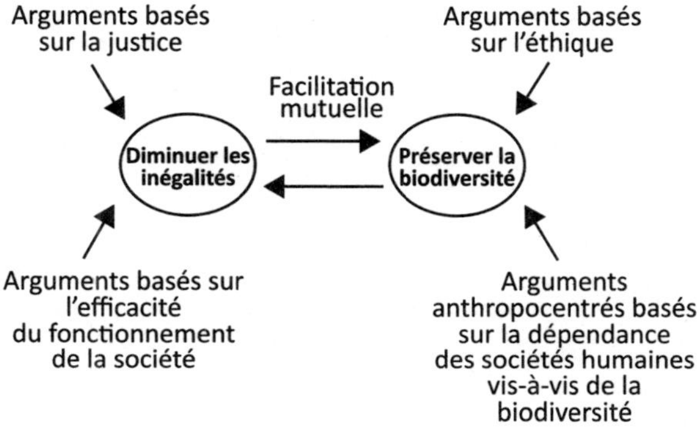

Fig. 7: Schéma montrant pourquoi il faut à la fois diminuer les inégalités socio-économiques entre les êtres humains et préserver la biodiversité et que préserver la biodiversité facilite la diminution des inégalités et vice-versa.

12

La compétition, l'écologie et les humains

Adolescent, j'ai pratiqué pendant longtemps le judo et je me suis arrêté quand mes études sont devenues trop intensives et qu'il aurait fallu m'engager dans la compétition pour progresser. J'ai repris la pratique d'un art martial, l'aïkido, lorsque j'ai commencé ma thèse. C'est un sport difficile à décrire. De l'extérieur, cela peut ressembler à un mélange de karaté et de judo : un des deux partenaires porte une attaque, un coup, une saisie d'une main ou de l'épaule ; le second partenaire répond à cette attaque en la contrôlant, éventuellement en projetant ou en immobilisant son partenaire, dans une forme de contre-attaque. On peut aussi pratiquer le même type d'exercice avec un bâton, un sabre ou un couteau en bois. La grande différence avec le judo c'est qu'il n'y a pas de compétition. Il n'y a en fait même pas de vrai combat : le rôle de chaque partenaire est défini à l'avance, on sait qui va attaquer et qui va se défendre, et le but n'est pas de résister à la contre-attaque. Cela ne veut pas dire que c'est facile et que c'est dépourvu d'efficacité martiale. Il faut rester dynamique et tonique et garder en même temps une grande souplesse. Les techniques doivent être exécutées avec beaucoup de précision, tout en s'adaptant à son partenaire (l'attaquant travaille autant que celui qui se défend). De nombreuses positions sont exigeantes physiquement. On reste par exemple souvent fléchi très bas sur les jambes. On peut travailler doucement ou accélérer mais, quelque que soit la vitesse, on doit chercher la fluidité, la pureté et l'efficacité du geste. Bien qu'il n'y ait pas de compétition en aïkido, et peut-être justement pour cette raison, on peut le pratiquer toute sa vie, trouver de nouvelles sensations et progresser. Ce qui est facilité par la bonne ambiance et la convivialité qui règnent dans les cours. Les pratiquants les plus aguerris aident autant que possible les plus débutants. On travaille collectivement sans distinction de poids, de sexe ou de niveau. Je pratique l'aïkido depuis plus de vingt ans. Cela m'a fait beaucoup de bien et, je crois, a rejailli sur l'ensemble de vie. Pour cela je suis infiniment reconnaissant à mes professeurs, Jean-Pierre Israël puis Fabrice Croizé, qui sont des enseignants et des aïkidokas incroyables.

Pour ce qui est de la compétition, je pense que le monde de la recherche académique est complètement schizophrène à différents égards. L'un des aspects les plus marquants, pour moi, est qu'il a tendance à survaloriser certaines chercheuses et chercheurs alors que la recherche est une entreprise éminemment collective. C'est particulièrement vrai en écologie dans la mesure où, pour répondre à une question particulière, il faut généralement rassembler des données variées et mettre en place des expériences complexes qui demandent de nombreuses compétences qu'aucun chercheur ne peut posséder dans son ensemble. De même, les jeux de données collectés sont souvent de plus en plus gros et requièrent de nombreuses mains (et cerveaux !) pour être rassemblés. Il faut, par exemple, collecter des données comparables dans de nombreux pays en même temps et pendant de nombreuses années successives. Cependant, même si tous les chercheurs savent que leur travail est collectif, certains, en petit nombre, sont plus visibles que les autres. Ils ont plus de succès aux appels d'offres pour financer leurs recherches et obtiennent ainsi plus de ressources (financières, doctorants, postdoctorants...) pour en faire plus. Ces chercheurs peuvent aussi avoir une reconnaissance médiatique importante. Le système est, dès lors, profondément inégalitaire. Cela tient d'une vision commune, en dehors du monde de la recherche, et qui est souvent diffusée par les médias. Dans la recherche, seuls certains individus, des «génies», trouveraient vraiment des choses nouvelles et c'est sur leurs découvertes que toutes les connaissances scientifiques se fonderaient et se développeraient. En écologie, ce domaine que je connais bien, ce n'est pas comme ça que cela se passe. Les connaissances avancent du fait du travail collectif et quand une «nouvelle découverte» est réalisée, elle provient de la conjonction de différents travaux (des observations, expériences, des modèles mathématiques) et de différentes idées qui étaient déjà en partie présentes dans la communauté. Bien sûr, une expérience est parfois décisive, ou un chercheur ou une chercheuse, par son dynamisme, sa vision, son intuition a une influence très importante sur notre compréhension de tel ou tel phénomène écologique, mais il reste que la recherche est essentiellement collective.

De ce fait, il peut paraître étonnant que la compétition soit si présente dans le monde de la recherche, entre les chercheurs et chercheuses, les laboratoires, les universités, les organismes de recherche (en France CNRS, INRAE, IRD...). Elle est due en grande partie au fait que les ressources pour faire de la recherche sont limitées (et restreignent en retour la quantité de recherches qui peut être effectivement menée), qu'il faut montrer qu'on est « meilleur » que les autres pour obtenir ses ressources (en répondant à des appels d'offres pour obtenir des crédits publics, voir chapitre 4) et à l'idéologie décrite plus haut, selon laquelle seuls certains individus pourraient vraiment développer de nouvelles connaissances. C'est dans ce cadre qu'un directeur du CNRS a pu appeler de ses vœux un financement darwinien de la recherche... Cette idéologie est d'autant plus bizarre que tous les chercheurs et les enseignants-chercheurs (hommes et femmes !) sont recrutés à un niveau très élevé. Ils et elles ont réussi à obtenir une bourse de thèse, ont effectué leur thèse, souvent dans des conditions difficiles (il faut énormément travailler, les premières expériences peuvent complètement rater...), plusieurs contrats postdoctoraux (des contrats à durée déterminée), souvent dans plusieurs pays différents, et publié de nombreux articles dans des journaux internationaux en anglais. Ils et elles ont donc déjà largement fait leurs preuves.

Dans ce cadre général, sans que cela soit prémédité, j'ai souvent favorisé dans mon travail des activités ayant une portée collective. Par exemple, je me suis impliqué dans la Société Française d'Écologie et d'Évolution (SFE[2]) en tant que vice-président, puis président. C'est une société savante classique qui vise à promouvoir l'écologie scientifique (et les sciences de l'évolution au sens darwinien) et, de ce fait, réunit l'ensemble des individus de notre communauté scientifique, quel que soit leur organisme d'appartenance. Elle s'efforce de fédérer cette communauté en organisant, notamment, tous les deux ans, un congrès national. Elle essaye aussi de faire le lien avec la communauté non-scientifique et prend des positions « politiques » sur la crise environnementale et de la biodiversité ou sur le fonctionnement de la recherche. J'ai aussi travaillé avec la Fondation pour la Recherche sur la Biodiversité (FRB) en étant vice-président de son conseil scientifique qui remplit des tâches collectives d'animation de la recherche sur la biodiversité, par exemple en assurant le secrétariat français de la Plateforme Intergouvernementale Scientifique et Politique sur la Biodiversité et les Services Écosystémiques (l'IPBES, le « GIEC de la biodiversité »). La fondation sert aussi d'interface entre la science et la société en diffusant les résultats de la recherche et en faisant remonter les besoins de connaissance de la société. Elle vulgarise et diffuse en particulier tous les résultats scientifiques montrant qu'il faut protéger la biodiversité et résoudre la crise environnementale, et comment cela peut être réalisé. La fondation promeut une version impliquée de la science écologique. Elle inclut également la dimension des sciences humaines (économie, sociologie, anthropologie...), indispensable pour analyser et modifier les relations entre les sociétés humaines, le fonctionnement des écosystèmes et la biodiversité.

J'ai énormément apprécié le travail au sein de ces deux organisations : il s'agissait d'avancer en synergie, avec des objectifs communs, sans la moindre trace de compétition. Toutes les personnes que j'y ai rencontrées m'ont beaucoup apporté, scientifiquement et humainement. Ce travail m'a permis de mieux connaître la communauté française des chercheurs en écologie et d'avoir une bonne idée de la diversité des domaines de recherche. J'ai pu aussi être en contact avec de très nombreux chercheurs et apprendre à connaître leur positionnement scientifique et leurs visions différentes des relations entre les sociétés humaines et la biodiversité.

La compétition et la sélection naturelle

Si la compétition fait partie du fonctionnement de la recherche, c'est aussi un sujet pour la science écologique. En effet, les organismes vivants sont liés par différents types d'interactions dont la compétition, la prédation ou le mutualisme… La première est une de celles qu'on étudie le plus. La compétition est très souvent liée à la consommation d'une ressource commune. Pour vivre, grandir, se défendre ou se reproduire, tous les organismes utilisent des ressources (de l'énergie et de la matière) qu'ils puisent dans l'environnement. Les producteurs primaires (par exemple les arbres) sont ainsi en compétition pour l'eau, les nutriments minéraux et la lumière. Les herbivores sont en compétition pour la consommation des producteurs primaires, les carnivores pour la consommation des herbivores. Les organismes vivants sont aussi en compétition pour l'habitat ou l'espace qu'ils occupent.

Les conséquences de ces interactions sont multiples et se font sentir à des échelles écologiques très diverses. Le mécanisme fondamental est qu'une ressource consommée par un individu, ou par une population donnée, n'est plus disponible pour les autres. De ce fait, toute chose étant égale par ailleurs, si un individu parvient à accaparer plus de ressources que ses compétiteurs, il va grandir plus vite, vivre plus longtemps et avoir plus de descendants. Si une espèce arrive à augmenter la part des ressources qu'elle peut exploiter, la biomasse totale de cette espèce devrait augmenter, ainsi que le nombre de ses individus. Ce type de raisonnement a conduit au principe d'exclusion compétitive[1] qui suggère que, quand deux espèces ont une niche écologique très proche et sont donc en compétition pour la même ressource limitante, l'espèce qui exploite au mieux cette ressource éliminera l'autre sur le long terme. Tilman[2] a développé une théorie légèrement différente suggérant que l'espèce qui est capable d'abaisser le plus la disponibilité d'une ressource et d'en tirer parti élimine toutes ses concurrentes.

D'une manière générale, la quantité totale des ressources et la compétition pour les ressources considérées comme limitantes participent à la régulation de la démographie des espèces, si bien que leurs populations ne peuvent pas croître indéfiniment. Cela constitue peut-être une des lois universelles de l'écologie[3]. Ce type de raisonnement se rapproche aussi fortement de certaines intuitions, plus anciennes, de Malthus[4]. Utilisant des modèles mathématiques simples, il a montré dès la fin du XVIIIe siècle qu'une croissance démographique exponentielle des populations humaines ne peut être soutenue indéfiniment parce que les ressources utilisées par les humains sont en quantités finies. Cela pourrait alors conduire à des catastrophes démographiques.

L'impact écologique de la compétition pour les ressources se poursuit à l'échelle évolutive (au sens darwinien). La sélection naturelle opère car les ressources sont limitantes. Ainsi, chaque individu ne peut se procurer qu'une quantité finie de ressources et transformer celle-ci en une probabilité de survie inférieure à 1 et en un nombre de descendants finis. Cela est dû à la fois à la limitation par les ressources et à la compétition, et au fait que chaque individu doit allouer la quantité de ressource finie qu'il a acquise à des fonctions très diverses[5] : acquisition de plus de ressource, métabolisme de base, locomotion, croissance, reproduction, protection contre différents prédateurs et parasites… Ces processus conduisent les individus ayant la meilleure stratégie d'allocation des ressources dans un environnement donné à avoir plus de descendants et les gènes qui déterminent cette stratégie peuvent se répandre et devenir majoritaires au sein de l'espèce (voir aussi chapitre 3). La compétition explique aussi l'adaptation à des conditions environnementales nouvelles. De nouvelles conditions modifient la stratégie d'allocation permettant d'acquérir au mieux les ressources et d'avoir le plus de descendants. C'est le principe de la sélection naturelle qui conduit à l'adaptation à ces nouvelles conditions. Il reste que, sans limitation par les ressources, chaque individu pourrait théoriquement avoir une descendance infinie et la sélection naturelle n'aurait plus de prise.

Cette situation ressemble, jusqu'à un certain point, à une caricature du message darwinien : les « plus forts » acquièrent plus de ressources leur permettant d'éliminer les « plus faibles », le tout étant le moteur de l'évolution qui conduit à leur avènement. Cette vision n'est pas fausse et permet de comprendre, par exemple, comment la sélection naturelle a facilité la colonisation de la plupart des milieux terrestres et aquatiques par les êtres vivants (y compris des environnements extrêmement inhospitaliers comme des eaux très acides ou très chaudes qui abritent certaines bactéries ou archées) et la diversification de leurs niches écologiques (voir chapitre 5). On peut, à juste titre, s'émerveiller de l'incroyable diversité des inventions de l'évolution. Cependant, ces processus n'ont pas de raison particulière d'optimiser des propriétés collectives des populations ou des écosystèmes, comme la production primaire ou leur biomasse. Le critère impliqué par la sélection naturelle est la transmission des gènes par un individu à ses descendants. Cette transmission peut être liée à la capacité individuelle à produire de la biomasse mais n'a pas de raison d'être liée à celle, collective, d'une population (sauf dans des cas particuliers). Du fait de l'évolution, la biomasse d'une espèce peut donc diminuer et, dans des cas extrêmes, fragiliser une espèce jusqu'à la conduire à l'extinction. On peut alors parler de suicide évolutif[6].

Un problème de l'évolution sous l'effet de la compétition est qu'elle peut, dans certains cas, exacerber cette dernière et déboucher ainsi sur « une tragédie des biens communs[7] ». Quand une ressource est partagée par tous les individus d'une population ou par toutes les espèces en présence, l'évolution a tendance à favoriser ceux qui la consomment le plus vite, ce qui leur permet d'empêcher les autres individus ou espèces de l'utiliser. Cela peut conduire à des stratégies suboptimales du point de vue de la biomasse totale produite par la population ou la communauté. Cela peut aussi mener à l'épuisement de la ressource et donc à la disparition des espèces qui en dépendent (c'est une forme de suicide évolutif). Ainsi, compétition et évolution peuvent compromettre la durabilité d'un système écologique. Par exemple, il a été suggéré que les plantes peuvent investir énormément dans leur système racinaire et leur surface foliaire (la somme de la surface de toutes leurs feuilles) pour ne pas perdre la compétition pour les nutriments minéraux et la lumière[8]. Cela constitue une forme de « course aux armements » : au cours du temps chaque espèce tente de produire plus de racines et plus de feuilles. Ainsi, petit à petit, l'investissement dans les feuilles et les racines devient trop élevé par rapport à ce qui serait strictement nécessaire, et réduit la production de biomasse de l'ensemble des plantes en présence. Autrement dit, si une seule plante augmente sa surface foliaire elle aura accès à plus de lumière, elle pourra ainsi produire plus de biomasse. À l'inverse, si tous les individus d'une population ou toutes les espèces d'une communauté augmentent simultanément leur surface foliaire la compétition entre individus augmente, chacun fait alors de plus en plus d'ombre à ces voisins, mais la quantité de lumière capturée par l'ensemble des plantes n'augmente pas. La quantité de matière organique fabriquée par unité de surface foliaire diminue ainsi. Le même raisonnement tient pour la quantité de racine produite et la compétition pour l'eau et les nutriments minéraux du sol. Du fait de l'évolution, les plantes investissent de plus en plus pour acquérir la lumière et les ressources du sol. Dès lors, la compétition entre elles augmente et la population ou la communauté de ces plantes devient collectivement moins efficace à fabriquer de la biomasse par la photosynthèse.

La sélection artificielle

La sélection naturelle, chez des espèces sauvages, conduit donc souvent à des situations non optimales du point de vue des propriétés collectives comme la production primaire. Il existe, cependant, un autre type de sélection : celle exercée volontairement par les humains sur les espèces qu'ils élèvent et cultivent, en particulier dans le cadre de l'agriculture. On parle alors de « sélection artificielle » (voir chapitre 7). Il a été suggéré que ce type de sélection permet de maximiser la production agricole[9], c'est-à-dire la biomasse de graines ou de fruits qui est récoltée. Dans ce cas, le critère de sélection d'une variété de plante, imposé par les humains, est fondé sur la maximisation du rendement global d'un champ et non sur la maximisation du nombre de descendants d'une plante. C'est-à-dire que quand les agriculteurs sélectionnent leurs propres semences, ils choisissent de replanter celles issues des parcelles qui ont donné la plus grosse récolte et non les semences des plantes individuelles qui ont produit le plus grand nombre de grains.

La sélection moderne en dehors des exploitations agricoles est aussi basée sur l'optimisation de la production agricole. On pense ainsi que les variétés cultivées ont, petit à petit, perdu la compétitivité qui avait été sélectionnée par la sélection naturelle chez les espèces sauvages dont elles descendent[10]. Ce faisant, les variétés modernes ne « gaspillent » plus de ressources en produisant plus de racines et de feuilles qu'il est nécessaire pour maximiser la production. Mais cette perte de compétitivité peut augmenter le besoin d'herbicide pour se débarrasser des « mauvaises herbes » qui, elles, sont très compétitives du fait de la sélection naturelle.

La compétition dans le monde académique

Il faut bien sûr prendre beaucoup de précautions si on cherche à appliquer aux sociétés humaines des résultats portant sur le fonctionnement des écosystèmes et des communautés d'organismes non-humains. L'espèce humaine peut, en théorie, décider de son chemin, du type de société et de système économique qui lui paraît juste et n'a aucune raison d'imiter les yeux fermés ce qui se passe dans la nature. L'efficacité de la société ne peut pas non plus servir de critère absolu. Il faut, en fait, chercher le compromis qui paraîtra le plus juste entre différentes caractéristiques : la justice, l'équité, la durabilité, le niveau de vie… Par exemple, quels que soient les résultats de l'écologie et de l'écologie évolutive, les sociétés humaines peuvent refuser de prendre des mesures augmentant la production individuelle ou collective si elles ne sont pas jugées acceptables pour des raisons morales ou philosophiques. Dans le cas de la compétition, il y a en plus une tromperie : on prétend trop souvent qu'elle conduit nécessairement à des propriétés souhaitables de nos sociétés, à plus d'efficacité collective.

L'impact écologique et évolutif de la compétition chez les plantes (présenté ci-dessus) suggère fortement que la compétition et la compétitivité ne sont pas une panacée pour améliorer et optimiser « l'efficacité des sociétés humaines » ou toute autre propriété émergeant des comportements humains individuels. Typiquement, la compétition est très souvent présentée comme un moteur naturel de la recherche et de la production de nouvelles connaissances. Ce leitmotiv a tellement été mis en avant dans la société en général, et par la direction de la recherche, qu'on a tendance à largement accepter cette idée (y compris en écologie). On peut comprendre que le désir de faire de nouvelles « découvertes », d'être le premier à comprendre tel ou tel phénomène et d'acquérir une position académique (et sociale) plus élevée motive les chercheurs. Cela peut s'inscrire dans une émulation plutôt saine. Cependant, les résultats de l'écologie suggèrent que la seule compétition entre les individus, si elle n'est pas contrebalancée par d'autres processus, a peu de chance d'optimiser la production de nouvelles connaissances (et l'utilisation de ces connaissances pour répondre aux besoins de la société) qui est une propriété émergeante collective de l'ensemble des chercheurs et organismes de recherche.

Si la compétition pousse à développer des théories sans cesse plus originales, plus en adéquation avec la réalité, et à les utiliser, la science et les sociétés humaines en bénéficient.

En revanche, si la compétition pour des ressources limitantes nombreuses (financements, espaces de laboratoire, les meilleurs étudiants, accès aux médias...) conduit les chercheurs à dépenser toute leur énergie pour les acquérir à la place des autres, il y a toutes les chances que la science et les sociétés humaines y perdent : moins de connaissances seront produites et les sociétés bénéficieront moins de l'utilisation de ces connaissances pour résoudre les problèmes auxquels elle doit faire face. Évidemment, les chercheuses et chercheurs y perdent aussi beaucoup parce qu'ils doivent se dédoubler tous les jours pour à la fois produire de nouvelles connaissances et dépenser beaucoup de temps et d'énergie pour acquérir les ressources nécessaires.

Malheureusement, nous savons tous à quel point le système académique à l'échelle nationale et internationale est trop souvent devenu inefficace. Il peut paraître normal qu'un chercheur passe une partie de son temps à répondre à des appels d'offres compétitifs pour obtenir les financements pour des projets d'ampleur exceptionnelle. Il est moins normal que les chercheurs dépendent de tels appels d'offres pour effectuer leurs « recherches de base » au quotidien ou que le taux de réussite de beaucoup d'appels d'offres soit inférieur à 10 % (cas de l'ANR en 2014 et 2015[11]). Répondre à un appel d'offres, c'est aussi commencer à élaborer des nouvelles hypothèses et de nouvelles recherches. Cela peut donc être vu comme une activité normale du chercheur. Mais le formalisme des appels d'offres (et en particulier leur volet administratif) devient tellement lourd que le temps nécessaire pour y répondre augmente exponentiellement : on propose même aux chercheurs des formations pour apprendre comment répondre, voire on leur conseille de payer des entreprises privées pour faire une partie du travail. Dans tous ces cas, une partie grandissante des ressources des chercheurs, du temps de travail et, in fine, de l'argent public, est détournée de sa fonction première, faire avancer la recherche, afin de remplir des fonctions accessoires. Cela diminue l'efficacité collective du système. Individuellement, chaque chercheur n'a pas le choix et doit investir plus de temps qu'il ne devrait dans des tâches ne produisant pas directement de nouvelles connaissances, pour trouver des ressources, pour maintenir sa compétitivité... C'est exactement ce qui se passe quand la sélection naturelle sélectionne chez une plante une grande surface foliaire, améliorant potentiellement sa production individuelle de biomasse et sa propre compétitivité, mais diminuant la production collective de biomasse par une population de plantes ayant toutes la même stratégie d'augmentation de leurs surfaces foliaires.

Enfin, la recherche se fonde largement sur la collaboration autant que sur la compétition. D'une manière générale, la recherche s'appuie sur l'échange d'idées et de points de vue qui permet la progression des connaissances par amélioration progressive des théories. De plus, l'écologie scientifique a de plus en plus besoin de projets de grande ampleur utilisant de très grosses bases de données. C'est la seule manière d'aboutir à des théories plus générales, de devenir capable de faire des prédictions plus précises. Ces nouvelles formes de recherche demandent donc des collaborations plus larges et une meilleure coordination des activités des chercheurs conduites dans un but commun (standardisation des protocoles, très grosses expériences, observatoires, mise en réseau, construction de bases de données communes...). Cela montre bien que la seule compétition ne peut pas servir de moteur universel à la recherche.

La compétition dans les sociétés humaines

Il est tentant d'utiliser les résultats de l'écologie sur la compétition pour interpréter le fonctionnement de l'ensemble de notre société. Comme dans la recherche, la société, du moins notre société moderne occidentale, a tendance à survaloriser la compétition et, surtout, à mettre en avant le fait qu'elle est la meilleure solution pour augmenter « l'efficacité de notre société ». Ces résultats suggèrent pourtant que ce n'est pas le cas. Les conséquences de la compétition à l'échelle de la société devraient au moins dépendre des mécanismes impliqués. Comme pour les plantes, si la compétition conduit les individus, les entreprises, les pays à améliorer l'usage des ressources (par exemple, en produisant plus de produits manufacturés à un moindre coût environnemental et dans de meilleures conditions sociales) la compétition peut bénéficier à l'ensemble de la société. Si, au contraire, la compétition pousse les individus, les entreprises et les pays à utiliser une partie des ressources (énergies, ressources naturelles, travail humain...) pour augmenter leur compétitivité sans que cela se traduise par une amélioration (qualitative ou quantitative) de la production, elle a peu de chance de bénéficier à la société dans son ensemble.

Il paraît difficile de tracer une limite précise entre les mécanismes de compétition selon leur impact potentiel (négatif ou positif) pour la société. Cependant, il y a un secteur économique entier qui me paraît correspondre parfaitement aux mécanismes de compétition conduisant à un gaspillage de ressources et ayant, in fine, un impact négatif sur la société prise dans son ensemble : la publicité commerciale. En effet, elle pilote en partie la compétition entre les entreprises mais ne conduit pas nécessairement à un bénéfice en termes de qualité ou d'efficacité de la production. L'argent dépensé pour la publicité commerciale ne rend aucun service bénéficiant à la société dans son ensemble et, à l'inverse, représente un coût très élevé pour le consommateur et donc la société. Le coût de la publicité rentre bien dans la comptabilité générale des entreprises et l'argent dépensé doit être pris en compte pour établir le prix de vente des biens et des services. Ainsi, on a pu estimer qu'elle correspond souvent à plus de 10 % du prix de vente de certains produits et parfois même jusqu'à 2/3 de ce prix. La publicité représente bien un coût pour le consommateur. Selon son créneau économique, une entreprise peut ne pas avoir le choix : elle peut avoir besoin d'investir dans la publicité, parce que les entreprises avec lesquelles elle est en compétition le font. Il s'agit donc de nouveau d'une course aux armements. Le coût total de la publicité est énorme. On estime ainsi la valeur totale payée en France par les annonceurs de publicité à environ 10 milliards d'euros par an (environ vingt fois le budget d'intervention de l'Agence nationale de la recherche qui était d'environ 0,5 milliard d'euros en 2014, plus que le budget consacré en France à la recherche hors enseignement supérieur, environ 8 milliards d'euros).

Une entreprise peut bénéficier de la publicité si celle-ci lui permet de gagner des parts de marché, de gagner la compétition. Mais la société dans son ensemble ne tire pas de bénéfice du fait que telle ou telle entreprise remporte des parts de marché. Nous avons tous désormais l'habitude de bénéficier de « services gratuits » financés par la publicité, comme certains journaux d'informations ou de nombreux services internet. Mais, bien sûr, ces services ne le sont pas vraiment. Les annonceurs payent pour que leurs publicités soient diffusées dans les journaux et sur internet, et ce coût est répercuté sur le prix des biens et des services qu'ils produisent. On peut aussi penser que la publicité commerciale rend un service en informant les consommateurs. Mais il est alors facile d'argumenter qu'il ne s'agit pas d'une information non biaisée. On peut même argumenter qu'il s'agit souvent de désinformation. Si je veux choisir en toute connaissance de cause un produit, mon choix sera probablement mieux fondé s'il s'inspire des articles d'un journal de consommateurs (comme *60 millions de consommateurs* ou *Que choisir?*) que des publicités. Bien sûr, on peut développer beaucoup d'autres arguments contre la publicité (coût environnemental, messages idéologiques véhiculés, le fait que pour faire face à la crise environnementale la seule solution est de diminuer la consommation dans les pays les plus riches...).

Je pense qu'il est important que la science écologique fasse bénéficier la société de toutes ses avancées de toutes les manières possibles. L'écologie scientifique a développé une approche systémique très poussée qui pourrait être transposée pour étudier et interpréter de nombreux aspects du fonctionnement des sociétés humaines, et, en particulier, de l'économie. Mais, bien sûr, encore une fois, nous n'avons aucune raison d'appliquer bêtement ce que nous observons dans la nature aux sociétés humaines. Ce n'est pas parce qu'il y a de la sélection naturelle dans la nature que nous devons promouvoir une forme de sélection naturelle entre les humains. Ça va mieux en le disant. L'idée est plutôt qu'il y a des analogies très fortes entre le fonctionnement de certains systèmes humains et de certains systèmes écologiques. De ce fait, l'écologie peut peut-être aider à comprendre nos sociétés humaines, au moins certains aspects de ces sociétés. L'écologie étudie aussi les interactions positives entre organismes, comme le mutualisme, et ces travaux montrent que ces relations jouent un rôle crucial pour de nombreux organismes et les écosystèmes qui les hébergent. Par exemple, les producteurs primaires dépendent fortement de symbioses avec des champignons pour leur croissance et leur survie[12]. Les mycorhizes forment ainsi des réseaux explorant très finement l'ensemble du sol et peuvent absorber les nutriments minéraux avec une très grande efficacité (voir chapitre 4). Les mycorhizes étant reliées aux racines des plantes, elles leur permettent d'acquérir plus de ressources (des nutriments minéraux). L'écologie a aussi étudié les conditions permettant à des symbioses de s'établir et de se maintenir[13] ou permettant de diminuer l'intensité de la compétition[14]. Même si l'étude des mutualismes et de leur évolution (au sens darwinien !) va au-delà des objectifs de ce chapitre, il est certain que réfléchir à ces interactions positives pourrait aussi éclairer le fonctionnement des sociétés humaines. La coopération est d'une manière générale essentielle au bon fonctionnement des sociétés humaines.

Une source d'inégalités

Nous avons vu que la compétition pouvait rendre inefficace les sociétés humaines ou les écosystèmes. Elle est aussi, en partie, la cause des inégalités. D'une manière générale, chez les plantes ou les animaux, les inégalités de taille entre les individus ou entre la taille des populations de différentes espèces vivant dans le même écosystème est liée à la compétition pour les ressources nécessaires aux individus pour vivre, grandir et se reproduire. Si une espèce est plus abondante et représente une biomasse plus grande que les autres, c'est qu'elle est arrivée, d'une manière ou d'une autre, à accaparer une part plus importante des ressources. Si on se représente une population d'arbres qui n'a pas été plantée par des humains, les arbres ont des âges et des tailles différents. Commençons par observer les plantules de ces arbres (qui font quelques centimètres de haut). Parce qu'elles sont issues de graines de tailles différentes ou parce qu'elles n'ont pas poussé exactement dans le même environnement lumineux (certaines plantules ont eu la chance de pousser dans une tache de lumière où les branches des arbres adultes font un peu moins d'ombre), certaines plantules sont un peu plus grandes que les autres. Ces différences de taille ont des chances de se maintenir même sans l'intervention d'autres mécanismes, simplement parce que les plantules vont rester en compétition pour des ressources limitantes (lumière, eau, nutriments minéraux). Toute chose étant égale par ailleurs, les plus petites plantules ont peu de chances de rattraper leur retard de croissance. Il faudrait pour cela qu'elles arrivent à récupérer plus de ressources que les plantules les plus grandes. En fait, dans bien des cas, c'est même l'inverse qui se produit : les plantules les plus grandes vont absorber beaucoup plus de ressources que les plus petites et cette différence n'est pas juste proportionnelle à la différence de taille. C'est au moins le cas pour l'absorption de la lumière qui augmente non linéairement avec la hauteur de la plantule. On parle alors de « compétition asymétrique ». Évidemment, plus une plantule est grande, plus elle a des chances de faire de l'ombre à ses voisines. Ainsi, des petites différences initiales de taille peuvent se renforcer au cours de la vie des plantules et s'amplifier petit à petit jusqu'aux arbres les plus grands. Cela conduit à des distributions de tailles très inégales : la proportion d'arbres dans différentes classes de taille diminue fortement en allant vers les grandes classes de taille et on trouve finalement quelques grands arbres et beaucoup de plus petits[15]. Des mécanismes assez proches maintiennent et augmentent aussi les inégalités de taille entre les animaux, par exemple en lien avec la disponibilité de la nourriture l'année de naissance ou le choix initial d'un habitat plus ou moins favorable[16]. Dans ces cas, on parle d'un effet « cuillère d'argent » : les individus les plus favorisés étant nés dans de meilleures conditions, avec une cuillère d'argent dans la bouche.

Vous me voyez venir de très loin : tout ce que je viens de décrire chez les plantes et les animaux ressemble très fortement aux mécanismes conduisant au maintien et à l'augmentation des inégalités socio-économiques dans nos sociétés humaines et ces mécanismes sont liés à la compétition pour différentes ressources (in fine tout ce que nous consommons) pilotée par des échanges d'argent. Cette compétition se fonde sur des mécanismes sociaux et économiques très variés que je serais incapable de décrire en détail. Cependant, on comprend bien qu'à un instant donné, dans une société, les revenus sont répartis entre individus, professions, classes sociales, pays… par un certain nombre de règles plus ou moins explicites. Il y a bien compétition pour ces revenus. Comme pour les plantes et les animaux, certains de ces mécanismes ont tendance à augmenter les inégalités initiales. Quelqu'un qui a déjà suffisamment de revenus peut les utiliser et les investir pour augmenter encore plus ses revenus. L'héritage financier et culturel maintiennent, voire augmentent, ces différences d'une génération à l'autre. Les différences de revenus entre individus peuvent alors s'amplifier. Les différences d'accès à l'éducation et aux études sont elles-mêmes souvent liées à des différences de revenus et ont tendance à amplifier les différences de revenus initiales parce que l'éducation reste encore souvent un bon moyen d'obtenir un travail mieux payé. C'est encore un cas de boucle de rétroaction «positive». Tous ces processus posent en mon sens plusieurs problèmes. On peut bien sûr juger que des inégalités fortes ne sont pas justes et vont à l'encontre de notre sens de la morale. Ensuite, la compétition à l'origine de ces inégalités est en partie une source d'inefficacité pour nos sociétés. Je soupçonne très fortement que de nombreux mécanismes sont en action. Par exemple, une société par trop inégalitaire et injuste conduit inévitablement à des dysfonctionnements qui touchent même les personnes les plus favorisées. Enfin, j'ai suggéré que les inégalités socio-économiques pouvaient empêcher ou en tout cas freiner la résolution de la crise environnementale.

Je ne suis pas capable de définir ce que serait un niveau acceptable de compétition dans une société et, corrélativement, ce que serait le niveau inacceptable d'inégalités. Pour plein de raisons, et parce qu'on voit bien que le niveau d'inégalité actuel entre les pays et les individus est un frein sérieux à notre capacité à résoudre la crise environnementale, il paraît très clair qu'il faut le diminuer. Cela implique aussi de tempérer l'idéologie pro-compétition, souvent dominante, et de mettre en place de nombreux mécanismes diminuant concrètement le degré de compétition entre les individus, les groupes sociaux, les pays... Certains de ces mécanismes existent déjà et sont souvent fondés sur des moyens de redistribuer les ressources. Ils peuvent être vus comme des formes de mutualisme à différentes échelles de nos sociétés. L'urgence liée à la crise environnementale implique probablement d'imaginer des mécanismes inédits pour aller beaucoup plus loin et plus vite vers une société mondiale plus égalitaire et solidaire. Indépendamment des mécanismes pour redistribuer les ressources, une autre façon de diminuer la compétition est de réduire le niveau de consommation générale et, en particulier, celui des plus riches. Il faut viser ici la consommation superfétatoire qui ne sert pas à remplir nos besoins élémentaires et ne contribue pas réellement à notre bien-être sauf, peut-être, en satisfaisant nos ego. Il existe bien une forme de compétition pour l'accumulation de richesses. Diminuer cette compétition devrait contribuer à diminuer le niveau d'inégalité et, bien sûr, à diminuer nos pressions sur l'environnement. De la même manière, on peut penser qu'il existe de nombreux mécanismes socio-économiques et de gouvernance permettant de limiter la compétition pour les ressources (dont les ressources naturelles et la biodiversité) et d'éviter leur surexploitation[17].

J'ai l'impression de n'avoir mentionné ici qu'une série d'arguments presque triviaux liant la résolution de la crise environnementale et la diminution des inégalités entre humains. Ces arguments ne sont pas nouveaux et j'espère que le monde politique et économique y pense de plus en plus sérieusement. Mais je trouve que c'est intéressant et j'espère utile d'intégrer des éléments venant directement de l'écologie scientifique. Cela n'empêche pas que de nouveaux travaux de recherche mêlant les sciences humaines et écologie dans le cadre des sciences de la durabilité (chapitre 11) sont indispensables pour aller plus loin, conforter ces arguments, les rendre vraiment opérationnels. Et il existe bien sûr de nombreux travaux en sciences humaines, par exemple sur les inégalités[18], qui expliquent déjà bien mieux que je ne suis capable de le faire le fonctionnement des sociétés humaines.

Conclusion

B. Morizot a écrit « Il en est de même pour les significations dans le vivant : une fois qu'on en a trouvé une, qu'on a résolu une énigme, il n'est pas désenchanté mais plus vivant, parce qu'un peu de lumière rend visible les jeux possibles entre ce sens élucidé et tous les autres qui bruissent autour de lui.[1] ». C'est un des sens que je veux donner à ce livre. Mon travail est bien de chercher à comprendre le vivant et cela ne le rend pas plus plat et ordinaire, bien au contraire. Comprendre les systèmes écologiques, même par petites touches, miette après miette, rend le monde plus beau, enchanté, merveilleux. Cela vient tout seul, d'abord parce qu'en jetant des lumières nouvelles on éclaire de nouveaux champs, créant alors de multiples ombres à la périphérie. Tout apport de connaissances nouvelles suscite de nombreuses questions inédites. Ensuite, il y a une beauté à comprendre, parce que cela signifie que l'on a entrevu de nouveaux schémas, de nouvelles régularités, des formes de persistances qui sont esthétiques en elles-mêmes. Par-delà la diversité foisonnante, presque chaotique, des êtres vivants et de leurs interactions on arrive à tirer un fil dévoilant une forme d'ordre, un bout d'interprétation générale qui permet de savoir un peu mieux où nous sommes et où nous pouvons aller.

Pour moi, la recherche ressemble à la musique. J'ai toujours l'impression que je prends beaucoup plus de plaisir à l'écouter

(Bach, Bob Dylan, Salif Keita, la salsa, This is the kit…) quand j'arrive à suffisamment bien prédire la phrase musicale qui vient, son rythme et les paroles qui l'accompagnent, mais que la musique joue avec cette régularité, la modifie, s'en écarte… pour la retrouver ensuite. À l'inverse si la musique est complètement régulière, s'il n'y a qu'une seule phrase que je reconnais tout de suite, le plaisir est moins grand comme dans un projet de recherche dont on connaîtrait à l'avance tous les résultats, comme si la réalité n'avait plus de mystère.

Les recherches en écologie ressemblent aussi à un patient travail d'enquête qui demande de combiner des outils très variés. Il faut se promener et observer la biodiversité et les écosystèmes. C'est souvent comme ça que naissent les questions de recherche, en sentant, touchant, flânant, rêvassant. Passée une phase exploratoire durant laquelle de nouvelles idées et des intuitions surgissent, il faut formaliser de nouvelles questions et de nouvelles hypothèses à partir des connaissances déjà acquises. Il faut alors mettre en œuvre tout un arsenal d'outils pour tester ces hypothèses et organiser les observations sur le terrain pour qu'elles soient comparables entre différentes situations, différents lieux, différents moments et faire parler la biodiversité. Il faut mettre en œuvre des expériences qui nous conduisent à manipuler la biodiversité pour qu'elle donne des réponses plus claires. La difficulté est toujours de manipuler un ou plusieurs facteurs à la fois sans influencer d'une manière non contrôlée les autres facteurs qui pourraient influencer les organismes et les écosystèmes que nous étudions. La difficulté est de trouver ou de construire des situations comparables, en jouant à la fois sur la similarité et la différence.

Ces arguments conduisent aussi à une discussion sur l'opposition parfois faite entre la capacité à remarquer les détails, une espèce, un individu et son comportement, la capacité à raconter des histoires (naturelles !) particulières et la prétention scientifique à proposer des interprétations générales et englobantes basées sur la quantification. Il faut d'abord avouer que parfois l'écologie moderne court un peu le risque de se perdre en oubliant ses bases naturalistes. Par exemple, on inventorie de plus en plus la biodiversité en utilisant des méthodes d'ADN environnemental et de «barcoding»: on récole un échantillon (eau, sol...) dans l'environnement, on extrait son ADN, on amplifie un gène marqueur distinctif, on séquence toutes les variantes de ce gène et, en comparant les résultats à une base de données, on peut déterminer quelles espèces sont présentes. Cela marche bien, mais il y a un risque à penser qu'on a parfaitement décrit la biodiversité présente alors qu'on ne connaît parfois que le nom des espèces qui la compose sans savoir ce qu'elles sont vraiment (comment elles vivent, de quoi elles se nourrissent...). À l'inverse, Darwin a été un naturaliste incroyable. Il a rassemblé un nombre impressionnant de nouvelles observations tout au long de sa vie et en particulier au cours de son célèbre voyage sur le Beagle[2]. Et c'est bien l'accumulation de ces observations qui lui a permis d'arriver à l'évidence de l'évolution des organismes et à la déduction de ses mécanismes de base. En proposant ces mécanismes a priori universels et une grille d'interprétation générale, il a ainsi mis une forme d'ordre dans la biodiversité (bien avant que ce mot n'existe !) qu'il a pu observer et dans toutes les «bizarreries» de cette biodiversité qu'il a décrite.

Bien sûr, nous ne devons pas être trop prétentieux à propos de notre capacité à toujours trouver des interprétations générales... parfois nous n'y arrivons pas. Cependant, il faut bien comprendre que toute science est un cheminement entre le particulier et le général. Bien sûr l'idéal, en écologie comme pour les autres sciences, est de trouver des formes de règles ou de lois générales. Il s'agit en général de tendances qui dépendent du type d'organismes ou d'écosystèmes. Elles peuvent se traduire par des formes de quantification, des formules mathématiques, mais il y a toujours de la variabilité, des exceptions autour de la règle générale. La capacité de l'écologie à généraliser vient cependant de l'utilisation conjointe d'expériences permettant de décrire et quantifier les mécanismes de base (la mortalité, un flux de matière ou d'énergie), d'expériences et d'observations permettant de lier ces mécanismes à leurs conséquences à des échelles plus grandes (entre autres pour passer à l'échelle d'une population ou d'un écosystème) et de modèles mathématiques permettant de faire des prédictions et de mieux lier les mécanismes à leurs conséquences. La compréhension des règles générales provient ainsi de la juxtaposition de très nombreuses observations particulières.

J'écris ces lignes depuis la station de Lamto dont j'ai déjà amplement parlé. J'ai beaucoup de chance de pouvoir continuer à y passer du temps. Ce matin, comme d'habitude, je me suis levé avec le soleil pour pouvoir prendre des photos d'insectes et d'araignées, et profiter du calme et de la nature avant le petit-déjeuner. À cette heure-là, la température n'est pas trop élevée et certains insectes dorment encore un peu et se prêtent plus volontiers à être pris en photo. Je me promène autour des bâtiments de la station, je scrute le sol, les buissons, les herbes dans l'espoir d'observer quelque chose de nouveau pour moi. Souvent, je vois les mêmes espèces, mais elles font parfois des choses nouvelles que je n'ai pas encore observées. Cette semaine, j'ai pu voir un accouplement de gros iules (des mille-pattes de plus de 10 centimètres de long, marron-orange annelés de rouge). Souvent, j'observe un nouveau comportement chez les fourmis écophiles (fourmis brun orange qui vivent dans les arbres et construisent des nids en assemblant des feuilles entre elles). Elles ont capturé une proie que je n'avais jamais vue. Elles élèvent différentes espèces de cochenilles et de membracides (des petits insectes proches des punaises et qui portent souvent sur leur tête des appendices étranges et beaux). Pour certaines espèces qui ne bougent pas beaucoup, comme les mantes religieuses ou certaines araignées, je peux suivre les mêmes individus pendant plusieurs jours.

Malgré un système de recherche compliqué, travailler en écologie peut être un plaisir immense. Il est passionnant, agréable et utile de mieux comprendre le monde écologique dont nous faisons partie à l'aide de tous les outils qu'il faut mettre en œuvre pour atteindre cet objectif. L'ensemble de la démarche scientifique est un voyage passionnant, incroyable, depuis la formulation d'hypothèses, la conception des d'expériences, la réalisation de ces expériences, la mise en œuvre des statistiques, l'interprétation des résultats, jusqu'à la rédaction des articles scientifiques. J'aime autant les phases de conceptualisation et de formalisation que celles, plus exploratoires, durant lesquelles l'esprit fonctionne plus librement, d'une manière moins organisée et rigoureuse. Bien sûr, j'aime aussi énormément le travail de terrain, la confrontation concrète avec le monde écologique réel dans toute sa matérialité et sa foisonnante complexité.

Même si la recherche nécessite beaucoup d'efforts solitaires, c'est aussi un exercice éminemment collectif. Ce travail prend tout son sens lorsqu'on peut confronter ses idées à celles d'autres chercheurs, échanger avec des personnes qui ont les mêmes passions, se posent les mêmes questions et cherchent à résoudre les mêmes problèmes techniques pour répondre à ces questions. Les phases de bouillonnement intellectuel, trop rares, quand on interprète collectivement des résultats ou, à l'inverse, quand on conçoit de nouveaux projets de recherche et imagine de nouvelles hypothèses à tester, sont très excitantes et justifient tous les autres efforts.

Je considère l'enseignement comme le prolongement direct du travail de recherche. À quoi servirait-il de produire des connaissances nouvelles si elles ne sont pas accessibles au plus grand nombre ? Enseigner m'oblige aussi à clarifier ma vision, à choisir ce que je souhaite vraiment enseigner, à réfléchir aux messages clefs. La confrontation avec d'autres personnes permet de tester la solidité de mes connaissances, ou la clarté et la logique de mes explications. Enseigner à des étudiants, donner une conférence devant un public varié n'ayant pas nécessairement une formation scientifique, participer à des débats publics est aussi des façons de rencontrer d'autres humains qui ont les mêmes passions que moi, de comprendre ce qui les touche, de mieux voir quels sont leurs questionnements et leurs problèmes. En tant que chercheur, j'ai encadré de nombreux étudiants durant leur doctorat. Il s'agit aussi d'un exercice de transmission des méthodes appropriées pour mener des recherches et pour se débrouiller dans le milieu académique. Les échanges scientifiques durant le déroulement d'une thèse de doctorat sont incroyablement riches et je suis souvent réellement impressionné par la sagacité, l'inventivité, la pugnacité dont les doctorants font preuve.

En tant que chercheur de l'IRD, j'encadre aussi de nombreux étudiants africains et je collabore avec des enseignants-chercheurs du même continent. Comme toutes les interactions scientifiques, ces collaborations m'apportent beaucoup. Il est particulièrement intéressant de se confronter à des cultures différentes et à un monde académique fonctionnant un peu différemment. Cela oblige à prendre beaucoup de recul, à revenir au sens premier de la recherche mais aussi à mieux réfléchir au fonctionnement (économique mais aussi écologique) d'un monde où il existe encore des disparités et des inégalités énormes entre les pays, leurs impacts sur les changements climatiques et la biodiversité, leurs niveaux de vie, leurs systèmes agricoles...

Les sciences écologiques sont des sciences du complexe et imposent de passer par des approches rigoureuses, des outils de mesure très élaborés, des théoriques, des concepts, les statistiques, les mathématiques. J'espère, malgré cela, que ce livre reste facile à comprendre. Tous ces outils sont indispensables pour développer une vision juste qui éclaire les réalités écologiques, pour faire des prédictions et aider à trouver des solutions à nos problèmes de durabilité. J'ai souhaité mettre en avant ma vision personnelle des sciences écologiques, montrer mes émotions face à la nature mais aussi dans la pratique quotidienne de la recherche. Je le redis ici, il ne faut pas voir de contradiction entre ces émotions et les côtés les plus formels, quantitatifs et rigoureux des sciences écologiques. Tous ces aspects peuvent et doivent se renforcer mutuellement. Je cherche à comprendre ce qui m'émeut, et comprendre m'émeut. C'est une forme de reconnexion ! Bien sûr, tout ce que j'ai dit de l'écologie est teinté de ma propre vision et a été illustré par mon parcours personnel mais je pense que l'ensemble de mes conclusions générales sur la biodiversité, le fonctionnement des écosystèmes, l'évolution des organismes ou les relations entre les sociétés humaines et la biodiversité (non-humaines !) ne sont pas spécialement originales et seraient partagées par la plupart des écologues.

J'espère vous avoir donné certaines clefs éclairant les aspects écologiques de la crise environnementale (dans le sens des sciences écologiques) et pouvant donner des pistes de solution. Évidemment, une conclusion générale est que nous devons changer nos relations à la biodiversité et à la biosphère. Cette conclusion est admise par l'ensemble des écologues. Collectivement, nous avons accumulé tant de connaissances allant dans ce sens qu'il n'y a absolument aucun doute. Cependant, au sein de la société, de nombreuses visions s'opposent quant aux solutions. Par exemple, une fois que l'on a compris qu'il fallait protéger la biodiversité et les écosystèmes on pourrait ne souhaiter conserver que la biodiversité utile aux humains. On pourrait aussi penser que la biodiversité c'est bien, mais que nos nombreuses technologies apporteront toujours des solutions, y compris pour remplacer la biodiversité. Mais, est-il plus satisfaisant de penser qu'on peut dominer et contrôler toute la biodiversité, dont on n'a pas vraiment besoin ou seulement, à la rigueur, d'une biodiversité complètement inféodée aux humains ou admettre, au contraire, que nous sommes irrémédiablement liés à l'ensemble de la biodiversité, que nous en dépendons, que nous en faisons partie ? Une première réponse est que la première option ne marche pas. Une bonne partie de ce livre explique en quoi nous sommes dépendants de la biodiversité, pourquoi nous en faisons partie, à quel point il est illusoire de vouloir complètement la contrôler et la dominer et pourquoi de nombreuses technologies sont, au moins sur le long terme, plus des problèmes que des solutions. Et je pense que la grande majorité des écologues partagent ce point de vue, avec seulement quelques nuances. Accepter nos liens avec la biodiversité conduit clairement à des contraintes. Une fois ce positionnement adopté, on ne peut plus faire ce que l'on veut au sein de la biosphère, on ne peut plus faire n'importe quoi avec la biodiversité. On doit par exemple choisir seulement les technologies dont nous avons vraiment besoin, et qui auront les impacts les moins négatifs sur l'environnement, et exclure les autres. Ces contraintes peuvent cependant être libératrices, inspirantes. Il peut être satisfaisant de se sentir lié à l'ensemble de la biosphère, de savoir qu'on partage avec tous les organismes vivants un même arbre évolutif, le cycle du carbone et de l'azote… On doit alors faire attention à ce qui prend, en conséquence, de l'importance. Avec cette vision, la prise de conscience de toutes les interactions écologiques qui nous lient à la biosphère, nous sommes moins seuls, la vie est encore plus belle et les sociétés humaines seront plus durables. On peut du moins l'espérer.

L'écologie est la science que je pratique quotidiennement, et elle offre une grille d'interprétation cruciale pour comprendre la biosphère et la crise de la biodiversité. Mais, bien sûr, nous avons besoin pour analyser les interactions entre les humains et la biosphère de très nombreuses sciences et, en particulier des sciences humaines dans toute leur diversité : anthropologie, ethnologie, sociologie, économie, sciences cognitives, sciences politiques, droit. D'autres disciplines comme l'histoire ou la philosophie permettent aussi de créer du lien, de prendre du recul ou de se projeter dans l'avenir. De nombreux groupes de chercheurs vont dans cette direction et sont même parfois très avancés, mais il y a encore énormément à faire sur la piste de l'interdisciplinarité. Cela demande un travail énorme parce qu'il faut arriver à partager des cultures scientifiques très différentes, supportées par des pratiques de recherches parfois presque opposées. Il faut aussi arriver à reconstruire et partager de nouvelles questions de recherche liant humain et non-humain. Ce qu'il faut construire va à l'encontre de siècles de développement séparés des sciences de l'homme et de la nature, qui sont dus à la croyance que les humains ne font pas vraiment partie de la biodiversité et peuvent dominer la biodiversité. Cette croyance explique probablement à la fois la crise environnementale actuelle et les dynamiques scientifiques passées.

Un point important (en particulier en ce début d'année 2025) est que même si tout ce que je dis dans ce livre me paraît presque évident et que cela correspond à un état des lieux partagé par une large communauté scientifique, absolument rien n'est gagné pour le moment. Non seulement nous ne diminuons pas suffisamment vite nos impacts sur la biodiversité et le climat pour éviter des catastrophes humaines majeures mais, en plus, les sciences qui font le diagnostic de la crise environnementale et de ces répercussions sur nos sociétés (donc y compris les sciences humaines) sont attaquées de toute part. Cela peut conduire à des formes variées de scepticisme (climatoscepticisme, biodiversité-scepticisme…) ou à des attaques directes contre la recherche ou des organismes chargés de l'organisation de politiques environnementales. Bien sûr on peut tourner notre regard vers les États-Unis trumpiens, mais les mêmes pressions sont aussi présentes, en germe, en France. C'est ainsi qu'on a pu voir le siège de l'INRAE partiellement emmuré par des syndicalistes, ou des agences jouant des rôles cruciaux comme l'ADEME ou l'OFB attaquées politiquement sous prétexte de faire des économies. Les sciences humaines et sociales sont souvent aussi dénigrées en France, alors qu'elles jouent un rôle crucial pour éclairer le fonctionnement de nos sociétés et proposer les meilleures pistes pour notre transition environnementale. De nouveau, il ne s'agit pas de penser que les résultats de la science puissent s'imposer automatiquement et de manière descendante à la société et à la décision politique. Cependant, détruire le « thermomètre scientifique » qui fait le diagnostic de la crise environnementale est forcément contre-productif et il est crucial d'amplifier les liens entre la connaissance scientifique et les choix collectifs effectués dans nos sociétés et de maintenir les outils démocratiques permettant que ces connaissances soient discutées, prises en compte, dans toutes les décisions publiques. C'est en particulier incontournable pour la survie de nos démocraties.

D'une manière encore plus générale, en plus de nouvelles analyses scientifiques, nous avons besoin de nouveaux récits, de nouvelles façons de raconter les interactions entre les humains et la biosphère. Ces récits sont en construction au sein de courants très variés (de Bruno Latour à Baptiste Morizot en passant par Anna Tsing) mais j'ai l'impression que nous sommes seulement au milieu du gué. Il y a encore tellement à faire, de données, de mécanismes, de sensations à entrelacer… J'espère que j'ai donné quelques pistes utiles pour construire ces nouveaux récits et, en tout cas, il me semble important qu'ils prennent en compte aussi intimement que possible l'ensemble des résultats de tous les champs de l'écologie scientifique et des sciences de l'évolution.

Glossaire

Acarien : groupe de petits organismes (moins d'un millimètre) arthropodes appartenant avec les araignées aux arachnides. Une partie des acariens appartiennent à la mésofaune des sols. Ils y ont des régimes alimentaires variés : carnivores, détritivores… D'autres acariens se nourrissent de plantes, parasitent des insectes, des oiseaux…

Agroécologie : discipline scientifique et ensemble des pratiques agricoles liées visant à développer une agriculture plus durable en utilisant au mieux les processus écologiques et en limitant l'usage des intrants. Pour cela, il faut explicitement utiliser des connaissances développées par l'écologie scientifique. On peut considérer que l'agroécologie est l'ingénierie écologique des systèmes agricoles.

Allèle : l'information génétique est sous forme de séquences d'ADN codant pour la synthèse d'une protéine que l'on appelle des gènes. Au sein des populations d'organismes, on trouve la plupart du temps chaque gène sous plusieurs formes ou variants, appelés allèles, qui diffèrent par leurs séquences, ce qui définit la diversité génétique de cette population. De ce fait, les individus qui portent ces différents allèles peuvent différer par la protéine codée par le gène considéré, ce qui peut se répercuter sur les caractéristiques de ces individus, c'est-à-dire sur leur phénotype.

Analyse de variance : technique statistique permettant de tester l'effet de différents facteurs discrets sur une variable réponse. Quand on teste l'effet d'un seul facteur, cela revient à tester si les moyennes de la variable réponse sont significativement différentes entre les différentes modalités du facteur. On peut ainsi tester l'effet de différent type de sol sur la croissance d'une plante mesurée par la hauteur de sa tige. Cela revient à tester si le type de sol a un effet sur la hauteur de la plante, ou si la moyenne de la hauteur de la plante diffère entre les types de sol. Pour cela, il faut expérimentalement faire pousser plusieurs plantes indépendamment, par exemple dans des pots séparés, dans chaque type de sol. Cela permet de séparer la variance totale de la hauteur des plantes entre la variance expliquée par le type de sol et la variance résiduelle de la hauteur des plantes poussant dans le même sol. Cela explique la dénomination d'analyse de variance. Plus la variance expliquée par le type de sol est élevée par rapport à la variance des plantes poussant dans le même type de sol, plus il est probable que le type de sol influence la croissance des plantes.
Archée : groupe de micro-organismes unicellulaires procaryotes (sans noyau ni mitochondrie ou chloroplaste). Ils forment un groupe distinct des bactéries et on a longtemps pensé qu'ils étaient limités aux milieux extrêmes (sources hydrothermales océaniques, sources d'eau chaude volcaniques…), mais on les rencontre en fait dans tous les milieux dont les sols.
Arthropodes : embranchement d'animaux caractérisés par un corps segmenté et un exosquelette (carapace). Les insectes, les crustacés et les collemboles sont des arthropodes.
Autotrophe : organismes qui produisent leur propre matière organique sans avoir à prélever de la matière organique dans

leur environnement (soit de la matière organique morte, soit de la matière organique vivante, c'est-à-dire d'autres organismes vivants). Ce sont les organismes photoautotrophes qui utilisent la lumière solaire comme source d'énergie pour fabriquer leur matière organique (cas des plantes, des cyanobactéries) ou des organismes chimioautrotrophes qui utilisent l'oxydation de substances non-organiques (cas de certaines bactéries).

Azote : élément chimique clé pour le monde vivant et la matière organique composant les organismes. L'azote, lié à l'oxygène, l'hydrogène et le carbone, est par exemple un composé indispensable des acides aminés qui composent les protéines. Les protéines sont des chaînes d'acides aminés. La diversité des protéines leur permet de jouer des rôles très variés dans les organismes vivants et les cellules qui les composent (en composant à la fois certains tissus biologiques et en catalysant les réactions chimiques). De ce fait, le cycle biogéochimique de l'azote est crucial pour la biosphère, la vie en général et les humains. Le diazote représente 78 % de l'atmosphère. La fixation de ce diazote par des bactéries fixatrices (libres ou en symbioses avec des plantes) ou les cyanobactéries permet à l'azote atmosphérique d'être incorporé à la biomasse de ces organismes. Cet azote organique passe alors d'un niveau trophique à l'autre à chaque fois qu'un organisme en consomme un autre et irrigue ainsi l'ensemble des réseaux trophiques. La décomposition de la matière organique de ces organismes, une fois morts, libère l'azote sous une forme minérale et cet azote peut alors être absorbé par des producteurs primaires (plantes, algues…).

Bactérie : groupe de micro-organismes unicellulaires procaryotes (sans noyau ni mitochondrie ou chloroplaste). Les bactéries ont des modes de vie et des métabolismes (autotrophe, hétérotrophe…) extrêmement variés. Cependant, la majorité des bactéries des sols est hétérotrophe et consomme la matière organique morte des sols contribuant ainsi à la minéralisation (du CO_2 repart dans l'atmosphère et des nutriments minéraux sont relâchés dans les sols).

Biodiversité : ensemble des organismes vivants dans toute leur diversité. Cela comprend la diversité génétique, la diversité des espèces, la diversité fonctionnelle, la diversité des écosystèmes. Certaines définitions incluent aussi dans la biodiversité l'ensemble des interactions écologiques liant les organismes vivants les uns aux autres et à leur milieu physico-chimique. Le terme a commencé à être largement utilisé à partir du sommet de la Terre de Rio en 1992.

Biodiversité fonctionnelle : diversité des fonctions écologique que les organismes d'une communauté peuvent remplir. Une façon d'estimer cette biodiversité est de classer les organismes en groupes fonctionnels (par exemple on classe les espèces de fourmis en fonction de leur mode de vie et de leur régime alimentaire) et de compter alors le nombre de groupes fonctionnels présents. Une autre façon d'évaluer cette diversité est de mesurer certaines caractéristiques d'organismes que l'on sait liées à des fonctions écologiques (par exemple la profondeur d'enracinement des plantes) et de mesurer la diversité de ces caractéristiques des organismes.

Biodiversité spécifique : nombre d'espèces rencontrées dans un écosystème donné à une certaine échelle spatiale. On mesure généralement cette biodiversité pour des groupes d'organismes précis : les arbres, les vers de terre, les oiseaux…

Biogéochimie : science qui étudie les flux de matière (l'eau, le carbone, l'azote, le phosphore…) à grande échelle entre les compartiments biotiques (les organismes vivants) et les compartiments abiotiques (l'atmosphère, les sols, les roches, les océans...). Cette science étudie aussi tous les facteurs et mécanismes écologiques, physiques et chimiques influençant ces flux.

Biomasse : ensemble de la matière des êtres vivants, plantes, animaux, micro-organismes... La biomasse est faite d'une grande diversité de molécules organiques (glucides, protéines, lipides...) faites essentiellement de carbones, azote, oxygène et hydrogène mais incorporant aussi des nutriments minéraux comme le phosphore ou le potassium. On peut parler de la biomasse des arbres d'une forêt, de la biomasse de bactéries d'un sol... La biomasse est au départ fabriquée par les organismes autotrophes puis est transférée entre les différents niveaux trophiques (des autotrophes aux herbivores, des herbivores aux carnivores, et de tous les niveaux trophiques vers les décomposeurs).

Biosphère : ensemble des écosystèmes de la planète Terre, sur les continents et dans les océans. Cela comprend donc l'ensemble des milieux où peuvent vivre des organismes vivants (et ces organismes vivants), y compris une partie des roches, les océans profonds, la partie la plus basse de l'atmosphère.

Carbone : élément chimique constituant essentiel de la matière organique de tous les êtres vivants. Le cycle du carbone est ainsi un des cycles biochimiques les plus importants à l'échelle de la biosphère, le carbone étant échangé entre différents compartiments (le carbone du dioxyde de carbone de l'atmosphère, de la biomasse de tous les organismes, de la matière organique morte, y compris du pétrole et du charbon, du calcaire...). Du fait de la puissante capacité du dioxyde de carbone à retenir la chaleur à l'intérieur de l'atmosphère le cycle du carbone est intimement lié au réchauffement climatique actuel. Si la taille des compartiments de carbone autres que le CO_2 de l'atmosphère diminue, la concentration en CO_2 de l'atmosphère augmente et le climat se réchauffe à l'échelle de la planète.

Chilopodes : les mille-pattes au sens large (myriapodes) sont un groupe d'arthropodes (corps segmenté en anneaux et appendices articulés) possédant de nombreuses pattes. Parmi les myriapodes, les chilopodes ont une seule paire de pattes par anneau et possèdent des crochets venimeux. Ils se nourrissent en général de petits arthropodes. Les scolopendres sont un groupe bien connu de chilopodes.

Coévolution : évolution darwinienne conjointe et liée de deux (ou plus de deux) espèces d'organismes vivants. Cela se produit dès que deux organismes sont fortement liés par une interaction écologique (deux organismes en symbiose, une proie et son prédateur, un parasite et son hôte…). De ce fait, l'évolution de l'organisme 1 crée de nouvelles pressions de sélection chez l'organisme 2 qui a alors tendance à évoluer en conséquence, créant de nouvelles pressions de sélection pour l'organisme 1, qui continue à évoluer… Cela aboutit à des formes de course aux armements entre hôtes et parasites, et intervient par exemple dans la stabilisation évolutive des symbioses.

Collemboles : groupe de petits arthropodes à 6 pattes et sans ailes. Ils ont généralement entre 1 à 3 millimètres. La majorité des collemboles vit dans les premiers centimètres du sol et la litière de feuilles mortes. Ils se nourrissent de la matière végétale morte, des algues, des bactéries et des champignons poussant sur cette matière végétale. Ils participent ainsi à la décomposition de la matière organique morte.

Communauté : en écologie, désigne l'ensemble des espèces (et les individus les représentant) en interaction dans un écosystème. On utilise souvent le terme dans un sens plus restreint pour désigner les espèces de telle ou telle catégorie écologique ou trophique. On parlera par exemple de la communauté des vers de terre ou des passereaux (oiseaux) d'une forêt.

Compétition : interaction écologique négative entre des groupes d'organismes vivants. La présence et les activités d'un groupe d'organismes limitent la croissance de la biomasse de l'autre (ou sa démographie) et vice versa. On parle de compétition par exploitation quand les organismes sont en compétition pour des ressources communes limitantes. La croissance de chaque groupe d'organismes requiert de prélever de ces ressources dans le milieu si bien que les deux groupes d'organismes limitent mutuellement leur croissance respective. Des plantes peuvent être en compétition pour la lumière. Des prédateurs pour des proies. On parle de compétition par interférence quand ce sont les activités des deux groupes d'organismes qui limitent mutuellement leur capacité à croître et à accéder à des ressources. Par exemple des prédateurs peuvent se gêner mutuellement sans nécessairement dépendre des mêmes proies. La compétition peut être intraspécifique, entre les individus d'une même espèce, ou interspécifique, entre les individus de deux espèces distinctes.

Cyanobactérie : groupe de bactéries qui en plus de se nourrir de matière organique morte peuvent produire leur matière organique par photosynthèse. Elles peuvent aussi fixer l'azote de l'atmosphère pour l'intégrer à leur biomasse. Elles vivent dans les milieux aquatiques d'eaux douces et salées ou à la surface des sols et des pierres. Elles sont impliquées dans le phénomène d'eutrophisation au cours duquel elles prolifèrent dans des milieux aquatiques (on parle alors d'efflorescence).

Dénitrification : réaction qui transforme les ions nitrate du sol en monoxyde d'azote, puis en dioxyde d'azote, puis en diazote. Cette réaction est produite par des bactéries spécifiques dans les sols ou les sédiments tant que le milieu est anoxique (dépourvu d'oxygène). C'est une réaction importante, parce que le monoxyde d'azote, le dioxyde d'azote et le diazote sont des gaz qui s'échappent dans l'atmosphère après leur production. La dénitrification conduit donc à une perte d'azote et donc de fertilité pour les écosystèmes. De plus, le dioxyde d'azote est un gaz à effet de serre 300 fois plus puissant que le dioxyde d'azote. Il convient donc de diminuer la dénitrification pour lutter contre le réchauffement climatique, en particulier dans les sols agricoles qui émettent souvent beaucoup de dioxyde d'azote du fait de l'usage important d'engrais azotés (qui conduit à la production de nitrate).

Dérive génétique : c'est un des mécanismes impliqués dans l'évolution darwinienne des organismes. Il s'agit de changements dans la fréquence d'un variant d'un gène (allèle) dans une population qui n'est pas dû à la sélection naturelle ou de nouvelles mutations. Cela est dû à des processus aléatoires. Ce mécanisme devient important dans des populations de petite taille (composées de peu d'individus). Par exemple, quand une espèce colonise une île, elle est représentée au départ par quelques individus dont le génotype représente un échantillonnage aléatoire de tous les génotypes de l'espèce et contraint l'évolution de l'espèce sur l'île. De même, parmi les quelques individus arrivés initialement sur l'île, des événements de mortalité aléatoire (dans le sens où ils ne sont pas liés à leurs génotypes) déterminent les allèles disponibles dans la petite population, ce qui contraint encore l'évolution de l'espèce. La dérive génétique peut aussi être très importante chez des espèces menacées d'extinction.

Dicotylédone : les plantes à fleurs (angiospermes) sont divisées en deux groupes. Les monocotylédones et les dicotylédones.

Les dicotylédones sont caractérisées par des graines renfermant deux cotylédons (les feuilles qui apparaissent au moment de la germination et qui contiennent les réserves de matière et d'énergie de la graine, permettant le début de la croissance de la plantule). Les dicotylédones sont aussi caractérisées par des feuilles aux nervures ramifiées et produisent des tiges qui peuvent croître en diamètre (cas du tronc des arbres) grâce à la présence d'une couche de cellules multiplicatrices près la surface des tiges (cambium).

Diplopode : les mille-pattes au sens large (myriapodes) sont un groupe d'arthropodes (corps segmenté et d'appendices articulés) possédant de nombreuses pattes. Parmi les myriapodes les diplopodes ont deux paires de pattes par anneau. Ils vivent dans la litière de feuilles et se nourrissent de fragments de végétaux morts, des champignons, bactéries et algues poussant sur ces fragments végétaux. Ils participent ainsi à la décomposition de la matière organique morte. Les iules sont des diplopodes.

Dioïque : des espèces végétales dont les fleurs mâles (ayant des étamines et produisant le pollen) et les fleurs femelles (portant le pistil et produisant les ovules) sont portées par des individus différents que l'on peut ainsi qualifier de mâles et femelles. La plupart des espèces végétales sont monoïques : les mêmes individus portent des fleurs hermaphrodites (produisant à la fois du pollen et des ovules) et les individus peuvent donc être qualifiés d'hermaphrodites. La majorité des espèces de plantes sont monoïques (fleurs mâles et femelles sur tous les individus) mais, par exemple, de nombreux arbres tropicaux sont dioïques.

Disservices écosystémiques : à l'opposé des services écosystémiques ce sont les impacts négatifs de la biodiversité et des écosystèmes sur les sociétés humaines. Les moustiques et les maladies qu'ils peuvent transmettre aux humains sont un cas typique de disservice.

Écologie : c'est la science qui étudie les interactions entre les organismes vivants et entre ces organismes vivants et leur environnement physico-chimique ainsi que toutes les conséquences de ces interactions à toutes les échelles temporelles et spatiales.

Écologie fonctionnelle : domaine de l'écologie qui étudie les caractéristiques physiologiques, morphologiques, reproductives ou comportementales des organismes vivants et comment ces caractéristiques assurent la survie, la croissance et la reproduction de ces organismes. Ce domaine de recherche tente alors d'analyser et prédire les conséquences à l'échelle des populations et communautés d'organismes et des écosystèmes.

Écosystème : tous les organismes vivant dans un même lieu et leur environnement physico-chimique. On peut classer les écosystèmes par grands types (ou biome) : forêt tempérée, toundra, forêt tropicale humide, prairie, savane…

Équilibre : c'est l'état d'un système dont les variables ne changent plus au cours du temps. En écologie, on peut par exemple mesurer la densité d'une population d'oiseau, la quantité de carbone dans le sol, et dire que ces variables sont à l'équilibre signifie que leurs valeurs restent stables dans le temps. L'idée d'équilibre a souvent été valorisée en écologie avec l'idée que justement les humains rompent souvent « l'équilibre de la nature ». Cependant, on considère maintenant généralement qu'il n'y a jamais d'équilibre parfait pour les systèmes écologiques : il y a toujours un moment où le système va changer, par exemple du fait d'un forçage extérieur (le climat n'est jamais identique d'une année sur l'autre, une nouvelle espèce peut arriver). On imagine plutôt maintenant des formes de stabilité relative, les systèmes écologiques se maintenant relativement à l'identique (avec de petites variations d'année en année) pendant une période déterminée.

Eucaryote : ensemble des êtres vivants uni- ou pluricellulaires dont les cellules possèdent un noyau. Cela regroupe principalement les animaux, les protozoaires, les champignons, les plantes et les algues. Cela exclut les bactéries et les archées qui n'ont pas de noyau et sont des procaryotes.

Eutrophisation : processus écologique déclenché par l'accumulation de nutriments minéraux (généralement azote ou phosphore) dans un écosystème. Cela tend à favoriser les producteurs primaires adaptés à cette accumulation. Leur biomasse explose alors. L'eutrophisation peut avoir lieu aussi bien dans les écosystèmes terrestres qu'aquatiques. Elle est cependant plus connue dans les milieux aquatiques. La multiplication des producteurs primaires, algues unicellulaires, macroalgues ou cyanobactéries, conduit à des marées vertes le long des côtes, ou dans les lacs. Les fortes biomasses de ces producteurs primaires absorbent beaucoup d'oxygène ce qui conduit à des zones aquatiques plus ou moins anoxiques limitant la survie des autres organismes. Tous ces processus sont généralement déclenchés par les activités humaines : utilisation excessive d'engrais qui sont lessivés et entraînés dans les écosystèmes aquatiques, concentration dans l'espace de lisiers et fumiers…

Évolution (Darwinienne) : ensemble des changements des caractéristiques (phénotypes) des organismes au fil des générations liés à des changements génétiques (génotypes) transmissibles. L'évolution est basée sur de très nombreux mécanismes (flux de gènes, dérive génétique, sélection naturelle) et conduit à la fois à des changements dans les caractéristiques des espèces et à la création de nouvelles espèces. L'évolution peut

être étudiée à la fois sur le temps court (quelques générations) ou le temps long (jusqu'à l'échelle tes temps géologiques).
Exsudats racinaires : petites molécules organiques (sucres, acides aminés) émises par les racines des plantes. Ces molécules jouent des rôles importants pour le fonctionnement des sols et les interactions entre les plantes, le sol et ses micro-organismes.
Gène : l'information génétique est sous forme de séquences d'ADN. Une séquence codant pour la synthèse d'une protéine est appelée gène. Dans des cas simples, un seul gène et la protéine correspondante déterminent une caractéristique de l'organisme qui porte ce gène, une caractéristique de son phénotype. Cela peut être le cas pour certaines maladies génétiques. Dans la plupart des cas, de nombreux gènes déterminent une caractéristique de l'organisme conjointement et en interaction avec l'environnement de l'organisme. C'est par exemple le cas pour la taille des organismes qui est déterminée par de nombreux gènes.
Halieutique : qui concerne les activités de pêche. Dans le monde académique, c'est le domaine scientifique qui étudie la pêche et ses conséquences pour les organismes pêchés et leurs écosystèmes.
Hétérotrophe : organismes qui, au contraire des autotrophes, ne sont pas capables de fabriquer leur matière organique. Ils doivent donc manger d'autres organismes vivants (cas des herbivores et des carnivores) ou de la matière organique morte (organismes détritivores).
Ingénieurs des écosystèmes : organismes qui ont un impact sur leur environnement physico-chimique par leur présence (cas d'un arbre qui fait de l'ombre) ou par leurs activités (cas d'un ver de terre qui creuse des galeries). Tous les organismes interagissant avec leur environnement physico-chimique (au moins

en respirant !), on tend à réserver l'appellation d'ingénieur des écosystèmes à des organismes ayant un impact très fort sur cet environnement et jouant ainsi un rôle clé dans un écosystème en modifiant fortement son fonctionnement et en impactant ainsi une bonne partie des organismes qui y vivent.

Ingénierie écologique : à la fois la discipline scientifique étudiant la manipulation de systèmes écologiques, et l'ensemble de ces pratiques de manipulation (l'ingénierie en elle-même). En tant que discipline scientifique le but de l'ingénierie écologique est de concevoir des pratiques de manipulation durable des systèmes écologiques (souvent des écosystèmes, parfois des populations ou des communautés d'organismes) permettant d'atteindre certains objectifs jugés désirables. Pour cela, des connaissances écologiques doivent explicitement être utilisées et cela doit permettre d'utiliser au mieux les processus écologiques et de limiter le plus possible le recours à des intrants, des sources extérieures d'énergie, du travail humain. Le but est ainsi de bénéficier le plus possible de la capacité d'auto-organisation des systèmes écologiques. Les domaines d'application de l'ingénierie écologique sont variés : conservation d'écosystèmes, restauration d'écosystèmes, création de nouveaux écosystèmes, agriculture (agroécologie). D'une manière générale, il s'agit du pilotage d'écosystèmes pour qu'ils fournissent durablement certains services écosystémiques.

Métapopulation : population d'organismes vivants divisée en sous-populations occupant des habitats particuliers plus ou moins séparés dans l'espace. La dynamique de la métapopulation (et sa survie) dépend à la fois de la dynamique de chaque sous-population (et donc de la qualité et de la persistance de son habitat local) et des flux d'individus entre sous-populations (qui dépend de la qualité de l'environnement entre les habitats occupés par la métapopulation et de la mobilité des organismes considérés). Par exemple, une population d'une espèce de grenouille peut être constituée en métapopulation, dans la mesure où chaque sous-population est liée à l'existence d'une mare donnée, et où les déplacements de grenouilles entre mares ne sont pas absents mais restent limités. La plupart des populations d'organismes sont probablement constitués en métapopulations tant la biosphère est hétérogène et constituée d'une multitude d'habitats et écosystèmes différents. La problématique des métapopulations a pris de l'ampleur avec la fragmentation des habitats et des écosystèmes par les activités humaines qui menacent de nombreuses espèces. Par exemple, la transformation des écosystèmes naturels en zones agricoles tend à transformer de grandes forêts en mosaïques de petits bois et de nombreux animaux (des insectes, des oiseaux…) ne peuvent vivre que dans les zones restant entièrement boisées.

Méiose : division cellulaire particulière chez les organismes eucaryotes qui permet la formation des gamètes (cellules reproductrices) en divisant par deux le nombre de chromosomes (pour arriver à des cellules haploïdes à N chromosomes en partant de cellules diploïdes à N paires de chromosomes homologues). Les méioses jouent un rôle crucial pour la création et le maintien de la diversité génétique (par le choix aléatoire d'un chromosome restant dans chaque cellule finale au sein de chaque paire de chromosomes homologues et par la recombinaison génétique lors des enjambements, ou crossing-over, entre chromosomes homologues).

Mixotrophe : organismes qui sont à la fois capables de fabriquer leur biomasse par la photosynthèse et de consommer de la matière organique morte ou vivante. Des micro-organismes aquatiques comme des microalgues ou des phytoflagellés sont mixotrophes. Certains absorbent de la matière organique dissoute dans l'eau, d'autres peuvent directement avaler un organisme entier. C'est aussi le cas pour des plantes terrestres parasites comme le gui ou des plantes carnivores qui sont photosynthétiques mais « mangent » aussi de la matière organique fabriquée par un autre être vivant. Le gui absorbe la sève élaborée (riche en sucres) de la plante qu'il parasite. Les plantes carnivores mangent des insectes.

Monocotylédone : les plantes à fleurs (angiospermes) sont divisées en deux groupes. Les monocotylédones et les dicotylédones. Les monocotylédones sont caractérisées par des graines renfermant un seul cotylédon (les feuilles qui apparaissent au moment de la germination et qui contiennent les réserves de matière et d'énergie de la graine, permettant le début de la croissance de la plantule). Les monocotylédones sont aussi caractérisées par des feuilles aux nervures parallèles non-ramifiées et produisent des tiges qui ne peuvent pas croître en diamètre année après année.

Méristème : tissu des plantes constitué de cellules indifférenciées pouvant se multiplier et se différencier pour acquérir une fonction. Les méristèmes permettent la croissance des plantes et la formation de leurs organes (feuilles, tiges, fleurs).

Monoïque : espèces végétales dont les fleurs mâles (ayant des étamines et produisant le pollen) et les fleurs femelles (portant le pistil et produisant les ovules) sont portées par les mêmes individus qualifiés d'hermaphrodites.

Mutualisme : relation écologique mutuellement bénéfique aux deux organismes impliqués. La pollinisation est une forme de mutualisme : les pollinisateurs obtiennent de la nourriture

(nectar, pollen) des plantes, les plantes obtiennent un moyen de diffuser leurs gamètes mâles (pollen) et d'être fécondées.
Mycorhizes : ce sont des champignons qui lient des relations de symbioses avec les plantes. Les filaments de ces champignons entrent en contact avec les racines des plantes et leur apportent de l'eau et des nutriments minéraux alors les plantes apportent aux mycorhizes des molécules organiques carbonées. Il existe différents types de mycorhizes qui nouent des contacts de types différents avec les racines (ectomycorhizes, endomycorhizes...). L'intérêt de cette symbiose pour les plantes vient du fait que les filaments mycorhiziens sont plus fins que les racines les plus fines et peuvent ainsi explorer efficacement l'ensemble du volume du sol. L'intérêt pour les champignons vient du fait qu'ils ne sont pas capables de fabriquer leur propre matière organique par la photosynthèse, contrairement aux plantes. La plupart des espèces de plantes sont mycorhizées (à l'exception par exemple des Brassicacées comme les navets, les choux...). Dans la plupart des cas la relation mutualiste n'est pas strictement spécifique : une espèce de champignon peut mycorhizer un groupe d'espèce de plantes et chaque espèce de plante peut être mycorhizée par un groupe d'espèce de champignons. Les bénéfices de la relation, pour le champignon ou pour la plante, varient cependant fortement suivant la combinaison d'espèces. Dans certains cas la mycorhization peut même avoir un impact négatif pour la plante parce qu'elle perd trop de matière carbonée.
Nématode : vers ronds non-segmentés. Ils font généralement de 0,1 à 2 mm de long. On connaît plusieurs dizaines de milliers d'espèces de nématodes et il en existe probablement plusieurs centaines de milliers. Ce sont à la base des organismes aquatiques

et habitent dans des milieux très divers : eaux douces, saumâtres et salées, eau des sols. Ils ont des régimes alimentaires très divers : détritivore, herbivores, carnivores… Dans les sols, des nématodes jouent un rôle important en se nourrissant de bactéries, de champignons ou d'autres nématodes. D'autres nématodes parasitent les racines des plantes. Ils peuvent causer des dégâts importants dans les cultures.

Nitrification : transformation de l'ammonium (NH_4+) en nitrate (NO_3-). Elle est effectuée par des bactéries et des archées spécifiques en milieu aérobique (en présence d'oxygène) qui en oxydant l'ammonium fabrique leur énergie. En produisant des nitrates cette réaction conduit à des pertes d'azote par lessivage et dénitrification ce qui diminue entre autres l'efficacité des engrais et conduit à la pollution par les nitrates des écosystèmes aquatiques (qui conduit aux marées vertes et à l'eutrophisation) et des nappes phréatiques (rendant l'eau impropre à la consommation).

Niveau trophique : ensemble des organismes ayant la même position trophique dans un réseau trophique. On distingue les détritivores (qui mangent de la matière organique morte), les producteurs primaires, les herbivores, les carnivores de premier niveau (qui mangent des herbivores), les carnivores de second niveau (qui mangent des carnivores de premier niveau). De nombreux organismes consomment des organismes appartenant à plusieurs niveaux trophiques ou remplissent simultanément plusieurs fonctions trophiques. De ce fait, il est généralement impossible de distinguer strictement les niveaux trophiques. Des organismes omnivores mangent à la fois des plantes (producteurs primaires) et des herbivores. Des organismes mixotrophes fabriquent leur biomasse par la photosynthèse mais en plus peuvent consommer de la matière organique morte ou vivante.

Nutriments minéraux : éléments chimiques qui entrent dans la composition de la matière organique des organismes vivants en plus du carbone, de l'oxygène et de l'hydrogène. Il s'agit principalement des macro-éléments (azote, phosphore, calcium, sodium, potassium, magnésium), et des oligo-éléments (fer, zinc…). L'acquisition de ces nutriments est un enjeu pour chaque organisme. Les écosystèmes sont plus ou moins riches en ces nutriments et peuvent être plus ou moins limitants pour tel ou tel nutriment. Par exemple, certains sols sont plus limitants en azote qu'en phosphore ou vice versa.

Parasitisme : c'est une relation qui se maintient dans le temps entre un organisme hôte et un organisme parasite. Le parasite bénéficie de cette relation (le parasite se nourrit souvent de son hôte) alors que l'hôte est affecté négativement. Le parasite peut vivre à l'intérieur de son hôte (endoparasitisme) ou à l'extérieur (ectoparasitisme). Le parasite peut accomplir tout ou seulement une partie de son cycle de vie en contact avec son hôte. Le gui est une plante hémiparasite : il prélève de la sève brute des plantes (l'eau absorbée par l'arbre hôte et chargée en nutriments minéraux) mais fabrique sa matière organique par la photosynthèse (les feuilles du gui sont vertes). À l'inverse des plantes non-photosynthétiques peuvent parasiter complètement d'autres plantes en absorbant leur matière organique, soit directement (contacts entre les racines), soit en passant par des mycorhizes. Les mycorhizes servent alors de « tuyaux » par lesquels transite de la matière organique carbonée de la plante hôte photosynthétique à la plante parasite.

Perturbation : en écologie une perturbation est un phénomène soudain mais pouvant durer dans le temps qui vient changer le fonctionnement d'un système écologique. Un cas typique est une tempête ou un incendie qui détruit une partie des arbres d'une forêt. Certaines perturbations peuvent être de longue durée, par exemple plusieurs années successives de sécheresse ou une nouvelle espèce s'implantant dans une communauté. La perturbation, au moins à court terme, modifie fortement le fonctionnement et la composition du système écologique considéré, mais peut par la suite retrouver son fonctionnement initial.

Phénologie : décrit l'apparition d'événements périodiques au cours de l'année chez les plantes et les animaux. On peut ainsi décrire par exemple à quel moment les graines d'une espèce de plante germent, ses fleurs s'ouvrent, ses feuilles tombent à l'automne (en climat tempéré), ou à quel moment a lieu l'accouplement chez telle espèce de mammifère, ou le départ en migration chez telle espèce d'oiseaux. L'enjeu est aussi de comprendre le lien entre le déclenchement de ces événements et les mécanismes les déclenchant (variations environnementales, régulation hormonale...).

Phosphore : un des nutriments minéraux essentiels composant la matière organique des êtres vivants. Il est en particulier essentiel pour la synthèse des phospholipides qui constituent les parois de la plupart des cellules vivantes. Il participe aussi à la composition des molécules d'ATP (qui servent à stocker et transporter de l'énergie au sein des cellules vivantes), l'ADN... Le cycle du phosphore est un des cycles biochimiques cruciaux pour le fonctionnement de la biosphère. Le phosphore est libéré par la dégradation des roches au cours de la formation des sols. De nombreux sols sont limités en phosphore, en particulier des sols anciens et profonds (pour lesquels le phosphore a pu être lessivé et ne plus être disponible dans les couches supérieures du sol, les plus facilement accessibles pour les racines des plantes). L'accès à du phosphore est ainsi un enjeu pour l'agriculture et a conduit à l'exploitation minière des gisements de phosphate., qui sont en train de s'épuiser (même s'il est difficile de prévoir, comme pour le pétrole, combien d'années il faudra).

Photosynthèse : processus par lequel certains organismes (les plantes, les algues, les cyanobactéries) utilisent l'énergie de la lumière solaire et fixent le dioxyde de carbone de l'atmosphère pour fabriquer leur propre matière organique.

Plasticité phénotypique : toutes les variations dans les caractéristiques des organismes vivants qui varient en fonction de la qualité de l'environnement biotique et abiotique et qui ne dépendent pas du génotype de ces organismes. Ces variations ne sont donc pas transmissibles à leurs descendants. Par contre, la plasticité phénotypique, en elle-même, est contrôlée par le génotype. Par exemple, la date de la chute des feuilles en automne dans les régions tempérées est déterminée par les conditions environnementales (température) mais la capacité des arbres à faire chuter leurs feuilles en fonction de la température est elle-même une adaptation qui est permise par le génotype de ces arbres. Les espèces d'arbres tropicaux n'ont pas développé cette capacité au cours de leur évolution (darwinienne).

Population : groupe d'individus de la même espèce qui cohabitent et interagissent dans un même lieu, un même écosystème. Ils se reproduisent, entrent en compétition pour les mêmes ressources, coopèrent...

Prédation : interaction écologique par laquelle un organisme vivant en consomme d'autres. Par définition, cela bénéficie à l'espèce prédatrice, pour qui les proies servent de nourriture lui permettant d'obtenir sa matière organique et son énergie (par oxydation de la matière organique des proies). Par définition, cela défavorise l'espèce prédatée.

Production primaire : il s'agit d'une fonction écologique primordiale au fonctionnement de tous les écosystèmes, par laquelle des producteurs primaires fabriquent leur matière organique à partir de ressources minérale (dioxyde de carbone, nutriments minéraux) et de sources d'énergie (lumière du soleil pour les organismes photosynthétiques, substances chimiques réduites qui sont oxydées par les producteurs primaires chimiotrophes). Ce sont les producteurs primaires qui fournissent l'ensemble de la matière organique à tous les autres niveaux trophiques de l'écosystème (prédateurs, décomposeurs).

Procaryote : organismes unicellulaires sans noyau que sont les bactéries et les archées.

Règne : plus haut niveau de la classification de l'arbre du vivant. On distingue les bactéries, les archées, les protozoaires, les chromista (un groupe d'unicellulaires et pluricellulaires eucaryotes qui étaient auparavant classés dans les protozoaires et qui comprends entre autres les algues brunes, les diatomées, les foraminifères...), les plantes, les champignons et les animaux.

Régression linéaire : méthode statistique qui permet de trouver la droite qui s'ajuste le mieux à un nuage de points représentant une variable en fonction d'une autre. La méthode permet aussi de quantifier la qualité de l'ajustement et de tester statistiquement si approximer le nuage de points par la droite (de régression) donne un modèle meilleur que si la pente de la droite est nulle. Cela permet ainsi de tester s'il y a une relation linéaire significative entre les deux variables. Cette relation ne sera pas significative s'il n'y a pas de lien quantitatif entre les deux variables, ou si ce lien n'est pas linéaire, ou s'il y a trop de « bruit » (en moyenne la variable X augmente linéairement avec la variable X mais les points sont trop éloignés de la droite de régression). En écologie, de nombreuses relations entre variables sont linéaires au moins dans certaines gammes de valeur.

Réseau trophique : ensemble des organismes d'un écosystème reliés par leurs liens trophiques, c'est-à-dire par les flux de matières dus au fait que chaque organisme est consommé par différents autres organismes et consomme lui-même d'autres organismes. La description de l'ensemble de ces relations constitue un réseau dont les espèces constituent les nœuds, et les relations trophiques les liens du réseau.

Résilience : un système écologique résilient est un système écologique qui après une perturbation revient vite à son état initial d'avant la perturbation. Si le système ne retrouve pas cet état initial il n'est pas du tout résilient. Sinon, on considère que la résilience est inversement proportionnelle à la durée mise pour retrouver cet état initial.

Ressource : en écologie une ressource est une substance ou un organisme vivant qui est consommé par un autre organisme et qui lui permet de survivre, de grandir et de se reproduire, c'est-à-dire de remplir l'ensemble de ses fonctions biologiques.

Ressource abiotique : ensemble des ressources qui ne sont pas constituées par des êtres vivants ou fabriquées par des êtres vivants. En particulier, l'eau, le dioxyde de carbone et les nutriments minéraux sont les ressources abiotiques essentielles aux plantes. Pour les animaux, l'eau est la ressource abiotique essentielle.

Restauration écologique : il s'agit à la fois du domaine scientifique et de l'ensemble des pratiques visant à restaurer des écosystèmes pour qu'ils retrouvent un état passé. Il s'agit d'un des domaines de l'ingénierie écologique. Selon les cas, l'accent peut être mis sur la restauration d'une communauté d'organismes, de la structure d'un écosystème, du fonctionnement d'un écosystème ou d'un état lui permettant de fournir des services écosystémiques.

Sélection artificielle : désigne la sélection de caractéristiques particulières chez des organismes élevés ou cultivées par les humains. Les humains choisissent des caractéristiques qui les intéressent (goût d'une plante, croissance rapide d'un animal...) et permettent aux individus qui portent ces caractéristiques de se reproduire et pas aux autres : seule la progéniture de ces individus est gardée pour la génération suivante. Comme pour la sélection naturelle les variantes des gènes qui confèrent certaines caractéristiques aux organismes voient leur fréquence augmenter. La différence avec la sélection naturelle est que ce sont les humains qui choisissent les caractéristiques qui sont positivement sélectionnées et non le fait que ces caractéristiques confèrent directement aux organismes une meilleure survie et une descendance plus nombreuse.

Sélection naturelle : un des phénomènes à la base de l'évolution darwinienne des organismes. Certains individus ont un génotype qui leur confère des caractéristiques (phénotype) leur permettant d'avoir plus de descendants que les autres dans les conditions environnementales, biotiques et abiotiques, locales. La fréquence de ces génotypes a alors tendance à augmenter dans la population. Les caractéristiques phénotypiques correspondantes sont sélectionnées. Cela permet l'adaptation de cette population aux conditions locales.

Service écosystémique : ensemble des bénéfices tirés par les sociétés humaines des écosystèmes et de la biodiversité. Il existe de nombreuses classifications de ces services. On pourra retenir ici les services d'approvisionnement (production de nourriture,

du bois exploité, des fibres naturelles...), les services de régulation (purification de l'eau, régulation du climat, régulation des épidémies...), les services socioculturels sont des services non matériels liés à des aspects culturels, esthétiques et éducatifs. On parle aussi des services de support qui ne sont pas réellement des services à part entière mais correspondent aux fonctions des écosystèmes qui sous-tendent la fourniture des autres services.
Socio-écosystème : ce sont les systèmes complexes constitués par les écosystèmes en lien avec des activités humaines. Un socio-écosystème comprend donc toute la biodiversité vivant dans un écosystème, le milieu physico-chimique, et tous les humains vivants ou non dans cet écosystème mais en interaction avec lui. Cela signifie qu'il faut prendre en compte à la fois de nombreux processus écologiques (par exemple la qualité physico-chimique du sol, le recyclage de l'azote, les symbioses entre espèces...) et de nombreux processus humains (les impacts directs des humains sur la biodiversité, les bénéfices qu'ils tirent de la biodiversité, et tous les mécanismes psychologiques, sociologiques, économiques, politiques impliqués) et leurs interactions.
Spéciation : c'est le phénomène qui permet l'apparition de nouvelles espèces au cours de l'évolution. A minima deux espèces se différencient à partir d'une seule. Cela impose qu'un mécanisme empêche les échanges de gènes entre les deux nouvelles espèces qui ainsi ne sont plus interfécondes. Sans un tel mécanisme le brassage génétique empêche la différenciation des deux espèces.
Spéciation sympatrique : spéciation au sein d'une même zone géographique. Cela nécessite simultanément la séparation génétique des deux espèces par adaptation à des niches différentes et l'évolution de mécanismes empêchant l'interfécondité entre les deux sous-populations en train de diverger génétiquement.

Spéciation allopatrique : spéciation liée à la séparation géographique (par exemple sur des îles différentes, de part et d'autre d'une montagne, dans deux lacs différents) de deux populations de la même espèce. Par la suite, la dérive génétique et/ou l'adaptation aux conditions locales conduit à une différenciation génétique des deux espèces.
Stabilité : décrit la capacité d'un système à ne pas changer au cours du temps malgré des perturbations. Un écosystème est stable s'il ne dévie que peu de son état actuel (par exemple, la liste de ses espèces d'arbres change peu au cours du temps, la biomasse des arbres et la production primaire de la forêt changent peu...), et s'il dévie un peu de cet état, il retourne rapidement à cet état. Évidemment, la stabilité dépend de l'intensité des perturbations. Une forêt stable changera peu du fait des variations climatiques d'année en année. Par contre, la même forêt a peu de chance de résister à un incendie violent et mettra beaucoup de temps à retrouver son état initial après cet incendie.
Stœchiométrie : désigne en écologie la proportion des différents éléments chimique composant une molécule biochimique, une cellule d'un organisme, un organe, un organisme en entier. Cette notion est importante parce que les rapports stœchiométriques (par exemple le rapport entre la masse de carbone et la masse d'azote, ou entre la masse d'azote est la masse de phosphore) aux différentes échelles d'organisation ne peuvent varier que dans certaines limites. Ces rapports sont fixés pour des molécules données, ce qui contraint la stœchiométrie des cellules et des organismes, mais une certaine flexibilité existe en fonction de la proportion de différentes molécules dans une cellule ou de la proportion de cellules de différents types, ou de la taille respective des différents organes. La stœchiométrie contraint alors la

croissance des organismes, un organisme pouvant par exemple être limité par la disponibilité de l'azote ou du carbone. Par des effets en cascade, cela peut contraindre les interactions entre les organismes et le fonctionnement entier d'un écosystème.

Structure d'un sol : le sol est composé d'espaces vides, les pores, et d'agrégats composés d'un mélange de matière organique et minérale. Les agrégats sont de tailles très variables, en général de quelques micromètres à quelques millimètres. La structure du sol désigne la distribution en taille des agrégats et des pores. Les pores servent d'habitat aux organismes du sol et facilitent aussi la croissance des racines dans le sol. Ils sont remplis d'air quand le sol est sec et sont plus ou moins remplis d'eau quand le sol est humide. Les agrégats sont plus ou moins solides et stables et leur stabilité augmente avec la quantité d'argile et de matière organique qu'ils contiennent. Une partie importante des agrégats sont des déjections d'organismes du sol et en particulier, pour les plus gros, des déjections de vers de terre (turricules).

Symbiose : interaction écologique bénéficiant aux deux organismes y prenant part. Contrairement aux mutualismes, les symbioses impliquent une relation intime et durable entre les organismes impliqués. Ils sont ainsi souvent liés physiquement ou l'un habite à l'intérieur de l'autre. L'association peut être obligatoire quand la survie des deux organismes dépend de cette association ou, au contraire, facultative. Parmi les exemples typiques de symbiose on peut au moins citer les symbioses mycorhiziennes et les symbioses entre les plantes légumineuses et les bactéries fixatrices de l'azote. On peut aussi penser aux symbioses entre des cnidaires et des algues unicellulaires indispensables aux coraux.

Système : ensemble d'éléments en interaction. En écologie, on étudie classiquement les systèmes constitués par les individus d'une population, les espèces d'une même communauté, ou l'ensemble des espèces en interaction avec leur milieu physico-chimique au sein des écosystèmes. On étudie alors souvent la dynamique de ces systèmes, leurs variations au cours du temps, et les comportements plus ou moins complexes qu'ils peuvent alors adopter.

Texture d'un sol : distribution des particules minérales composant ce sol en classes de taille. Le sable constitue les particules les plus grosses (supérieures à 50 micromètres de diamètre), ensuite viennent les limons (entre 50 micromètres et 2 micromètres) et enfin les argiles (inférieures à 2 micromètres). On peut classer tous les sols en fonction du pourcentage de leur masse composée de sable, limon et argile. La texture d'un sol influence fortement les autres propriétés physico-chimiques du sol. Par exemple, plus un sol contient d'argile plus il retient l'eau et les nutriments minéraux. L'argile a aussi tendance à rendre les agrégats de sol plus solides. La texture influence aussi fortement l'habitat de tous les organismes vivant dans le sol.

Trade-off : désigne le fait que les organismes doivent à chaque instant allouer les ressources disponibles (énergie, matière, nutriments minéraux) entre leurs différentes fonctions. Comme les ressources sont limitantes, un organisme ne peut pas, à un instant donné, augmenter l'allocation de ces ressources à une fonction sans diminuer l'allocation à une autre fonction. On parle aussi de « compromis ».

Valeur adaptative : les expressions « valeur adaptative », « valeur sélective » et fitness sont équivalentes. Elles désignent la capacité d'un génotype, d'un individu ou d'une population (dans ce cas, il s'agira de la valeur adaptative moyenne des individus de cette population) à survivre et à avoir des descendants dans des conditions environnementales données (à la fois le milieu physicochimique et les conditions biotiques).

Variance : mesure de la variabilité d'une variable. On la calcule mathématiquement comme la moyenne du carré de la différence entre chaque valeur prise par la variable et sa moyenne. C'est donc une mesure de la variabilité de la variable autour de sa moyenne.

Bibliographie

Ouvrages généraux en français

Agroécologie

Doré T. et Stéphane B., *Les mondes de l'agroécologie*, Versailles, Quae, 2019.

Écologie générale

Tirard C., Abbadie L. et Loeuille N., *Introduction à l'écologie*, Malakoff, Dunod, 2021.

Écologie des sols

Gobat J.-M., Aragno M. et Matthey W., *Le sol vivant*, Lausanne, Presses polytechniques et universitaires romandes, 2010.

Évolution darwinienne

David P. et Samadi S., *La Théorie de l'évolution, Une logique pour la biologie*, Paris, Flammarion, 2021.

Relations entre les sociétés humaines et la biodiversité

Audier S., *La Cité écologique: pour un éco-républicanisme*, Paris, La Découverte, 2020.

Morizot B., *Manières d'être vivant*, Paris, Actes Sud, 2020.

Notes bibliographiques

Avant-propos

1. Drouin J.-M., *Réinventer la nature*, Paris, Desclée de Brouwer, 1991.
2. IPBES, « Summary for policymakers of the thematic assessment of land degradation and restoration », 2018.
3. Barnosky A. D. *et al.*, « Has the Earth's sixth mass extinction already arrived? », *Nature*, vol. 471, 2011, p. 51-57.
4. Hallmann C. A. *et al.*, « More than 75 percent decline over 27 years in total flying insect biomass in protected areas », *PloS one*, vol. **12**, 2017, e0185809.
5. Vitousek P. M. *et al.*, « Human alteration of the global nitrogen cycle: sources and consequences », *Ecological Applications*, vol. 7, 1997, p. 737-750.
6. Coutellec L., *La science au pluriel*, Versailles, Quae, 2015.
7. Millennium Ecosystem Assessment, *Ecosystems and human well-being: synthesis*, Washington, Island Press, 2005.
8. Marselle M. R. *et al.*, « Biodiversity and health in the urban environment », *Current Environmental Health Reports*, vol. 8, 2021, p. 146-156.

1. Qu'est-ce qu'une savane ?

1. Abbadie L. *et al.*, *Lamto. Structure, functioning, and dynamics of a savanna ecosystem*, Berlin, Springer, 2006.
2. Mora C. *et al.*, « How many species are there on Earth and in the ocean? », *PLoS biology*, vol. 9, 2011, e1001127.
3. Chesson P., « Mechanisms of maintenance of species diversity », *Annual Review on Ecology and Systematics*, vol. 31, 2000, p. 343-366.
4. Sankaran M. *et al.*, « Determinants of woody cover in African savannas », *Nature*, vol. 438, 2005, p. 846-849.
5. Ward D., « Do we understand the causes of bush encroachment in African savannas? », *African Journal of Range & Forage Science*, vol. 22, 2005, p. 101-105.
6. Parr C. L. *et al.*, « Tropical grassy biomes: misunderstood, neglected, and under threat », *Trends in ecology & evolution*, vol. 29, 2014, p. 205-213 ; Bond W. J., « Ancient grasslands at risk », *Science*, vol. 351, 2016, p. 120-122.

2. Mes premières recherches en savane

1. Tomlinson P. B., « The uniqueness of palms », *Botanical Journal of the Linnean Society*, vol. 151, 2006, p. 5-14.
2. Konaré S. *et al.*, « Spatial heterogeneity and soil exploration by tree roots influence nitrogen budget in an African humid savanna », *Functional Ecology*, vol. 35, 2021, p. 976–988.
3. (Barot et al. 1999.)
4. Barot S. *et al.*, « Reproductive plasticity in an invading palm tree of Amazon », *Evolutionary Ecology Research*, vol. 7, 2005, p. 1051-1065.

3. Pourquoi lier écologie et évolution darwinienne ?

1. Voir, par exemple, Travisano M. et Rainey P. B, « Studies of adaptive radiation using model microbial systems », *American Naturalist*, vol. 156, 2000, S35-S44.
2. Barot S. et al. « Long-term trend in the maturation reaction norm of two cod stocks », *Ecological Applications*, vol. 14, 2004, p. 1257-1271.
3. Olsen E. M. *et al.*, « Maturation trends suggestive of rapid evolution preceded collapse of northern cod », *Nature*, vol. 428, 2004, p. 932-935.
4. Despres L. et al., « The evolutionary ecology of insect resistance to plant chemicals », *Trends in ecology & evolution*, vol. 22, 2007, p. 298-307.

4. L'écologie des sols

1. Gobat J.-M. *et al*, *Le sol vivant*, Lausanne, Presses polytechniques et universitaires romandes, 2010.
2. Rillig M. C., « Arbuscular mycorrhizae, glomalin, and soil aggregation », *Canadian Journal of Soil Science*, vol. 84, 2004, p. 355-363.
3. Jones C. G., « Organisms as ecosystem engineers », *Oikos*, vol. 69, 1994, p. 373-386.
4. Lehmann J. *et al.*, « The concept and future prospects of soil health », *Nature Reviews Earth & Environment*, vol. 1, 2020, p. 544-553.

5. Dont le rapport IPBES, « Summary for policymakers of the thematic assessment of land degradation and restoration », 2018.
6. Lal R., « Anthropogenic influences on world soils and implications to global food security », *Advances in Agronomy*, vol. 93, 2007, p. 69-93.
7. Dignac M.-F. et al., « Increasing soil carbon storage: mechanisms, effects of agricultural practices and proxies. A review », *Agronomy for Sustainable Development*, vol. 37, 2017, p. 14.

5. L'étude de la biodiversité et de ces dynamiques

1. Leigh D. M. *et al.*, « Estimated six per cent loss of genetic variation in wild populations since the industrial revolution », *Evolutionary Applications*, 2019.
2. Dieckmann U. et Doebeli M., « On the origin of species by sympatric speciation », Nature, vol. 400, 1999, p. 354-357.
3. Dennis R. L. H. *et al.*, « The generalism–specialism debate: the role of generalists in the life and death of species », *Biological Journal of the Linnean Society*, vol. 104, 2011, p. 725-737.
4. Hector A. *et al.*, « Plant diversity and productivity experiments in European grasslands », *Science*, vol. 286, 1999, p. 1123-1126.
5. Loreau M. et Hector A., « Partitioning selection and complementarity in biodiversity experiments », *Nature*, vol. 412, 2001, p. 72-76.
6. Brockerhoff E. G. *et al.*, « Forest biodiversity, ecosystem functioning and the provision of ecosystem services », *Biodiversity and Conservation*, vol. 26, 2017, p. 3005-3035.

6. Les vers de terre, les sols et les plantes

1. Darwin C., *The Formation of Vegetable Mould through the Action of Worms, with Observations on their Habits*, Londres, John Murray, 1882.
2. Blouin M. *et al.*, « Belowground organism activities affect plant aboveground phenotype, including plant tolerance to parasites », *Ecology Letters*, vol. 8, 2005, p. 202-208.

3. Puga-Freitas R. *et al.*, « Signal molecules mediate the impact of the earthworm *Aporrectodea caliginosa* on growth, development and defence of the plant *Arabidopsis thaliana* », *PLoS One*, vol. **7**, 2012, e49504.

4. van Groenigen J. W. *et al.*, « Earthworms increase plant production: a meta-analysis », *Scientific reports*, vol. 4, 2014, p. 6365.

5. Barot S., « La biodiversité des sols nous protège, protégeons-la aussi ! », *The Conversation*, 2017.

6. Barot S. *et al.*, « Nutrient cycling efficiency explains the long-term effect of ecosystem engineers on primary production », *Functional Ecology*, vol. 21, 2007, p. 1-10.

7. Laossi K.-R. *et al.*, « Effects of endogeic and anecic earthworms on the competition between four annual plants and their relative reproduction potential » *Soil Biology and Biochemistry*, vol. 41, 2009, p. 1668-1773 ; Laossi K.-R. *et al.*, « Earthworm-mediated maternal effects on seed germination and seedling growth in three annual plants », *Soil Biology & Biochemistry*, vol. 42, 2010, p. 319-323 ; Laossi K.-R. *et al.*, « The effects of earthworms on the demography of annual plant assemblages in a long-term mesocosm experiment », *Pedobiologia*, vol. 54, 2011**,** p. 127-132.

8. Bertrand M. *et al.*, « Earthworm services for cropping systems. a review », *Agriculture for Sutainable Development*, vol. 35, 2015, p. 553-567.

9. Dignac M.-F. *et al.*, « Increasing soil carbon storage: mechanisms, effects of agricultural practices and proxies. A review », *Agronomy for Sustainable Development*, vol. 3**7,**2017, p. 14.

10. Pelosi C. *et al.*, « Pesticides and earthworms. A review », *Agronomy for Sustainable Development*, vol. 34, 2014, p. 199-228.

11. Lavelle P. *et al.*, « SOM management in the tropics: Why feeding the soil macrofauna? », *Nutrient cycling in agroecosystems*, vol. 61, 2001, p. 53-61.

12. Gatineau C., *Éloge du ver de terre*, Paris, Flammarion, 2018.

13. van der Heijden M. G. A. *et al.*, « The unseen majority: soil microbes as drivers of plant diversity and productivity in terrestrial ecosystems », *Ecology Letters*, vol. 11, 2008, p. 296-310.

14. Hooper D. U. *et al.*, « Interactions between aboveground and belowground biodiversity in terrestrial ecosystems: patterns, mechanisms, and feedbacks », *BioScience*, vol. 50, 2000, p. 1049-1061.

7. Écologie et agriculture

1. Foley J. A. *et al.*, « Global consequences of land use », *Science*, vol. 309, 2005, p. 570-574.
2. Haberl H. *et al.*, « Quantifying and mapping the human appropriation of net primary production in earth's terrestrial ecosystems », *Proceedings of the National Academy of Sciences of the United States of America*, vol. 104, 2007, p. 12942-12947.
3. Howden S. M. *et al.*, « Adapting agriculture to climate change », *Proceedings of the National Academy of Sciences of the United States of America*, vol. 104, 2007, p. 19691-19696.
4. Brisson N. *et al.*, « Why are wheat yields stagnating in Europe? A comprehensive data analysis for France », *Field Crops Research*, vol. 119, 2010, p. 201-212.
5. Bennetzen E. H. *et al.*, « Agricultural production and greenhouse gas emissions from world regions—The major trends over 40 years », *Global Environmental Change*, vol. 37, 2016, p. 43-55.
6. Godfray H. C. J. *et al.*, « Meat consumption, health, and the environment », *Science*, vol. 361, 2018, eaam5324.
7. Pe'er G. *et al.*, « EU agricultural reform fails on biodiversity », *Science*, vol. 344, 2014, p. 1090-1092.
8. Hanski I., « Metapopulation dynamics: brief history and conceptual domain », *Biological Journal of the Linean Society*, vol. 42, 1991, p. 3-16.
9. Wan N. F. *et al.*, « Pesticides have negative effects on non-target organisms », *Nature Communications*, vol. 16, 2025, p. 1360.
10. Pelosi C. *et al.*, « Pesticides and earthworms. A review », *Agronomy for Sustainable Development*, vol. 34, 2014, p. 199-228.
11. Kim K. *et al.*, « Exposure to pesticides and the associated human health effects », *Science of the Total Environment*, vol. 575, 2017, p. 525-535.
12. Op. cit. ; Foucart S., *Et le monde devint silencieux. Comment l'agrochimie a détruit les insectes*, Paris, Seuil, 2019.
13. Jactel H. *et al.*, « Insect decline: immediate action is needed », *Comptes Rendus. Biologies*, vol. 343, 2020, p. 267-293.
14. Inger R. *et al.*, « Common European birds are declining rapidly while less abundant species' numbers are rising », *Ecology Letters*, vol. 18, 2015, p. 28-36.

15. Guégan J.-F. *et al.*, « Biodiversité et néonicotinoïdes : revisiter les questions de recherches », *Rapport du groupe d'évaluation de la recherche du conseil scientifique de la FRB*, 2017.

16. Lal R., « Anthropogenic influences on world soils and implications to global food security », *Advances in Agronomy*, vol. 93, 2007, p. 69-93.

17. Pimentel D. et Kounang N., « Ecology of soil erosion in ecosystems », *Ecosystems*, vol. 1, 1998, p. 416–426.

18. Van Oost K. *et al.*, « Tillage erosion: A review of controlling factors and implications for soil quality », *Progress in Physical Geography*, vol. 30, 2006, p. 443-466.

19. Lal R., « Soil carbon sequestration impacts on global climate change and food security », *Science*, vol. 304, 2004, p. 1623-1627.

20. Balesdent J. *et al.*, « Relationship of soil organic matter dynamics to physical protection and tillage », *Soil & Tillage Research*, vol. 53, 2000, p. 215-230.

21. Batey T., « Soil compaction and soil management – a review », *Sol Use and Management*, vol. 25, 2009, p. 335-345.

22. Daliakopoulos I. N. *et al.*, « The threat of soil salinity: A European scale review », *The Science of the total environment*, vol. 573, 2016, p. 727-739.

23. Tsiafouli M. A. *et al.*, « Intensive agriculture reduces soil biodiversity across Europe », *Global change biology*, vol. 21, 2015, p. 973-985.

24. Postma-Blaauw M. B. *et al.*, « Soil biota community structure and abundance under agricultural intensification and extensification », *Ecology*, vol. 91, 2010, p. 460-473.

25. Pelosi C. *et al.*, « Pesticides and earthworms. A review. », *Agronomy for Sustainable Development*, vol. 34, 2014, p. 199-228.

26. Bertrand M. et al., « Earthworm services for cropping systems. a review », *Agriculture for Sustainable Development*, vol. 35, 2015, p. 553-567.

27. Tilman D. *et al.*, « Agricultural sustainability and intensive production practices », *Nature*, vol. 418, 2002, p. 671-677.

28. Cordell D. *et al.*, « The story of phosphorus: global food security and food for thought », *Global Environmental Change*, vol. 19, 2009, p. 292-305.

29. Tilman D. *et al.*, 2002, op. cit.

30. Gardner J. B. et Drinkwater L. E., « The fate of nitrogen in grain cropping systems: a meta-analysis of ^{15}N field experiments », *Ecological Applications*, vol. 19, 2009, p. 2167-2184.

31. Smith V. H. et Schindler D. W., « Eutrophication science: where do we go from here? », *Trends in ecology & evolution*, vol. 24, 2009, p. 201-207.

32. Tilman D. *et al.*, « Forecasting agriculturally driven global environmental change », *Science*, vol. 292, 2001, p. 281-284.

33. Velthof G. *et al.*, « Threats of reactive nitrogen on European soil quality » *in* Sutton M. A. *et al.* (éd.), *The European nitrogen assessment sources, effects and policy perspectives*, Cambridge University Press, 2011.

34. Burian A. *et al.*, « Biodiversity-production feedback effects lead to intensification traps in agricultural landscapes », *Nature Ecology and Évolution*, vol. 8, 2024, p. 752-760.

35. Bennetzen E. H. *et al.*, « Agricultural production and greenhouse gas emissions from world regions—The major trends over 40 years », Global Environmental Change, vol. 37, 2016, p. 43-55.

36. Schlenker W. et Roberts M. J., « Nonlinear temperature effects indicate severe damages to U.S. crop yields under climate change », *Proceedings of the National Academy of Sciences*, vol. 106, 2009, p. 15594-15598 ; Ben Mariem S. *et al.*, « Climate Change, Crop Yields, and Grain Quality of C(3) Cereals: A Meta-Analysis of [CO(2)], Temperature, and Drought Effects », *Plants (Basel)*, vol. 10, 2021.

37. Richardson K. *et al.*, « Earth beyond six of nine planetary boundaries », *Science Advances*, vol. 9, 2023, eadh2458.

38. Potts S. G. *et al.*, « Global pollinator declines: trends, impacts and drivers », *Trends in ecology & evolution*, vol. 25, 2010, p. 345-353.

39. Altieri M. A., « Agroecology – a new research and development paradigm for world agriculture », *Agriculture Ecosystems & Environment*, vol. 27,1989, p. 37-46 ; Doré T. et Stéphane., *Les mondes de l'agroécologie*, Paris, Quae, 2019.

40. Tilman D. *et al.*, 2002, op. cit.

41. Munesue Y. *et al.*, « The effects of reducing food losses and food waste on global food insecurity, natural resources, and greenhouse gas emissions », *Environmental Economics and Policy Studies*, vol. 17, 2014, p. 43-77.

42. Bonnin I. *et al.*, « Explaining the decrease in the genetic diversity of wheat in France over the 20th century », *Agriculture, Ecosystems & Environment*, vol. 195, 2014, p. 183-192.

43. Malézieux E., « Designing cropping systems from nature », *Agronomy for Sustainable Development*, vol. 32, 2012, p. 15-29 ; Gaba S. *et al.*, « Multiple cropping systems as drivers for providing multiple ecosystem services: from concepts to design », *Agronomy for Sustainable Development*, vol. 35, 2015, p. 607-623 ; Barot S. *et al.*, « Designing mixtures of varieties for

multifunctional agriculture with the help of ecology. A review.», *Agronomy for Sustainable Development*, vol. 37, 2017, p. 13.

44. Zhu Y. *et al.*, «Genetic diversity and disease control in rice», *Nature*, vol. 406, 2000, p. 718-722.
45. Potts S. G. *et al.*, «Global pollinator declines: trends, impacts and drivers», *Trends in ecology & evolution*, vol. 25, 2010, p. 345-353.
46. Jama B. *et al.*, «Vertical distribution of roots and soil nitrate: tree species and phosphorus effects», *Soil Science Society of America Journal*, 1998.
47. Cox T. S. *et al.*, «Prospects for developping perennial grain crops», *BioScience*, vol. 56, 2006, p. 649-659.
48. Gounand I. *et al.*, «Meta-ecosystems 2.0: rooting the theory into the field», *Trends in Ecology and Évolution*, vol. 33, 2018, p. 36-46.
49. Bisson A. *et al.*, «West African mixed farming systems as meta-ecosystems: an ecological source-sink modelling approach of the nitrogen cycle and crop production», *Ecological Modelling*, vol. 412, 2019, p. 108803.
50. Roose E. *et al.*, «Zai practice: a West African traditional rehabilitation system for semiarid degraded lands, a case study in Burkina Faso», *Arid soil research and Rehabilitation*, vol. 13, 1999, p. 343-355.
51. Bogaard A. *et al.*, «Crop manuring and intensive land management by Europe's first farmers», *Proceedings of the National Academy of Sciences of the United States of America*, vol. 110, 2013, p. 12589-12594.
52. Seto K. C. *et al.*, «Global forecasts of urban expansion to 2030 and direct impacts on biodiversity and carbon pools», *Proceedings of the National Academy of Sciences of the United States of America*, vol. 109, 2012, p. 16083-16088.
53. Tilman D. *et al.*, «Agricultural sustainability and intensive production practices», *Nature*, vol. 418, 2002, p. 671-677.
54. Lammerts van Bueren E. T. *et al.*, «Plant breeding for organic and sustainable, low-input agriculture: dealing with genotype-environment interactions», *Euphytica*, vol. 163, 2008, p. 321-322.
55. Fontaine S. *et al.*, «Plant–soil synchrony in nutrient cycles: Learning from ecosystems to design sustainable agrosystems», *Global Change Biology*, vol. 30, 2024, e17034.
56. Noguera D. *et al.*, «Amplifying the benefits of agroecology by using the right cultivars», *Ecological Applications*, vol. 21, 2011, p. 2349–2356.
57. Goldringer I. *et al.*, «Rapid differentiation of experimental populations of wheat for heading time in response to local climatic conditions», *Annals of botany*, vol. 98, 2006, p. 805-817.

58. Thomas F. et Bonneuil C., *Gènes, pouvoirs et profits*, Versailles, Quae, 2009.

59. Millennium Ecosystem Assessment, *Ecosystems and human well-being: synthesis*, Washington, Island Press, 2005.

60. Le Noe J. *et al.*, « How the structure of agro-food systems shapes nitrogen, phosphorus, and carbon fluxes: The generalized representation of agro-food system applied at the regional scale in France », *Science of the Total Environnement*, vol. 586, 2017, p. 42-55.

8. L'ingénierie écologique et l'écologie urbaine

1. Drouin, J.-M., *Réinventer la nature*, Paris, Desclée de Brouwer, 1991.

2. Barot S. *et al.*, « Evolving away from the linear model of research: a response to Courchamp et al. », *Trends in Ecology and Évolution*, vol 30, 2015, p. 368-370.

3. *Ibid.*

4. Jones C. G., « Grand challenges for the future of ecological engineering », *Ecological Engineering*, vol. 45, 2012, p. 80-84.

5. Barot S. *et al.*, « Meeting the relational challenge of ecological engineering », *Ecological Engineering*, vol. 45, 2012, p. 13-23.

6. Barot S. *et al.*, « Ecosystem services must tackle anthropized ecosystems and ecological engineering », *Ecological Engineering*, vol. 99, 2017, p. 486-495.

7. Clewell A. F. et Aronson J., *Ecological restoration: principles, values, and structure of an emerging profession*, Washington, Island Press, 2008.

8. Díaz S. *et al.* (dir.), *Summary for policymakers of the global assessment report on biodiversity and ecosystem services of the Intergovernmental Science-Policy Platform on Biodiversity and Ecosystem Services*, Bonn, IPBES secretariat, 2019.

9. Hobbs R. J. *et al.*, « Novel ecosystems: implications for conservation and restoration », *Trends in ecology & evolution*, vol. 24, 2009, p. 599-605 ; Kowarik I., « Novel urban ecosystems, biodiversity, and conservation », *Environmental pollution*, vol. 159, 2011, p. 1974-1983.

10. McKinney M. L., « Urbanization as a major cause of biotic homogenization » *Biological Conservation*, vol. 127, 2006, p. 247-260.

11. Barot S. *et al.*, « Urban ecology, stakeholders and the future of ecology », *Science of the Total Environment*, vol. 667, 2019, p. 475-484.
12. Alberti M., « Eco-evolutionary dynamics in an urbanizing planet », *Trends in Ecology and Évolution*, vol. 30, 2015, p. 114-126.
13. Cheptou P.-O. *et al.*, « Rapid evolution of seed dispersal in an urban environment in the weed *Crepis sancta* », *Proceeding of the National Academy of Science USA*, vol. 105, 2008, p. 3796–3799.
14. Charmantier A. *et al.*, « Urbanization is associated with divergence in pace-of-life in great tits », *Frontiers in Ecology and Évolution*, vol. 5, 2017.
15. Perrier C. *et al.*, « Great tits and the city: Distribution of genomic diversity and gene-environment associations along an urbanization gradient », *Evolutionary Applications*, vol. 11, 2018, p. 593-613.
16. Morel J. L. *et al.*, « Ecosystem services provided by soils of urban, industrial, traffic, mining, and military areas (SUITMAs). vol. 15, 2014, p. 1659-1666.
17. Gómez-Baggethun E. et Barton D. N., « Classifying and valuing ecosystem services for urban planning », *Ecological Economics*, vol. 86, 2013, 235-245.
18. Nuruzzaman M. « Urban heat island: causes, effects and mitigation measures – A review », *International Journal of Environmental Monitoring and Analysis*, vol. 3, 2015.
19. Marselle M. R. *et al.*, « Biodiversity and health in the urban environment », *Current Environmental Health Reports*, vol. 8, 2021, p. 146-156.
20. Miller, J. R., « Biodiversity conservation and the extinction of experience », *Trends in ecology & evolution*, vol. 20, 2005, 430-434.
21. Lundholm J. *et al.*, « Plant functional traits predict green roof ecosystem services », *Environmental Science Technology*, vol. 49, 2015, p. 2366-2374.
22. Dusza Y. *et al.*, « Multifunctionality is affected by interactions between green roof plant species, substrate depth and substrate type », *Ecology and Évolution*, vol. **7**, 2017, p. 2357–2369.
23. Deeb M. *et al.*, « Interactive effects of compost, plants and earthworms on the aggregations of constructed technosols », *Geoderma*, vol. 305, 2017, p. 305-313 ; Pruvost C. *et al.*, « Tree growth and macrofauna colonization in Technosols constructed from recycled urban wastes », *Ecological Engineering*, vol. 153, 2020.
24. Barot S. *et al.*, « Evolving away from the linear model of research: a response to Courchamp *et al.* », *Trends in Ecology and Évolution*, vol. 30: 2015, p. 368–370.

25. Morin X. *et al.*, « More species, more trees: The role of tree packing in promoting forest productivity », *Journal of Ecology*, 2025.
26. Soussana J.-F. *et al.*, « Matching policy and science: Rationale for the '4 per 1000 – soils for food security and climate' initiative », *Soil and Tillage Research*, vol. 188, 2019, p. 3-15.

9. Les savanes, le cycle de l'azote et nous

1. Chapin III S. F. *et al.*, *Principles of terrestrial ecosystem ecology*, Berlin, Springer, 2002.
2. Vitousek P. M. *et al.*, « Human alteration of the global nitrogen cycle: sources and consequences », *Ecological Applications*, vol. 7, 1997, p. 737-750.
3. (Clark et al. 2017) – REF MANQUANTE
4. Smith V. H. et Schindler D. W., « Eutrophication science: where do we go from here? », *Trends in ecology & evolution*, vol. 24, 2009, p. 201-207.
5. Lata J.-C. *et al.*, « Grass populations control nitrification in savanna soils », *Functional Ecology*, vol. 18, 2004, p. 605-611.
6. Subbarao G. V. *et al.*, « A bioluminescence assay to detect nitrification inhibitors released from plant roots: a case study with *Brachiaria humidicola* », *Plant and Soil*, vol. 288, 2006, p. 101-112.
7. Boudsocq S. *et al.*, « Modelling approach to analyze the effects of nitrification inhibition on primary production », *Functional Ecology*, vol. 23, 2009, p. 220-230.
8. Srikanthasamy T. *et al.*, « Contrasting effects of grasses and trees on microbial N-cycling in an African humid savanna », *Soil Biology and Biochemistry*, vol. 117, 2018, p. 153-163.
9. Mordelet P. *et al.*, L. Abbadie, and J.-C. Menaut. 1993. « Effects of tree clumps on soil characteristics in a humid savanna of West Africa (Lamto, Côte d'Ivoire) », *Plant and Soil*, vol. 153, 1993, p. 103-111.
10. Konaré S. *et al.*, « Effects of mineral nitrogen partitioning on tree-grass coexistence in West African savannas », *Ecosystems*, vol. 22, 2019, p. 1676-1690.
11. Rossiter-Rachor N. A. *et al.*, « Invasive *Andropogon gayanus* (gamba grass) is an ecosystem transformer of nitrogen relations in Australian savanna », *Ecological Applications*, vol. 19, 2009, p. 1546-1560.

12. Lata J.-C. *et al.*, « The causes of the selection of biological nitrification Inhibition (BNI) in relation to ecosystem functioning, and a research agenda to explore them », *Biology and Fertility of Soils*, vol. 58, 2022, p. 207–224.
13. Subbarao G. V. *et al.*, « Scope and strategies for regulation of nitrification in agricultural systems-challenges and opportunities », *Critical Reviews in Plant Sciences*, vol. 25, 2006, p. 303-335.
14. Knops J. M. H. *et al.*, « Mechanisms of plant species impacts on ecosystem nitrogen cycling », *Ecology Letters*, vol. 5, 2002, p. 454-466.
15. Cheng W. *et al.*, « Synthesis and modeling perspectives of rhizosphere priming », *New phytologist*, vol. 201, 2014, p. 31-44.

10. La crise climatique et de la biodiversité

1. Harsch M. A. *et al.*, « Are treelines advancing? A global meta-analysis of treeline response to climate warming », *Ecology Letters*, vol. 12, 2009, p. 1040-1049.
2. Howden S. M. *et al.*, « Adapting agriculture to climate change », *Proceedings of the National Academy of Sciences of the United States of America*, vol. 104, 2007, p. 19691-19696.
3. Bressler R. D., « The mortality cost of carbon », *Nature Communication*, vol. 12, 2021, p. 4467.
4. Bertrand M. *et al.*, « Earthworm services for cropping systems. a review », *Agriculture for Sustainable Development*, vol. 35, 2015, p. 553-567.
5. Ceballos G. *et al.*, « Accelerated modern human–induced species losses: Entering the sixth mass extinction », *Science Advances*, vol. 1, n° 5, 2015, e1400253.
6. Albrecht M. *et al.*, « Diverse pollinator communities enhance plant reproductive success », *Proceedings of the Royal Society B Biological Sciences*, vol. 279, 2012, p. 4845-4852.
7. Lenoir J. *et al.*, « Species better track climate warming in the oceans than on land », *Nature Ecology & Évolution*, vol. 4, 2020, p. 1044-1059.
8. Warren R. *et al.*, « The projected effect on insects, vertebrates, and plants of limiting global warming to 1.5 °C rather than 2 °C. », *Science*, vol. 360, 2018, p. 791–795.
9. Bellard C. *et al.*, « Impacts of climate change on the future of biodiversity », *Ecology letters*, vol. 15, 2012, p. 365-377.

10. Heimann M. et Reichstein M., « Terrestrial ecosystem carbon dynamics and climate feedbacks », *Nature*, vol. 451, 2008, p. 289-292.
11. Dinerstein E. *et al.*, « A "Global Safety Net" to reverse biodiversity loss and stabilize Earth's climate », *Science Advances*, vol. 6, 2020, eabb2824.
12. Soussana J.-F. *et al.*, « Matching policy and science: Rationale for the '4 per 1000 – soils for food security and climate' initiative », *Soil and Tillage Research*, vol. 188, 2019, p. 3-15.
13. Dignac M.-F. *et al.*, « Increasing soil carbon storage: mechanisms, effects of agricultural practices and proxies. A review », *Agronomy for Sustainable Development*, vol. 37, 2017, p. 14.
14. Lessmann M. *et al.*, « Global variation in soil carbon sequestration potential through improved cropland management », *Global Change Biology*, 2021.
15. Bonneuil C. et Fressoz J.-B., *L'Événement Anthropocène. La Terre, l'histoire et nous*, Paris, Point, 2016.
16. Haberl H. *et al.*, « Quantifying and mapping the human appropriation of net primary production in earth's terrestrial ecosystems », *Proceedings of the National Academy of Sciences of the United States of America*, vol. 104, 2007, p. 12942-12947.

11. L'écologie, la recherche et la société

1. Lee M. et Oliver P., « Biodiversité, combien de millions d'espèces ? », *The Conversation*, 2016.
2. Ceballos G. *et al.*, « Accelerated modern human–induced species losses: Entering the sixth mass extinction », *Science Advances*, vol. 1, n° 5, 2015, e1400253.
3. WWF, *Living Planet Report 2022 – Building a nature-positive society*, 2022.
4. Díaz S. *et al.* (dir.), « Summary for policymakers of the global assessment report on biodiversity and ecosystem services of the Intergovernmental Science-Policy Platform on Biodiversity and Ecosystem Services », Bonn, IPBES secretariat, 2019.
5. MacLeod M. *et al.*, « The global threat from plastic pollution », *Science*, vol. 373, 2021, p. 61-65.
6. Wan N. F. *et al.*, « Pesticides have negative effects on non-target organisms », *Nature Communications*, vol. 16, 2025, p. 1360.

7. Sakai A. K. *et al.*, « The population biology of invasive species », *Annual Review of Ecology and Systematics*, vol. 32, 2001, p. 305-332.
8. Popper K. R., *Conjectures et réfutations*, Paris, Payot, 1963.
9. Latour B., *La science en action*, Paris, Gallimard, 1995.
10. Kuhn T. S., *La structure des révolutions scientifiques*, Paris, Flammarion, 2018.
11. Courchamp F. *et al.*, « Fundamental ecology is fundamental », *Trends in ecology and evolution*, vol. 30, 2015, p. 9-16.
12. Barot S. *et al.*, « Designing mixtures of varieties for multifunctional agriculture with the help of ecology. A review », *Agronomy for Sustainable Development*, vol. 37, 2017, p. 13.
13. Barot S. *et al.*, « Evolving away from the linear model of research: a response to Courchamp et al. », *Trends in ecology and evolution*, vol. 30, 2015, p. 368-370.
14. Pielke R. A. J., *The honest broker: making sense of science in policy and politics*, Cambridge University Press, 2007.
15. Barot S. *et al.*, « Biodiversité : qu'attendre de la COP15 où va se décider la protection des espaces naturels pour les dix ans à venir ? », *The Conversation*, 2022.
16. Vanloqueren G. et Baret P. V., « How agricultural research system shape a technological regime that develops genetic engineering but locks out agroecological innovations », Research Policy, vol. 38, 2009, p. 971-983.
17. Coutellec L., *La science au pluriel*, Versailles, Quae, 2015.
18. Kubiszewski I. *et al.*, « The complex relationships between economic inequality and biodiversity: A scoping review », *The Anthropocene Review*, vol. 11, 2023, p. 49-66 ; Pörtner H.-O. *et al.*, « Overcoming the coupled climate and biodiversity crises and theidr societal impacts », *Science*, vol. 380, 2023, eabl4881.
19. Chancel L. *et al.*, *World Inequality Report 2022*, World Inequality Lab, 2022.
20. Gerten D. *et al.*, « Feeding ten billion people is possible within four terrestrial planetary boundaries », *Nature Sustainability*, vol. 3, 2020, p. 200-208.
21. Sarrazin F. et Le Conte J., « Évolution in the Anthropocene », *Science*, vol. 351, 2016, p. 922-923.
22. Kates R. W., « What kind of a science is sustainability science? », *PNAS*, vol. 108, 2011, p. 19449-19450.

12. La compétition, l'écologie et les humains

1. Hardin G., « The competitive exclusion principle », *Science*, vol. 131, 1960, p. 1292-1297.
2. Tilman D., *Resource competition and community structure*, Princeton, Princeton University Press, 1982.
3. Turchin P., « Does population ecology have general laws? », *Oikos*, vol. 94, 2001, p. 17-26.
4. Malthus T. R., *An essay on the principle of population*, Londres, J. Johnson, 1798.
5. Stearns S. C., « Quantitative genetics and reaction norms », *The Évolution of Life Histories*, Oxford, Oxford University Press, 1992, p. 40-71.
6. Parvinen K., « Evolutionary suicide », *Acta Biotheoretica*, 53, 2005, p. 241-264 ; Boudsocq S. et al., « Évolution of nutrient acquisition: when adaptation fills the gap between contrasting ecological theories », *Proc. Royal. Soc London B*, vol. 278, 2011, p. 449-457.
7. Hardin G., « Tragedy of commons », *Science*, vol. 162, 1968.
8. Gersani M. *et al.*, « Tragedy of the commons as a result of root competition », *Journal of Ecology*, vol. 89, 2001, p. 660-669 ; Denison R. F. *et al.*, « Individual fitness versus whole-crop photosynthesis:solar tracking tradeoffs in alfalfa », *Evolutionary Applications*, vol. 3, 2010, p. 466-472.
9. Denison R. F. *et al.*, « Darwinian agriculture: when can humans find solution beyond the research of natural selection? » *The Quaterly Review of Biology*, vol. 78, 2003, p. 145-168.
10. Reynolds, M. P. *et al.*, « Yield potential in modern wheat varieties: its association with a less competitive ideotype », *Field Crops Research*, vol. 37, 1994, p. 149-160 ; Loeuille N. *et al.*, « Eco-evolutionary dynamics of agricultural networks: implications for a sustainable management », *Advances in Ecological Research*, vol. 49, 2013, p. 339-435.
11. Huet S., « Politique de la recherche : démission de masse à l'ANR. », Blog {Science²}, *Le Monde*, 2016.
12. Selosse M.-A. et Le Tacon F., « The land flora: a phototroph-fungus partnership? », *Trends in ecology & evolution*, vol. 13, 1998, p. 15-20.
13. Denison R. F., « Legume sanctions and the evolution of symbiotic cooperation by rhizobia », *American Naturalist*, vol. 136, 2000, p. 567-576 ; de

Mazancourt C. et Schwartz M. W., « A resource ratio theory of cooperation », *Ecology Letters*, vol. 13, 2010, p. 349-359.

14. Bachmann H. *et al.*, « Availability of public goods shapes the evolution of competing metabolic strategies », *Proceedings of the National Academy of Sciences of the USA*, vol. 442, 2013, p. 75-78 ; Barot S. *et al.*, « Évolution of nutrient acquisition: when space matters », *Functional Ecology*, vol. 30, 2016, p. 283-294.
15. Weiner J. *et al.*, « The effects of density, spatial pattern, and competitive symmetry on size variation in simulated plant populations », *The American Naturalist*, vol. 158, 2001, p. 438-450.
16. Stamps J. A., « The silver spoon effect and habitat selection by natal dispersers », *Ecology Letters*, vol. 9, 2006, p. 1179-1185.
17. Elinor O., « Coping with tragedies of commons », *Annual Review of Political Science*, vol. 2, 1999, p. 493-535.
18. Piketty T., *L'économie des inégalités*, Paris, La Découverte, 2003.

Conclusion

1. Morizot B., *Manières d'être vivant*, Paris, Actes Sud, 2020.
2. Darwin R., « The Voyage of the Beagle », *Journal et remarques*, 1839.

Composition : Soft Office

Imprimé en France
par DUPLIPRINT
733, rue Saint-Léonard, 53100 Mayenne
juillet 2025 - N° 2999457X

DUPLIPRINT est titulaire du label imprim'vert®